国家示范性高等职业院校核心课程“十三五”规划教材

——电子电气类

数字电子技术应用及项目训练

（第二版）

U0248178

主　编○张晓琴　伍小兵　王　政

副主编○黄　进　秦祖铭

主　审○易　谷　刘幕尹

西南交通大学出版社

·成　都·

内容简介

本书内容按3个学习项目编写。全书以常用电子小产品为载体，介绍了数字电子技术中常用数字集成芯片及应用电路的分析与制作。学习项目1为火灾报警信号控制电路的设计与制作，主要介绍数字逻辑基础知识、集成门电路的应用；学习项目2为数字定时抢答器的分析与制作，主要介绍中规模集成电路——编码器、译码器、显示器、触发器、555定时器、计数器、寄存器等器件及其应用；学习项目3为数字显示温度控制器的分析与制作，主要介绍集成D/A转换器、A/D转换器、存储器等器件及其应用，并将模拟电子线路和数字电子线路结合起来综合运用。

本书可作为高等职业院校电子、电气、通信、计算机控制、机电一体化等专业的教材，也可供其他专业如机械、汽车、计算机等专业的师生及有关工程技术人员参考，也可作为中等职业学校有关专业的提高教材，还可作为自学考试或电子技术人员的学习用书。

图书在版编目（CIP）数据

数字电子技术应用及项目训练 / 张晓琴，伍小兵，王政主编. —2版. —成都：西南交通大学出版社，2017.1

国家示范性高等职业院校核心课程"十三五"规划教材. 电子电气类

ISBN 978-7-5643-5254-7

Ⅰ. ①数… Ⅱ. ①张… ②伍… ③王… Ⅲ. ①数字电路－电子技术－高等职业教育－教材 Ⅳ. ①TN79

中国版本图书馆CIP数据核字（2017）第007508号

国家示范性高等职业院校核心课程
"十三五"规划教材 · 电子电气类

数字电子技术应用及项目训练

（第2版）

主编 张晓琴 伍小兵 王 政

*

责任编辑 张华敏
特邀编辑 蒋雨杉 陈正余
封面设计 何东琳设计工作室

西南交通大学出版社出版发行

四川省成都市二环路北一段111号西南交通大学创新大厦21楼
邮政编码：610031 发行部电话：028-87600564
http://www.xnjdcbs.com
成都勤德印务有限公司印刷

*

成品尺寸：170 mm × 230 mm 印张：14
字数：267千
2017年1月第2版 2017年1月第6次印刷
ISBN 978-7-5643-5254-7
定价：28.00元

课件咨询电话：028-87600533
图书如有印装质量问题 本社负责退换

版权所有 盗版必究 举报电话：028-87600562

第二版前言

《数字电子技术应用及项目训练》一书，自2010年出版以来，被多个高职院校和培训部门选为教材，得到广大读者的关心。目前，由于电子技术的飞速发展及教改的进一步深入，原书中有些内容已显得比较陈旧，内容上存在一定的缺损，应用性也强调得不够深入，而且在课程体系和讲授方法方面，也需做必要调整和改进。因此，编者在原版基础上进行了修改，以便更好地适应当前电子技术课程教学的需要，更好地培养适合企业需要的高技能技术性人才。

在本书第二版的修订工作中，继续遵循本书第一版的编写原则：以电子小产品的电子电路为载体，介绍数字电子技术中常用的数字集成器件及应用电路的分析与制作。本书采用“教”、“学”、“做”一体化的教学模式，淡化集成器件的内部结构和工作原理，着眼于集成器件的外部特性及应用。具体的修订思路如下：

首先，为了适应现代电子技术迅速发展的需要，适应数字化、集成化电路的应用，在保证基本概念、突出集成数字电路的逻辑特性和工作特点的前提下，本书第二版更加强调了数字集成电路在应用中的一些实际问题。例如：

1. 增加了数字电路应用中所涉及的数制和编码知识，介绍了十进制、二进制、八进制、十六进制的特点和相互转换，以及常用的BCD编码。

2. 增加了集成门电路带负载的能力分析——拉电流负载和灌电流负载情况。

3. 强化了三态门在数据总线中的应用。

4. 强化了集成电路在应用时的封装和性能指标。

5. 增加了液晶显示器的特点介绍。

6. 强化了有关移位寄存器特点等相关知识。

7. 更加突出了数字集成电路的应用性。

其次，对原有书中的一些模糊描述进行了完善和修订，使本书更加通俗易懂。除了保持和发扬原书的风格和特点，本书第二版仍然以实用电子产品为载体，通过项目训练来掌握数字电路技术的基础知识和基本技能。书中也力求简明扼要、深入浅出和便于自学。在内容的安排和阐述上，不仅思路清晰，而且注重了层次递进，从小规模数字集成电路应用到中规模数字集成电路应用、从功能简单项目训练到功能综述的项目训练，层次递增，内容紧扣。

本书可与《模拟电子技术应用及项目训练》（第二版）一书配套使用，同时又有相对的独立性，即可作为高等职业院校工科有关专业的“数字电子技术课程”的教材，也可作为中等职业学校有关专业的提高性教材，还可作为自学考试或电子爱好者的学习用书。

本书修订工作由重庆工业职业技术学院张晓琴、重庆工程职业技术学院伍小兵任主编。学习项目1中的“基础训练1”和“基础训练2”由伍小兵修订、“基础训练3”由重庆工业职业技术学院黄进修订，学习项目2由张晓琴修订，学习项目3中的“基础训练1”和“基础训练2”由重庆工业职业技术学院王政修订、“基础训练3”由黄进修订。全书由张晓琴统稿。

本书仍由重庆工业职业技术学院教授级高级工程师易谷、重庆四联集团川仪十八厂高级工程师刘慕尹主审。本书在修订过程中，四联集团川仪总工程师叶多、重庆工业职业技术学院副教授肖前军等提出了许多有益意见，在此一并表示感谢。

由于编者水平有限，书中难免有不妥之处，敬请广大读者批评指正，帮助我们不断改进。

编　者

2016年5月

第一版前言

数字电子技术是高职高专电类专业非常重要的专业基础核心课程，是电子技术领域技术人员必备的核心基本技能。本书是根据国家对高职高专人才培养的目标要求，通过广泛而深入的行业调研，并邀请行业、企业一线专家共同研究编写而成。

根据高职高专学生的文化基础、思维特点、学习习惯，本教材以3个由易到难的实际电子小产品电路的分析与制作为项目引导，按照完成产品项目所需知识及技能为主线组织教学内容，有利于培养学生的学习兴趣、提高学生的学习积极性、增强学生的技术应用能力。本教材力求引导学生学会数字电子电路的基本分析方法及电路制作的基本技能，理解并贯彻国家电子装配标准与工艺规范，掌握项目实施的一般步骤和方法，以提高学生的综合职业行动能力。

通过本课程的学习，学生应具备以下职业行动能力：熟悉相关国家标准和行业规范；能进行集成数字器件的识别和检测；掌握常用电子仪器、仪表的正确使用和数据分析；掌握读识和规范绘制电路原理图的方法；掌握数字电子电路的焊接、装配、测试的操作技能及工艺要求；掌握收集、查阅集成数字器件相关资料的渠道和方法；会单元电路和产品电路的分析；会编制电子小产品装配工艺技术文档；会规范记录电路测试数据以及电路装配、调试和验收总结报告；能进行单元电路的设计和小型电子产品的改进。

本书内容按3个学习项目编写。全书以电子小产品的电子电路为载体，介绍数字电子技术中常用数字集成器件及应用电路的分析与制作。本书采用教、学、做一体化的教学模式，淡化集成器件的内部结构和工作原理，着眼于集成器件的外部特性及应用。通过项目训练讲述了掌握数字电子技术所需的基础知识和基本技能。每个项目以任务驱动，在基础训练的基础上完成项目任务的实施。每个基础训练中有理论学习和技能训练和课后练习，每个任务完成后都有扩展性的思考题。教材内容按照从简单到复杂、从功能单一到功能综合、从小规模集成电路应用到大规模集成电路应用，并融入了模拟电子线路，教材内容呈螺旋式上升。

本书可作为高等职业院校电子、电气、通信、计算机控制、机电一体化等专业的教材，也可供其他专业如机械、汽车、计算机等专业的师生及有关工程技术人员参考，也可作为中等职业学校有关专业的提高教材，还可作为自学考试或电子技术人员的学习用书。

本书由重庆工业职业技术学院的张晓琴、重庆工程职业技术学院的伍小兵主编。学习项目1由重庆工程职业技术学院的伍小兵执笔，学习项目2由重庆工业职业技术学院的张晓琴执笔，学习项目3由泸州职业技术学院的秦祖铭和宜宾职业技术学院的李茂清执笔。张晓琴对全书进行统稿及修改。

本书由重庆工业职业技术学院教授级高级工程师易谷、重庆四联集团川仪十八厂高级工程师刘慕尹主审。

本书在编写过程中，得到了重庆工业职业技术学院毛臣健、郭选明以及重庆三木华瑞机电公司赵勇、重庆四联集团苏国成、重庆大唐称重公司温良树、重庆信威通信技术有限公司汪旭、重庆东登科技有限公司邓爱亮、重庆康华科技有限公司邓建波、安东电子重庆研发中心陈刚、重庆欧联医疗设备有限公司陈世玉、重庆新世纪电气有限公司向以章、重庆洪深现代视声技术公司赵洪深等多家单位人员的大力支持，编者在此一并表示感谢。

由于编者水平有限，书中难免有不足和疏误，恳切希望广大读者对教材提出宝贵的意见和建议，以便修订时加以完善。

编　者

2009年12月

目　录

学习项目 1　火灾报警信号控制电路的设计与制作 …… 1
项目描述 …… 1
项目要求 …… 1
学习目标 …… 2
基础训练 1　火灾报警信号事件的逻辑功能表示 …… 2
相关知识 …… 2
实践操作　火灾报警控制电路的设计 …… 29
课外练习 …… 30
基础训练 2　集成逻辑门电路的选用 …… 32
相关知识 …… 32
实践操作 1　集成门电路的识别和逻辑功能测试 …… 53
实践操作 2　集成门电路的应用 …… 55
课外练习 …… 58
基础训练 3　组合逻辑电路的分析与设计 …… 61
相关知识 …… 61
实践操作　组合逻辑电路的分析、测试 …… 64
课外练习 …… 65
任务实施　火灾报警信号控制电路的设计与制作 …… 67
思考与提高 …… 71
学习项目 2　数字定时抢答器的分析与制作 …… 72
项目描述 …… 72
项目要求 …… 72
学习目标 …… 73
基础训练 1　抢答电路的分析与测试 …… 73
相关知识 …… 73
实践操作　8 路抢答电路的测试 …… 90
课外练习 …… 91
基础训练 2　触发器及应用电路分析 …… 93
相关知识 …… 93
实践操作　触发器的功能测试及应用 …… 104

课外练习 ……105
基础训练 3 555 定时器及应用电路的分析与测试 ……107
相关知识 ……107
实践操作 555 定时器应用电路的分析与测试 ……117
课外练习 ……119
基础训练 4 数显定时器电路的分析与测试 ……124
相关知识 ……124
实践操作 1 集成计数器功能测试及任意进制计数器的构成 ……136
实践操作 2 数显定时器电路的测试 ……137
课外练习 ……140
任务实施 数字定时抢答器的分析与制作 ……142
思考与提高 ……148
学习项目 3 数字显示温度控制器的分析与制作 ……149
项目描述 ……149
项目要求 ……149
学习目标 ……150
基础训练 1 加法计数器 D/A 转换显示电路 的分析与测试 ……151
相关知识 ……151
实践操作 加法计数器 D/A 转换显示电路的测试 ……160
课外练习 ……161
基础训练 2 数字电压表电路的分析与测试 ……163
相关知识 ……163
实践操作 $3\frac{1}{2}$ 数字电压表电路的组装与调试 ……175
课外练习 ……179
基础训练 3 EPROM 的固化与擦除 ……183
相关知识 ……183
实践操作 EPROM（2764）的固化与擦除 ……200
课外练习 ……202
任务实施 数字显示温度控制器的分析与制作 ……202
思考与提高 ……208
附录 CMOS 74HC 系列数字 集成电路检索表 ……209
参考文献 ……215

学习项目 1　火灾报警信号控制电路的设计与制作

项目描述

随着现代家庭用电量的增加以及燃气、煤气的大量使用，家庭火灾发生的频率越来越高。家庭火灾一旦发生，很容易出现扑救不及时、灭火器材缺乏、在场人员惊慌失措、逃生迟缓等现象，最终导致生命、财产的损失。如在家中安装一套火灾报警器，一旦发生火灾，它会即刻发出报警声，催促人们及时赶赴现场进行灭火，制止火源蔓延，以免造成重大的生命、财产损失。本学习项目通过一个具有感烟、感温、感红外光三种功能的火灾报警信号控制电路的设计与制作，学习数字电路逻辑代数的基础知识和集成门电路的应用，以及简单数字电路的分析和设计方法。图 1.1 所示为一种家用火灾报警器的实物图片。

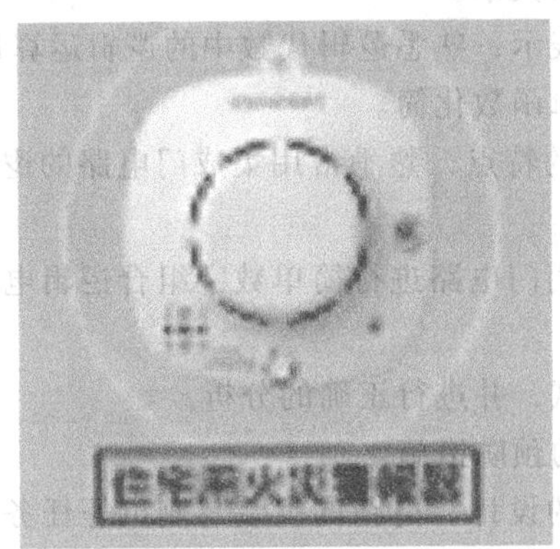

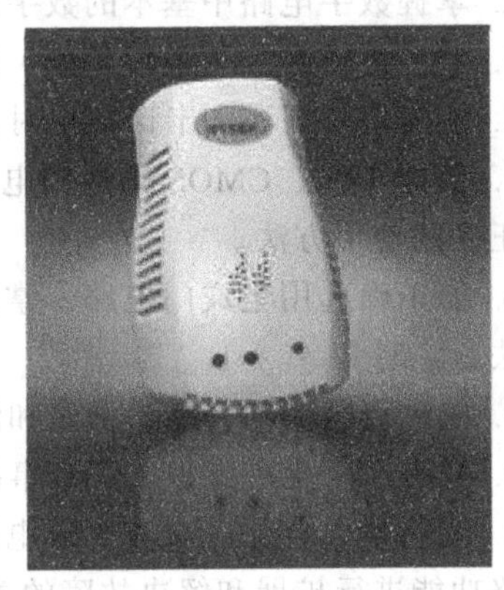

图 1.1　家用火灾报警器的外形

项目要求

1. 工作任务及要求

任务：用门电路设计与制作火灾报警信号控制电路。控制要求如下：一个火灾报警系统，内部设有感烟、感温和感红外光三种不同类型的火灾探测器。为了防止误报警，要求只有当其中两种或两种以上的探测器发出火灾探测信号时，报警系统才发出报警信号。

要求：① 根据不同的报警信号显示（报警信号的显示可用发光二极管或继电器驱动指示灯）进行电路设计并画出电路原理图；② 合理选择集成门电路，通过查手册确定所选用集成门电路的主要性能特点及管脚排列；③ 画出安装布线图；④ 进行电路安装；⑤ 进行电路调试与测试，并分析测试现象。

2. 学习产出

① 装配的火灾报警控制电路。

② 技术文档（工作任务及要求，电路设计步骤，不同报警指示下的电路原理图及分析，选用的集成门电路的特点及管脚排列图，电路安装布线图，电路装配的工艺流程说明，调整测试记录，测试结果分析等）。

学习目标

1. 了解数字信号、数字电路的特点。
2. 掌握数字电路中基本的数字逻辑关系。
3. 掌握逻辑函数（逻辑功能）的表示，熟悉逻辑代数中的逻辑运算规律。
4. 能应用公式法和卡诺图法对逻辑函数化简。
5. 掌握 TTL、CMOS 集成门电路的特点，熟悉常用集成门电路的逻辑功能以及正确的使用方法。
6. 能正确选用集成门电路，掌握用门电路进行简单数字组合逻辑电路设计的方法。
7. 能进行电路的安装、调试和测试，并进行正确的分析。
8. 具有安全生产意识，了解事故的预防措施。
9. 能与他人合作、交流完成电路的设计、电路的组装与测试等任务，敢于将电路功能进行扩展和解决故障的关键能力。

基础训练 1　火灾报警信号事件的逻辑功能表示

相关知识

一、数字信号和数字电路概述

1. 模拟信号与数字信号

电子电路所处理的信号可以分为两大类：一类是在时间上和幅度上都是连续

的模拟信号，例如温度、压力、磁场、电场等物理量通过传感器变成的电信号，模拟语音的音频信号和模拟图像的视频信号等，如图 1.2（a）所示；另一类是在时间和幅值上都不连续的数字信号，例如计算机中各部件之间传输的信息、VCD 中的音频和视频信号等，如图 1.2（b）所示。对模拟信号进行传输、处理的电子线路称为模拟电路。对数字信号进行传输、处理的电子线路称为数字电路，如数字电子钟、数字万用表的电子电路都是由数字电路组成的。

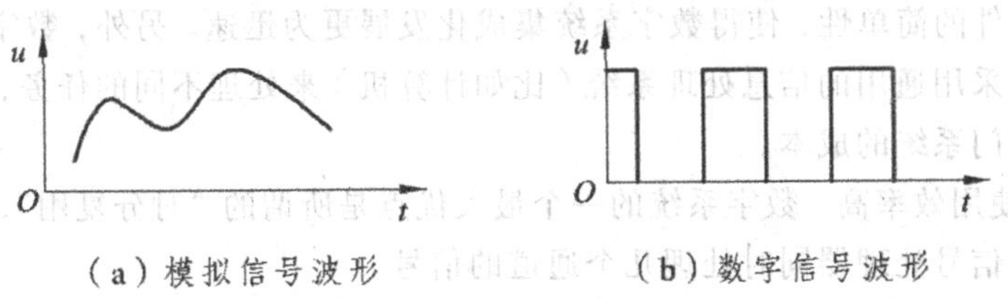

（a）模拟信号波形　　（b）数字信号波形

图 1.2　模拟信号和数字信号的电压–时间波形

在数字电路中，通常用高、低电平（电平是指一定幅值的电压值）来表示信号，可以说是由低电平电信号和高电平电信号组成的信号，数字信号只有两个离散值，常用数字“0”和“1”来表示。注意，这里的“0”和“1”没有大小之分，只代表两种对立的状态。

2. 数字电路的特点

数字技术就是为了适应和满足不同的应用需要，通过变换电路把模拟信号变成由 0 和 1 组成的数字信号，然后由数字系统对数字信号进行存储、运算、处理、变换、合成等。所谓数字系统，是指交互式的以离散形式表示的具有存储、传输、处理信息能力的逻辑子系统的集合物。简言之，输入和输出都是数字信号而且具有存储、传输、处理信息能力的系统称为数字系统。一台微型计算机就是一个典型的最完善的数字系统。

随着数字技术的不断发展，采用数字系统来处理模拟信号将会越来越普遍，数字电路被广泛应用于数字电子计算机、数字通信系统、数字式仪表、数字控制装置及工业自动化系统等领域。数字系统具有以下几个优点：

① 精度高。模拟系统的精度主要取决于电路中元件的精度，模拟电路中元件的精度一般很难达到 10^{-3} 以上；数字系统的精度主要取决于表示信息的二进制的位数即字长，数字系统 17 位字长就可达到 10^{-5} 的精度，在一些高精密的系统中还可以通过增加字长来进一步提高精度。

② 可靠性高。因为数字系统只有两个电平信号：“1”和“0”，受噪声和环境条件的影响小，不像模拟系统的各参数易受温度、电磁感应、振动等环境条件的影响；另外，数字系统多采用大规模集成电路，其故障率远比采用众多分立元件构成的模拟系统低。

③ 应用范围广。数字系统不但适用于数值信息的处理，而且适用于非数值性信息的处理，而模拟系统却只能处理数值信息。

④ 集成度高且成本低。由于数字电路主要工作在饱和、截止状态，对元件的参数要求不高，便于大规模集成和生产，随着微电子技术的发展，可以以更低的成本和更高的性能来开发更复杂的数字系统，即大规模、超大规模数字集成电路；尽管模拟系统集成化的开发成本在不断下降，性能也在不断增强，但由于基本数字器件的简单性，使得数字系统集成化发展更为迅速。另外，数字系统处理信息可以采用通用的信息处理系统（比如计算机）来处理不同的任务，从而减少了采用专门系统的成本。

⑤ 使用效率高。数字系统的一个最大优点是所谓的“时分复用”，即可利用同一数字信号处理器同时处理几个通道的信号。

3. 数字电路的分类

数字电路按集成度可分为小规模（SSI，每片有数十个器件）、中规模（MSI，每片有数百个器件）、大规模（LSI，每片有数千个器件）和超大规模（VLSI，每片所含器件的数目大于 1 万个）数字集成电路。

数字电路从应用的角度又可分为通用型和专用型两大类型。

二、数制与码制

1. 数　制

数制就是计数的方法，它是进位计数制的简称，即按进位的原则进行计数。在实际应用中，常用的数制有十进制、二进制、八进制和十六进制。数制有三个要素：基、权、进制。

· 基：数码的个数。例如，十进制数的基为 10。

· 权：数码所在位置，表示数值的大小。例如，十进制数每一位的权值为 10^n。

· 进制：逢基进一。例如，十进制（Decimal）数是逢十进一。

日常生活中，十进制数最为常见。十进制数常用字母 D 来表示，以 1234 为例，按位权展开后为

$$(1234)_D = 1\times10^3 + 2\times10^2 + 3\times10^1 + 4\times10^0$$

其中，1、2、3、4 称为数码，10^3、10^2、10^1、10^0 分别为十进制数各位的权值，将每位数码与其对应的权值乘积称为加权系数，可见，十进制数的数值即为各位加权系数之和。

2. 二进制数（Binary）

在数字电路和数字系统中，广泛采用二进制数。二进制数的基数是 2，它仅

有 0、1 两个数码，各位数的位权为基数 2 的幂。在计数时低位和相邻高位之间的进位关系是“逢二进一”，借位关系是“借一当二”。二进制数常用字母 B 来表示，例如，四位二进制数 1101 可以展开表示为

$$(1101)_B = 1\times2^3 + 0\times2^2 + 1\times2^1 + 1\times2^0$$

可以看出，二进制整数每一位的权值分别是$\cdots 2^3$、2^2、2^1、2^0。

3. 八进制数（Octal）

八进制数的基数是 8，它有 0 ~ 7 八个数码，计数规则是“逢八进一”、“借一当八”，各位的位权为基数 8 的幂。八进制数常用字母 O 来表示，例如，八进制数 356 可以展开表示为

$$(356)_O = 3\times8^2 + 5\times8^1 + 6\times8^0$$

4. 十六进制数（Hexadecimal）

十六进制数的基数是 16，它有 0 ~ 9、A、B、C、D、E、F 十六个数码，计数规则是“逢十六进一”“借一当十六”，各位的位权为基数 16 的幂。十六进制数常用字母 H 来表示，例如，十六进制数 2FC 可以展开表示为

$$(2FC)_H = 2\times16^2 + 15\times16^1 + 12\times16^0$$

5. 数制转换

数字系统和计算机中原始数据经常用八进制或十六进制书写，而在数字系统和计算机内部，数据则是用二进制表示的，这样往往会遇到不同数制之间的转换。

（1）任意进制数转换成十进制数

方法：按位权展开求和即得。例如

$$(1101)_B = 1\times2^3 + 1\times2^2 + 0\times2^1 + 1\times2^0 = (13)_D$$

$$(357)_O = 3\times8^2 + 5\times8^1 + 7\times8^0 = (239)_D$$

$$(2FC)_H = 2\times16^2 + 15\times16^1 + 12\times16^0 = (764)_D$$

（2）十进制数转换为二进制数

方法：采用“除 2 取余法”，即将十进制数连续除以基数 2，依次取余数，直到商为 0 为止。第一个余数为二进制数的最低位，最后一个余数为最高位。

例 1.1　求出十进制数 27 的二进制数。

解　将 27 连续除以 2，直到商为 0。相应竖式为

2	27	……余数 1	最低位
2	13	……余数 1	↑
2	6	……余数 0	
2	3	……余数 1	
2	1	……余数 1	最高位
	0		

把所得余数按箭头方向从高到低排列起来便可得到，$(27)_D=(11011)_B$。

（3）二进制数和八进制数的转换

a. 二进制数转换为八进制数

方法：采用“三位合一位”的方法，即将二进制整数从最低位开始，依次向高位划分，每三位为一组（不够三位时，高位用 0 补齐三位），然后把每组三位二进制数用相应的一位八进制数表示。

例 1.2　将二进制数 10111101 转换为八进制数。

解　将二进制数三个一组划分，然后写为八进制数即可。不足三位，高位补 0。相应竖式为

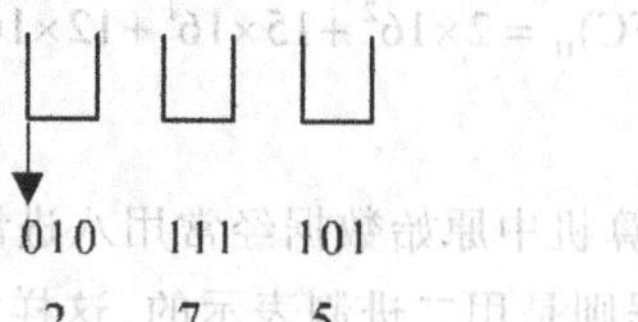

所以，相应的八进制数为 $(275)_O$。

b. 八进制数转换为二进制数

方法：采用“一位分三位”的方法，即将每位八进制数化为三位二进制数。

例 1.3　将八进制数 526 转化为一个二进制数。

解　将八进制数 526 的每一位转化为相应的三位二进制数，相应竖式为

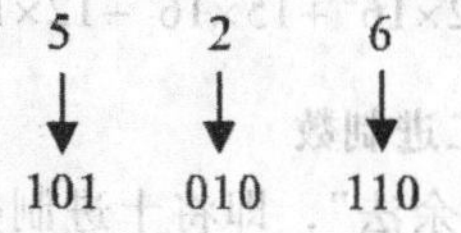

所以，$(526)_O=(101010110)_B$。

（4）二进制数和十六进制数的转换

a. 二进制数转换成十六进制数

方法：采用“四位合一位”的方法，即将二进制整数从最低位开始，依次向

高位划分，每四位为一组（不够四位时，高位用 0 补齐四位），然后把每组四位二进制数用相应的一位十六进制数表示。

例 1.4　将二进制数 11110011010 转换为十六进制数。

解　将二进制数四个一组划分，然后写为十六进制数即可。不足四位，高位补 0。相应竖式为

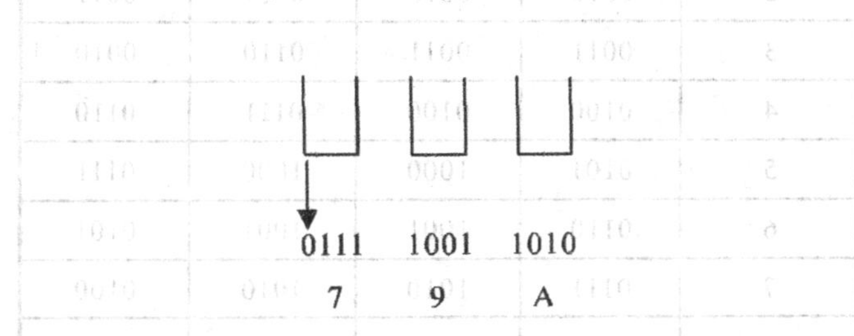

所以，相应的十六进制数为 79A。

b. 十六进制数转换为二进制数

方法：采用“一位分四位”的方法，即将每位十六进制数化为四位二进制数。

例 1.5　将十六进制数 D3F5 转换成二进制数。

解　将十六进制数 D3F5 的每一位转化为相应的四位二进制数。相应竖式为

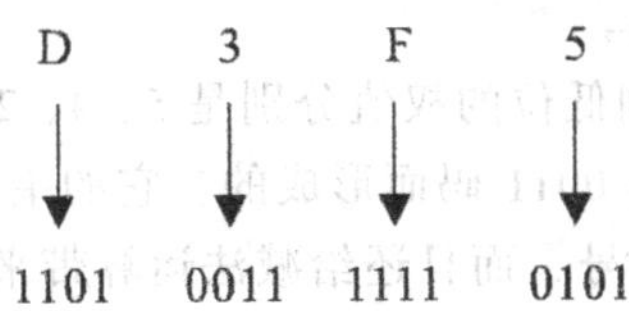

所以，$(D3F5)_H = (1101001111110101)_B$。

6. 码制

数字系统中处理的信息（包括数值、文字、符号和控制命令等）都是用一定位数的二进制代码来表示的。因此，二进制代码不仅可以表示数值的大小，而且也可以用来表示某些特定含义的信息。把用二进制代码表示某些特定含义信息的方法称为编码，编制二进制代码所遵循的规则称为码制。

十进制数码（0～9）是不能在数字电路中运行的，必须将其转换为二进制码。用四位二进制码表示一位十进制数码的编码方法称为二-十进制码，又称为 BCD（Binary Coded Decimal）码。常用的 BCD 码如表 1.1 所示。

表 1.1 常用的 BCD 码

十进制数	8421 码	5421 码	余 3 码	格雷玛
0	0000	0000	0011	0000
1	0001	0001	0100	0001
2	0010	0010	0101	0011
3	0011	0011	0110	0010
4	0100	0100	0111	0110
5	0101	1000	1000	0111
6	0110	1001	1001	0101
7	0111	1010	1010	0100
8	1000	1011	1011	1100
9	1001	1100	1100	1101

8421BCD 码是一种最基本的 BCD 码，应用较普遍，它取四位二进制数的前十种组合，即 0000～1001 分别表示十进制数 0～9，由于四位二进制数从高位到低位的位权分别为 8、4、2、1，故称为 8421BCD 码，这种编码每一位的位权是固定不变的，属于有权码。

5421BCD 码从高位到低位的权值分别是 5、4、2、1。余 3 码是在 8421 码的基础上，把每个代码都加 0011 码而形成的。它的主要优点是执行十进制数相加时，能正确地产生进位信号，而且还给减法运算带来了方便。

格雷玛的特点是，相邻两个代码之间仅有 1 位不同，其余各位均相同。计数电路按格雷玛计数时，每次状态更新仅有 1 位代码变化，减少了出错的可能性。

在数字系统中，为了防止代码在传送过程中产生错误，还有其他一些编码方法，如奇偶校验码、汉明码等。国际上还有一些专门处理字母、数字和字符的二进制代码，如 ISO 码、ASCII 码等，读者可参阅有关书籍。

例 1.6 将一个三位十进制数 473 用 8421BCD 码表示。

解 将十进制数 473 每一位用 8421BCD 码表示即可。相应坚式为

所以，$(473)_D = (010001110011)_{8421BCD}$。

例 1.7 将（100001010001）$_{8421BCD}$ 转换成十进制数。

解　相应竖式为

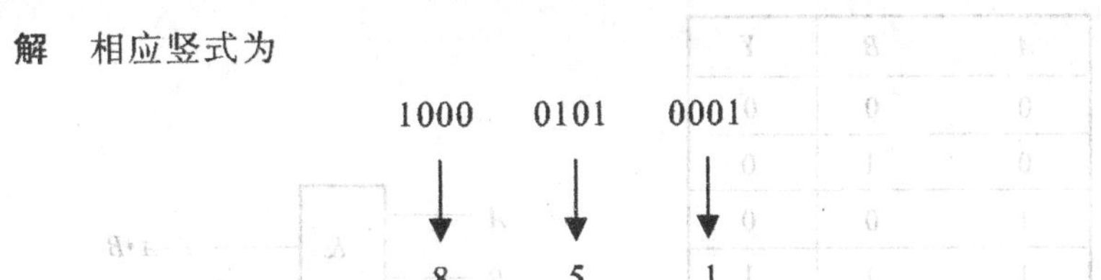

所以，$(100001010001)_{8421BCD}=(851)_D$。

注意：BCD码与数制的区别，例如：

$$(150)_D=(000101010000)_{8421BCD}=(10010110)_B=(226)_O=(96)_H$$

三、基本逻辑及其逻辑门电路

数字电路是具有逻辑功能的逻辑电路，其逻辑功能体现在输入、输出之间的因果关系。而输入、输出的存在或表现形式，有且仅有两个相互对立的状态，而且它必定是两个状态中的一个。例如：开关只有“闭合”和“断开”两种状态，而且开关的状态必为二者之一；发光二极管只有“亮”“灭”两种状态，等等。这两种相互对立的逻辑状态通常用“0”和“1”来表示。

无论多复杂的逻辑电路都是由基本的逻辑关系组成，其基本的逻辑关系有“与”“或”“非”，也称为三种基本的逻辑运算。

1.“与”逻辑和“与”门电路

当决定某一事件的全部条件都具备时，该事件才会发生，这样的因果关系称为“与”逻辑关系，简称“与”逻辑。在逻辑代数中，对应的运算为“与”运算。

能实现“与”逻辑的电路就称为“与”门电路。如图1.3（a）所示，电路中只有当开关 A、B 都闭合时，灯 Y 才亮；只要有一个开关断开，灯就不亮。由图1.3（b）所示的状态图看出，串联的开关闭合和灯亮就是“与”逻辑关系。

设开关接通为“1”，断开为“0”，灯亮为“1”，灯灭为“0”，可列出图1.3（c）所示的真值表。

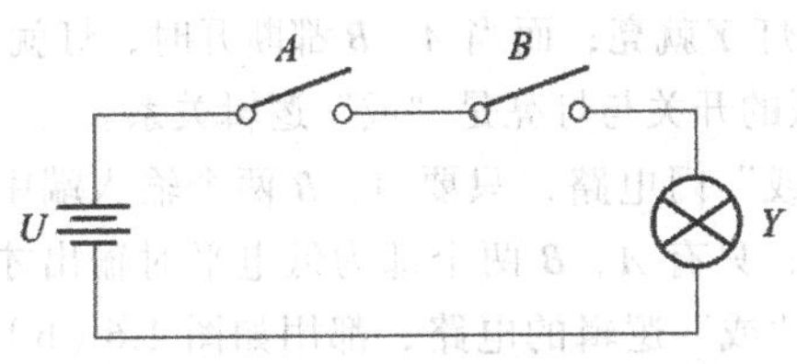

（a）电路图

开关 A	开关 B	灯 Y
不闭合	不闭合	不亮
不闭合	闭合	不亮
闭合	不闭合	不亮
闭合	闭合	亮

（b）状态表

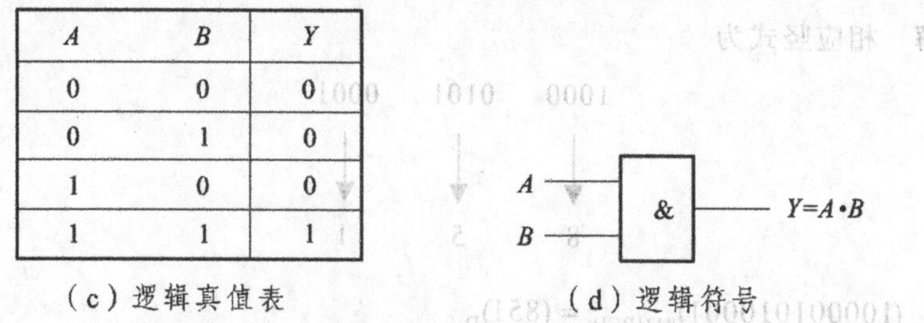

A	B	Y
0	0	0
0	1	0
1	0	0
1	1	1

（c）逻辑真值表　　　　（d）逻辑符号

图 1.3 “与”逻辑和“与”门电路

除了图 1.3（a）满足“与”逻辑外，还有多种电路能实现“与”逻辑。如图 1.4 所示的由二极管构成的电路，在门电路中，我们通常把大于 2 V 的电平规定为高电平，低于 0.8 V 的电平规定为低电平，那么由图 1.4 我们可以分析出：只有当 *A*、*B* 两个输入端都为高电平时，输出才为高电平，而 *A*、*B* 只要有一个或两个为低电平，输出就为低电平，因此，电路也满足“与”逻辑。我们把凡是满足“与”逻辑的电路用统一的符号表示，如图 1.4（b）所示。

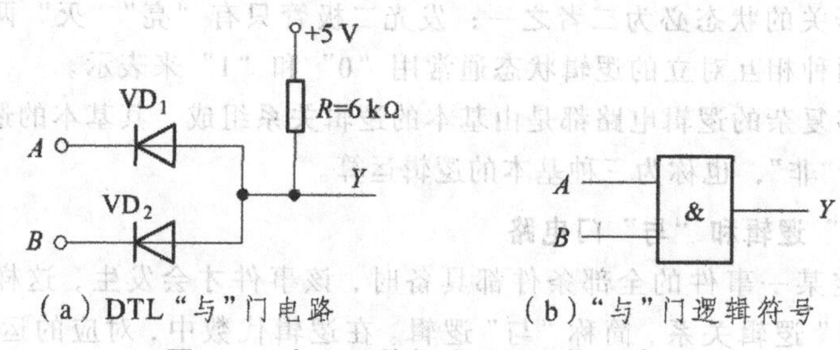

（a）DTL“与”门电路　　　　（b）“与”门逻辑符号

图 1.4 由二极管构成的“与”门电路

满足“与”逻辑的函数表达式为：

$$Y = A \cdot B$$

2.“或”逻辑和“或”门电路

当决定某一事件的所有条件中，只要有一个具备，该事件就会发生，这样的因果关系叫做“或”逻辑关系。对应的逻辑运算为“或”运算。

能实现“或”逻辑的电路就称为“或”门电路。如图 1.5（a）所示，电路中只要开关 *A*、*B* 有一个或两个闭合时，灯 *Y* 就亮；而当 *A*、*B* 都断开时，灯就不亮。由图 1.5（b）所示的状态图看出，并联的开关与灯亮是“或”逻辑关系。

图 1.6 所示为由二极管构成的“或”门电路，只要 *A*、*B* 两个输入端中有一个或两个为高电平，输出就为高电平；只有 *A*、*B* 两个都为低电平时输出才为低电平，即满足“或”逻辑。凡是满足“或”逻辑的电路，都用如图 1.6（b）所示的符号表示。

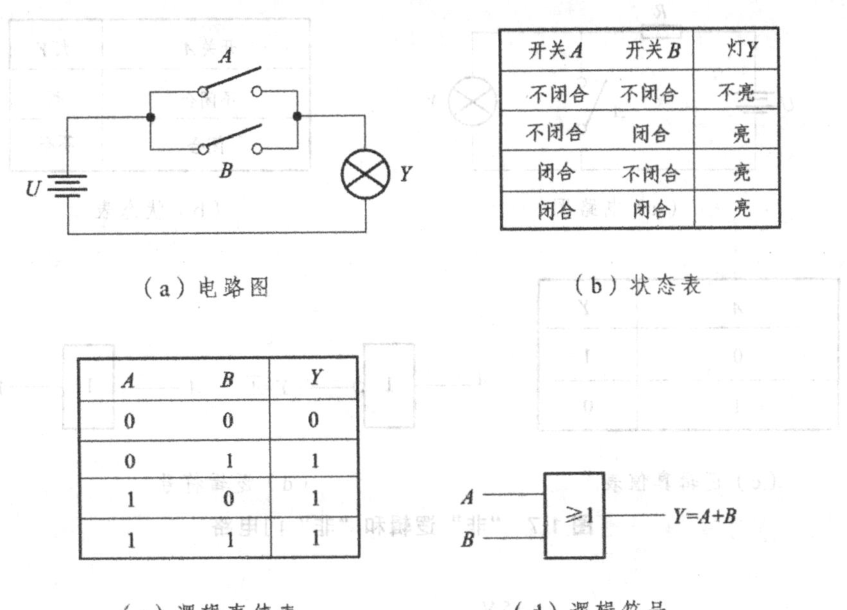

（a）电路图

开关A	开关B	灯Y
不闭合	不闭合	不亮
不闭合	闭合	亮
闭合	不闭合	亮
闭合	闭合	亮

（b）状态表

A	B	Y
0	0	0
0	1	1
1	0	1
1	1	1

（c）逻辑真值表

（d）逻辑符号

图 1.5 “或”逻辑和“或”门电路

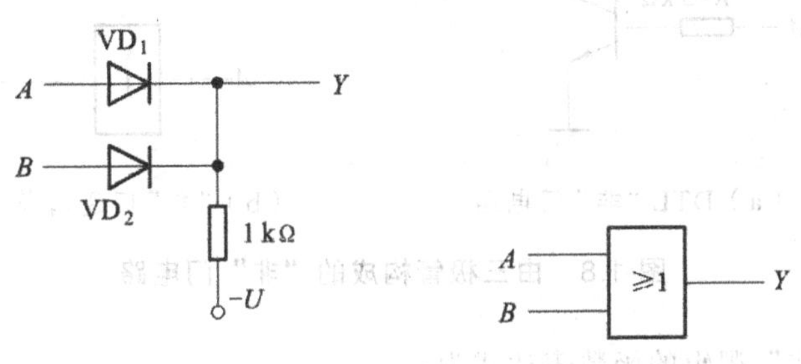

（a）DTL“或”门电路　（b）“或”门逻辑符号

图 1.6 由二极管构成的“或”门电路

满足“或”逻辑的函数表达式为：

$$Y = A + B$$

3. “非”逻辑和“非”门电路

当某一条件具备了，事情不会发生；而此条件不具备时，事情反而发生。这种逻辑关系称为“非”逻辑关系。对应的运算为求“反”运算或“非”运算。

满足“非”逻辑的电路称为“非”门电路，如图 1.7 和图 1.8 所示。

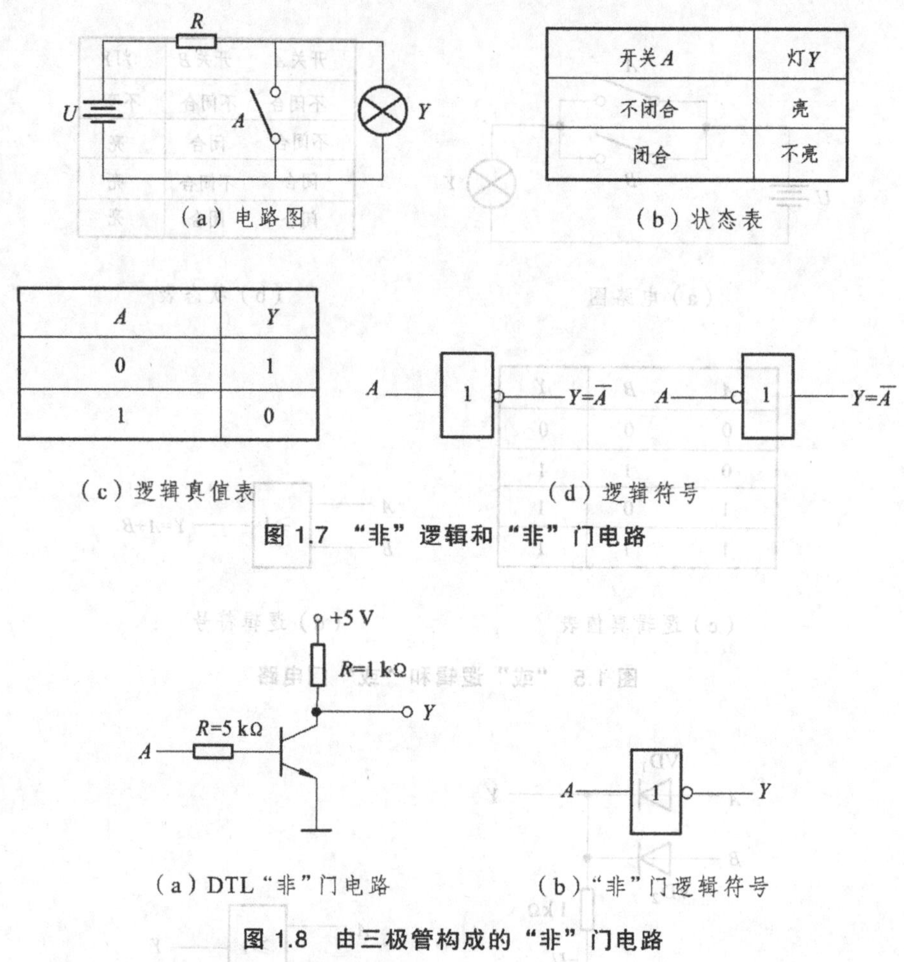

开关 A	灯 Y
不闭合	亮
闭合	不亮

（a）电路图　（b）状态表

A	Y
0	1
1	0

（c）逻辑真值表　（d）逻辑符号

图 1.7 “非”逻辑和“非”门电路

（a）DTL“非”门电路　（b）“非”门逻辑符号

图 1.8 由三极管构成的“非”门电路

满足“非”逻辑的函数表达式为：

$$Y = \overline{A}$$

四、其他常用的组合逻辑门电路

1.“与非”逻辑及“与非”门电路

由“与”门电路和“非”门电路组合在一起，就构成“与非”门电路。

图 1.9 所示为由“与”门和“非”门构成的“与非”门电路及其逻辑符号、真值表。

“与非”逻辑的函数表达式为：

$$Y = \overline{A \cdot B}$$

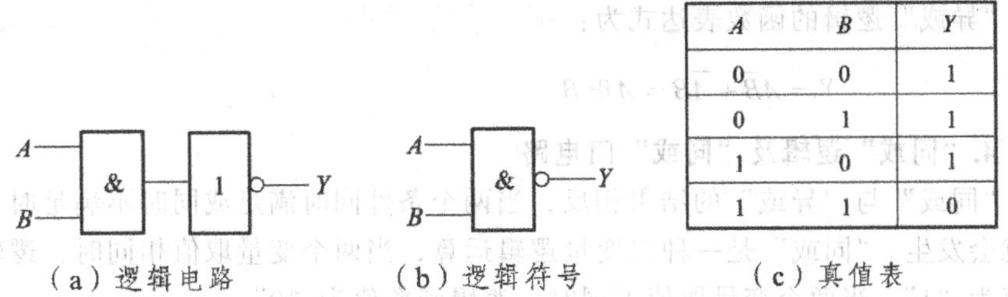

A	B	Y
0	0	1
0	1	1
1	0	1
1	1	0

（a）逻辑电路　（b）逻辑符号　（c）真值表

图 1.9　“与非”逻辑及“与非”门电路

2. “或非”逻辑及“或非”门电路

由“或”门电路和“非”门电路组合在一起，就构成“或非”门电路。图 1.10 所示为由“或”门和“非”门构成的“或非”门电路及其逻辑符号、真值表。

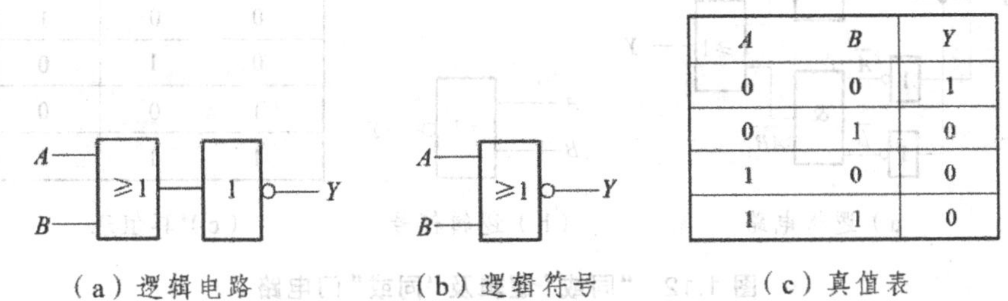

A	B	Y
0	0	1
0	1	0
1	0	0
1	1	0

（a）逻辑电路　（b）逻辑符号　（c）真值表

图 1.10　“或非”逻辑及“或非”门电路

“或非”逻辑的函数表达式为：

$$Y = \overline{A+B}$$

3. “异或”逻辑及“异或”门电路

当两个条件中只要有任一条件且只有一个条件满足时，事情就会发生，这种逻辑关系就是“异或”逻辑。“异或”是一种二变量逻辑运算，当两个变量取值相同时，逻辑函数值为 0；当两个变量取值不同时，逻辑函数值为 1。

由“非”门、“与”门和“或”门组合的“异或”门电路及其逻辑符号、真值表如图 1.11 所示。

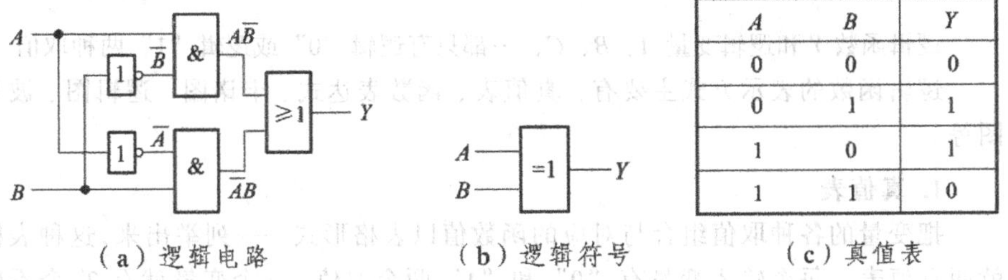

A	B	Y
0	0	0
0	1	1
1	0	1
1	1	0

（a）逻辑电路　（b）逻辑符号　（c）真值表

图 1.11　“异或”逻辑及“异或”门电路

“异或”逻辑的函数表达式为：

$$Y = A\bar{B} + \bar{A}B = A \oplus B$$

4.“同或”逻辑及“同或”门电路

“同或”与“异或”的结果相反，当两个条件同时满足或同时不满足时，事情就会发生。“同或”是一种二变量逻辑运算，当两个变量取值相同时，逻辑函数值为“1”；当两个变量取值不同时，逻辑函数值为“0”。

由“非”门、“与”门和“或”门组合而成的“同或”门及其逻辑符号、真值表如图 1.12 所示。

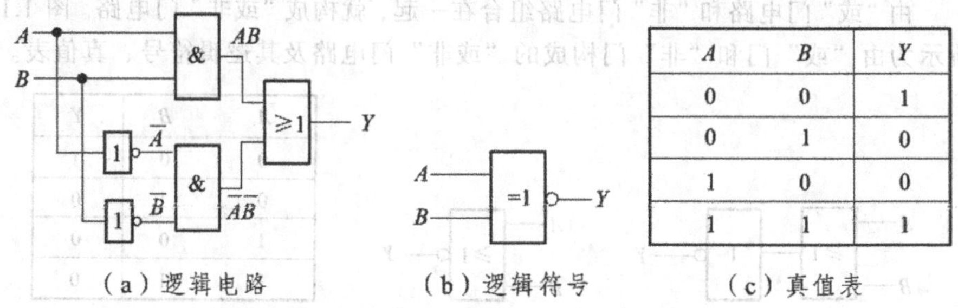

A	B	Y
0	0	1
0	1	0
1	0	0
1	1	1

（a）逻辑电路 （b）逻辑符号 （c）真值表

图 1.12 “同或”逻辑及“同或”门电路

“同或”逻辑的函数表达式为：

$$Y = \bar{A}\bar{B} + AB = A \otimes B = \overline{A \oplus B}$$

“同或”逻辑一般用“异或”逻辑门来表示，因为现在厂家很少专门生产“同或”门。

五、逻辑函数的表示

在逻辑电路中，如果输入变量 A、B、C、…的取值确定后，输出变量 Y 的值也唯一确定，Y 是 A、B、C、…的逻辑函数。逻辑函数的一般表达式可以写为：

$$Y = F(A,\ B,\ C,\ \cdots)$$

逻辑函数 Y 和逻辑变量 A、B、C、…都只有逻辑“0”或逻辑“1”两种取值。

逻辑函数的表示方式主要有：真值表、函数表达式、卡诺图、逻辑图、波形图等。

1. 真值表

把变量的各种取值组合与对应的函数值以表格形式一一列举出来，这种表格就叫真值表。每个输入变量有“0”和“1”两个取值，n 个变量就有 2^n 个不同取值组合，将它们按顺序（一般按二进制数递增规律）排列起来，同时在相应位置写上函数值，即可得到逻辑函数的真值表。如前面的图1.3（c）、图1.5（c）、图1.7（c）、图1.9（c）、图1.10（c）、图1.11（c）、图1.12（c）所示就为“与”门、“或”门、“非”门、“与非”门、“或非”门、“异或”门、“同或”门的真值表。

真值表的特点是直观明了地反映逻辑事件的逻辑功能关系，并且通过真值表能将实际逻辑问题抽象成为数学表达式形式，所以在数字电路设计过程中，第一步就是列出真值表；在分析数字电路逻辑功能时，最后也是列出真值表。

例如，在本学习项目的火灾报警控制电路的设计中，我们将感烟、感温和感红外线三种类型的火灾探测器作为控制电路的输入信号，并进行逻辑赋值，设三种探测器探测到烟（A）、温（B）、红外线（C）信号时赋值为1，否则为0，而把报警信号作为输出信号，并设有报警信号（Y）赋值为1，否则为0。则根据逻辑要求（为了防止误报警，只有当其中有两种或两种以上类型的探测器发出火灾检测信号时，报警系统产生报警控制信号）就可得到此逻辑事件的真值表，如表1.2所示。

表1.2 火灾报警控制电路的真值表

A	B	C	Y
0	0	0	0
0	0	1	0
0	1	0	0
0	1	1	1
1	0	0	0
1	0	1	1
1	1	0	1
1	1	1	1

2. 卡诺图

卡诺图是图形化的真值表。如果把各种输入变量取值组合下的输出函数值填入一种特殊的方格图中，即可得到逻辑函数的卡诺图。对卡诺图的介绍读者可参见本学习项目中的“逻辑函数的化简”部分。

3. 逻辑函数表达式

用“与”“或”“非”等逻辑运算表示逻辑变量之间关系的代数式，叫做逻辑函数表达式，例如，$Y=A+B$，$Y=A\overline{B}+\overline{A}B=A\oplus B$等。

逻辑函数表达式的优点是书写方便，便于用逻辑代数中的公式和定理变换、运算，有利于化简和作图；缺点是在逻辑函数比较复杂时，难以直接从输入变量取值看出函数值。

由真值表可以写出逻辑函数的表达式。在真值表中，变量取值为 1 的，以原变量表示，如 A、B、C、Y；变量取值为 0 的，以反变量表示，如 $\overline{A}$、$\overline{B}$、$\overline{C}$、$\overline{Y}$。将真值表中使函数值为 1 的输入变量以原变量或反变量的形式构成一个乘积项（“与”运算），如表 1.1 所示的真值表中，当 A 取 0、B 和 C 都取 1 时，函数值 Y 为 1，则构成的乘积项为 $\overline{A}BC$；将所有使函数值为 1 的乘积项相加（“或”运算），即得到逻辑函数标准的“与或”逻辑表达式。例如，从上面火灾报警控制电路的真值表中，可得到火灾报警电路的标准“与或”逻辑表达式为：

$$Y=\overline{A}BC+A\overline{B}C+AB\overline{C}+ABC$$

4. 逻辑图

由逻辑符号表示逻辑函数的图形叫做逻辑电路图，简称逻辑图。

例如，逻辑表达式 $Y=\overline{A}BC+A\overline{B}C+AB\overline{C}+ABC$ 的逻辑图如图 1.13 所示。

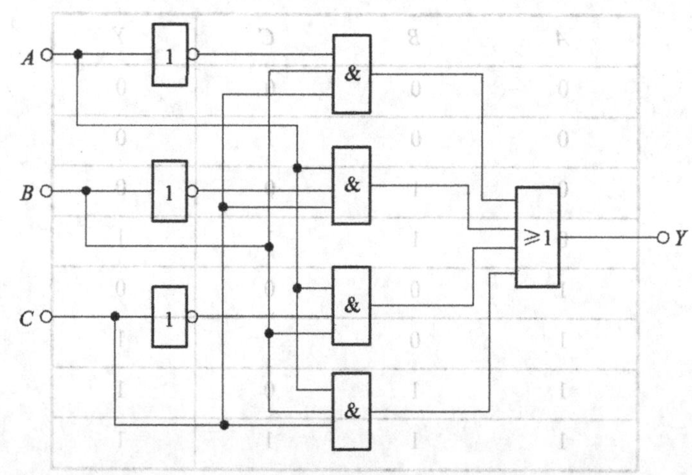

图 1.13　$Y=\overline{A}BC+A\overline{B}C+AB\overline{C}+ABC$ 的逻辑图

逻辑图的特点是逻辑图中的逻辑符号都有与之对应的实际电路器件存在，所以它比较接近工程实际。通过逻辑图，能将许多繁杂实际电路的逻辑功能层次分明地表示出来。但逻辑图不能用公式和定理进行运算和变换，所表示的逻辑关系没有真值表和卡诺图直观。

由逻辑图中层次分明的逻辑关系也很容易写出其逻辑表达式。例如，图 1.14 所示的逻辑图的逻辑表达式为：$Y=AB+\overline{A}C+BC$。

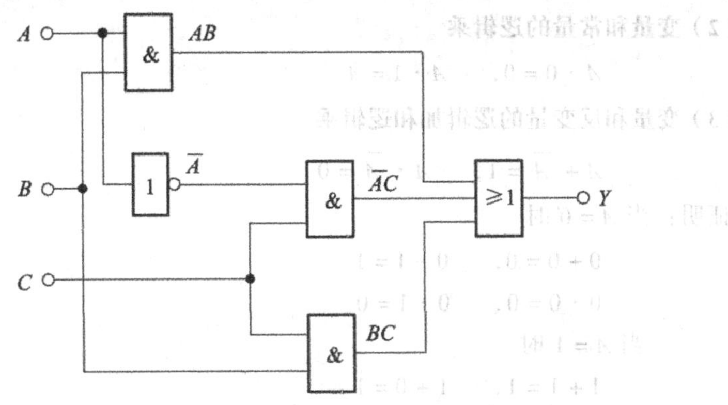

图 1.14　$Y=AB+\overline{A}C+BC$ 的逻辑图

5. 波形图

在给出输入变量取值随时间变化的波形后，根据逻辑函数中变量之间的逻辑关系、真值表或者卡诺图中变量取值和函数值的对应关系，都可对应画出输出变量（函数）随时间变化的波形。这种反映输入和输出变量对应取值随时间按照一定规律变化的图形，就叫波形图，也称为时序图。例如，$Y=A\overline{B}+\overline{A}B$，$A$、$B$ 的波形如图 1.15 所示，则可根据"异或"逻辑对应画出输出变量 Y 的波形。

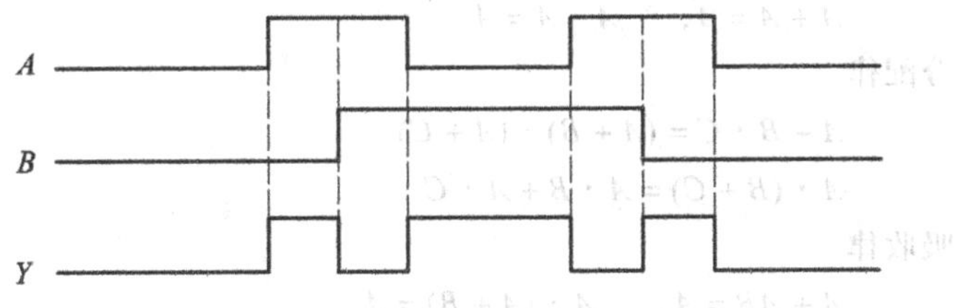

图 1.15　$Y=A\overline{B}+\overline{A}B$ 的波形图

六、逻辑代数的运算

分析研究各种逻辑事件、逻辑电路，就必须借助逻辑代数这一数学工具。在逻辑代数中的变量称为逻辑变量，用字母 A、B、C、…表示。变量的取值只有两种取值："真"和"假"，一般"1"表示"真"，"0"表示"假"。表达式 $Y=F(A, B, C, \cdots)$ 等称为逻辑函数。

掌握逻辑函数的运算是研究数字电路的基础。

1. 逻辑代数的基本公式

（1）变量和常量的逻辑加

$$A+0=A,\quad A+1=1$$

（2）变量和常量的逻辑乘

$$A \cdot 0 = 0, \quad A \cdot 1 = A$$

（3）变量和反变量的逻辑加和逻辑乘

$$A + \overline{A} = 1, \quad A \cdot \overline{A} = 0$$

证明：当 $A = 0$ 时

$$0 + 0 = 0, \quad 0 + 1 = 1$$

$$0 \cdot 0 = 0, \quad 0 \cdot 1 = 0$$

当 $A = 1$ 时

$$1 + 1 = 1, \quad 1 + 0 = 1$$

$$1 \cdot 1 = 1, \quad 1 \cdot 0 = 0$$

2. 逻辑代数的基本定律

（1）交换律

$$A + B = B + A, \quad A \cdot B = B \cdot A$$

（2）结合律

$$A + B + C = (A + B) + C = A + (B + C)$$

$$A \cdot B \cdot C = (A \cdot B) \cdot C = A \cdot (B \cdot C)$$

（3）重叠律

$$A + A = A, \quad A \cdot A = A$$

（4）分配律

$$A + B \cdot C = (A + B) \cdot (A + C)$$

$$A \cdot (B + C) = A \cdot B + A \cdot C$$

（5）吸收律

$$A + AB = A, \quad A \cdot (A + B) = A$$

$$A + \overline{A}B = A + B, \quad A(\overline{A} + B) = AB$$

（6）非非律

$$A = \overline{\overline{A}}$$

（7）反演律

$$\overline{A + B} = \overline{A} \cdot \overline{B}, \quad \overline{A \cdot B} = \overline{A} + \overline{B}$$

证明：

A	B	$\overline{A+B}$	$\overline{A} \cdot \overline{B}$
0	0	1	1
0	1	0	0
1	0	0	0
1	1	0	0

（8）还原律

$$AB+\overline{A}B=B\text{，}\quad (A+B)(A+\overline{B})=A$$

（9）冗余律

$$AB+\overline{A}C+BC=AB+\overline{A}C$$

推论：　$AB+\overline{A}C+BCDE=AB+\overline{A}C$

七、逻辑函数的化简

在数字电路中，相同的逻辑功能可以用不同的逻辑函数表达式表示，而逻辑函数表达式越简单，与之对应的逻辑电路也越简单，使用的器件就越少，越经济，可靠性越高。因此，必须对逻辑函数式化简。

逻辑函数表达式可以有多种形式，而且可以相互转换，例如：

$$Y=AC+\overline{A}B \quad (\text{“与或”表达式})$$

$$Y=AC+\overline{A}B=(A+B)(\overline{A}+C) \quad (\text{“或与”表达式})$$

$$Y=AC+\overline{A}B=\overline{\overline{AC}\cdot\overline{\overline{A}B}} \quad (\text{“与非与非”表达式})$$

$$Y=AC+\overline{A}B=\overline{\overline{A+B}+\overline{\overline{A}+C}} \quad (\text{“或非或非”表达式})$$

$$Y=AC+\overline{A}B=\overline{A\overline{C}+\overline{A}\overline{B}} \quad (\text{“与或非”表达式})$$

其中，“与或”式是最基本的函数表达式。

判断“与或”表达式是否最简的条件是：

①“与”项最少，即表达式中“＋”号最少。

② 每个“与”项中的变量数最少，即表达式中“·”号最少。

化简逻辑函数的方法最常用的有公式法和卡诺图法。

1. 公式化简法

逻辑函数的公式化简法，就是利用逻辑代数的基本公式、基本定理和常用公式，将复杂的逻辑函数进行化简的方法。常用的有并项法、吸收法、消去法和配项法。

（1）并项法

运用公式 $A+\overline{A}=1$，将两项合并为一项，消去一个变量。例如：

$$\begin{aligned}Y&=A(BC+\overline{B}\overline{C})+A(B\overline{C}+\overline{B}C)\\&=ABC+A\overline{B}\overline{C}+AB\overline{C}+A\overline{B}C\\&=AB(C+\overline{C})+A\overline{B}(C+\overline{C})\\&=AB+A\overline{B}=A\end{aligned}$$

（2）吸收法

运用吸收律 $A+AB=A$，消去多余的“与”项。例如：

$$Y=A\overline{B}+A\overline{B}(C+DE)=A\overline{B}\left[1+(C+DE)\right]=A\overline{B}$$

（3）消去法

运用吸收法 $Y=A+\overline{A}B=A+B$ 消去多余的逻辑变量。例如：

$$Y=\overline{A}+AB+\overline{B}E=\overline{A}+B+\overline{B}E=\overline{A}+B+E$$

（4）配项法

先通过乘以 $A+\overline{A}$ 或加上 $A\overline{A}$ 增加必要的乘积项，再进行化简。例如：

$$\begin{aligned}Y&=AB+\overline{A}C+BCD=AB+\overline{A}C+BCD(A+\overline{A})\\&=AB+\overline{A}C+ABCD+\overline{A}CBD\\&=AB(1+CD)+\overline{A}C(1+BD)\\&=AB+\overline{A}C\end{aligned}$$

在前面的火灾报警控制电路中，我们从真值表得到其逻辑表达式，利用公式法进行化简：

$$\begin{aligned}Y&=\overline{A}BC+A\overline{B}C+AB\overline{C}+ABC\\&=\overline{A}BC+A\overline{B}C+AB(\overline{C}+C)\\&=\overline{A}BC+A\overline{B}C+AB\end{aligned}$$

$$\begin{aligned}Y&=B(\overline{A}C+A)+A\overline{B}C=B(C+A)+A\overline{B}C\\&=BC+AB+A\overline{B}C=BC+A(B+\overline{B}C)\\&=BC+A(B+C)=BC+AB+AC\end{aligned}$$

在化简逻辑函数时，要灵活运用上述方法，才能将逻辑函数化为最简。

例 1.8 用公式法化简 $Y=AB+A\overline{C}+\overline{B}C+\overline{C}B+\overline{B}D+\overline{D}B+ADE(\overline{F}+G)$。

解 根据摩根定律有

$$AB+A\overline{C}=A(B+\overline{C})=A\overline{\overline{B}C}$$

可得

$$Y=A\overline{\overline{B}C}+\overline{B}C+\overline{C}B+\overline{B}D+\overline{D}B+ADE(\overline{F}+G)$$

根据公式 $A+\overline{A}B=A+B$，得

$$A\overline{\overline{B}C}+\overline{B}C=A+\overline{B}C$$

即

$$Y=A+\overline{B}C+\overline{C}B+\overline{B}D+\overline{D}B+ADE(\overline{F}+G)$$

根据公式 $A+AB=A$，得

$$A+ADE(\overline{F}+G)=A$$

即
$$Y=A+\overline{B}C+\overline{C}B+\overline{B}D+\overline{D}B$$

利用配项法再进行化简，可得

$$\begin{aligned}Y&=A+\overline{B}C+\overline{C}B+\overline{B}D+\overline{D}B\\&=A+\overline{B}C(D+\overline{D})+\overline{C}B+\overline{B}D+\overline{D}B(C+\overline{C})\\&=A+\overline{B}CD+\overline{B}C\overline{D}+\overline{C}B+\overline{B}D+\overline{D}BC+\overline{D}B\overline{C}\\&=A+(\overline{B}CD+\overline{B}D)+(\overline{B}C\overline{D}+\overline{D}BC)+(\overline{C}B+\overline{D}B\overline{C})\\&=A+\overline{B}D+\overline{D}C+\overline{C}B\end{aligned}$$

2. 卡诺图化简法

卡诺图就是将逻辑函数变量的最小项按一定规则排列出来，构成的正方形或矩形的方格图。图中分成若干个小方格，每个小方格填入一个最小项，按一定的规则把小方格中所有的最小项进行合并处理，就可以得到化简的逻辑函数表达式，这就是卡诺图化简。

（1）最小项及最小项表达式

设 A、B、C 是三个逻辑变量，若由这三个逻辑变量按以下规则构成乘积项：

① 每个乘积项都含三个变量，且每个变量都是它的一个因子。

② 每个变量都以反变量（$\overline{A}$、$\overline{B}$、$\overline{C}$）或以原变量（A、B、C）作为因子出现一次，且仅出现一次。

具备以上条件的乘积项共 8 个，我们称这 8 个乘积项为三变量 A、B、C 的最小项。

推广：由于一个变量仅有原变量和反变量两种形式，因此 N 个变量共有 2^N 个最小项。

最小项的定义：对于 N 个变量，如果 P 是一个含有 N 个因子的乘积项，而且每一个变量都以原变量或者反变量的形式作为一个因子在 P 中出现且仅出现一次，那么就称 P 是这 N 个变量的一个最小项。

两个变量 A、B 的最小项为 $\overline{A}\overline{B}, \overline{A}B, A\overline{B}, AB$；三个变量 A、B、C 的最小项为 $\overline{A}\overline{B}\overline{C}, \overline{A}\overline{B}C, \overline{A}B\overline{C}, \overline{A}BC, A\overline{B}\overline{C}, A\overline{B}C, AB\overline{C}, ABC$，依此类推四个变量、五个变量…的最小项。

最小项也可用“m_i”表示，下标“i”即最小项的编号。编号方法：把最小项所对应的那一组变量取值组合当成二进制数，与其相应的十进制数就是该最小项的编号。例如，最小项 $\overline{A}\overline{B}C=m_1$，$A\overline{B}C=m_5$。

任何一个逻辑函数都可以表示为最小项之和的形式，称为标准“与或”表达式。而且这种形式是唯一的，也就是说，一个逻辑函数只有一种最小项表达式。例如，我们前面得到的火灾控制电路的表达式 $Y=\overline{A}BC+A\overline{B}C+AB\overline{C}+ABC$，就是标准的“与或”式。

也可将 $Y=AB+BC$ 展开成标准的“与或”表达式，即

$$Y=AB+BC=AB(\overline{C}+C)+(\overline{A}+A)BC$$
$$=AB\overline{C}+ABC+\overline{A}BC$$

或
$$Y(A,\ B,\ C)=m_3+m_6+m_7=\sum m(3,\ 6,\ 7)$$

（2）卡诺图及其画法

卡诺图是把最小项按照一定规则排列而构成的方框图。构成卡诺图的原则是：

① N变量的卡诺图有 2^N 个小方块（最小项）。

② 最小项排列规则：几何相邻的必须逻辑相邻，即两相邻小方格所代表的最小项只有一个变量取值不同。要满足几何相邻，变量取值必须按循环码的顺序取值。

循环码与二进制数码之间有着对应的关系。例如，一个 n 位二进制码 $A=A_{n-1}A_{n-2}\cdots A_i\cdots A_1A_0$，其对应的循环码用 $B=B_{n-1}B_{n-2}\cdots B_i\cdots B_1B_0$ 表示，则对应位循环码 $B_i=A_i\oplus A_{i+1}$。又如，三位二进制码 110 的循环码为 101。循环码的特点是相邻两个码之间只有一位不同。

几何相邻的含义：

① 相邻——紧挨的（上下、左右）。

② 相对——任一行或一列的两头。

③ 相重——对折起来后位置相重。

满足上述其中之一的都称为几何相邻或逻辑相邻。

图 1.16 所示为两个变量的卡诺图，图 1.17、图 1.18 为三变量和四变量的卡诺图。

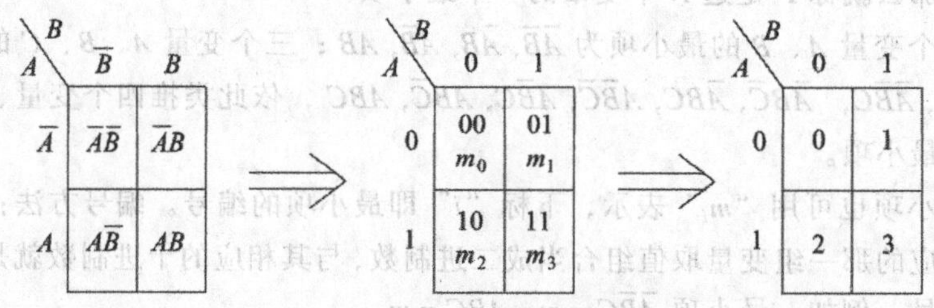

图 1.16　两个变量的卡诺图

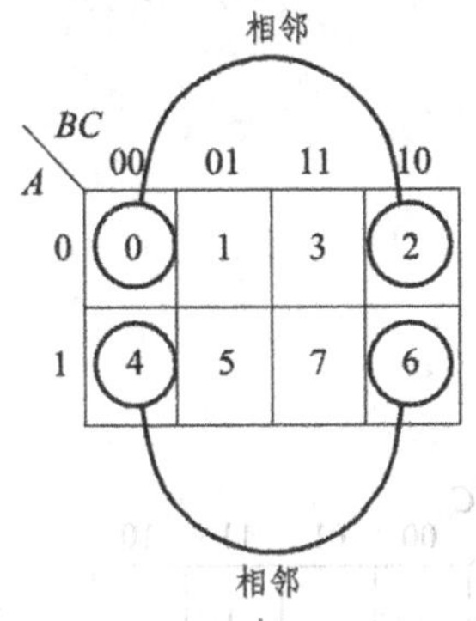

图 1.17　三变量的卡诺图

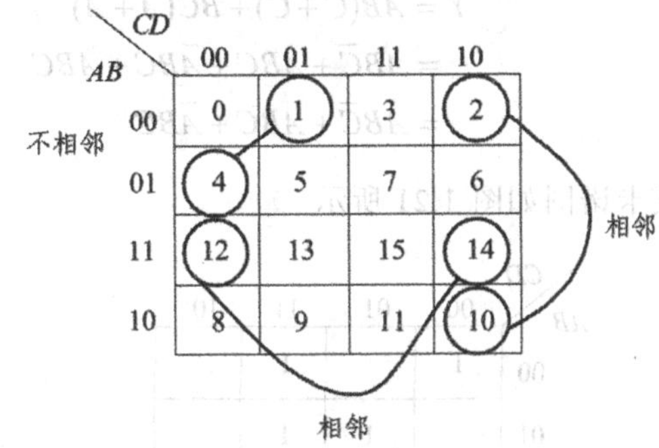

图 1.18　四变量的卡诺图

（3）用卡诺图表示逻辑函数

a. 从真值表画卡诺图

根据变量个数画出卡诺图，再按真值表填写每一个小方块的值（0或1）即可。需注意二者顺序不同。

例如，已知逻辑函数 Y 的真值表，确定 Y 对应的卡诺图，如图 1.19 所示。

A	B	C	Y
0	0	0	0
0	0	1	0
0	1	0	0
0	1	1	1
1	0	0	0
1	0	1	1
1	1	0	1
1	1	1	1

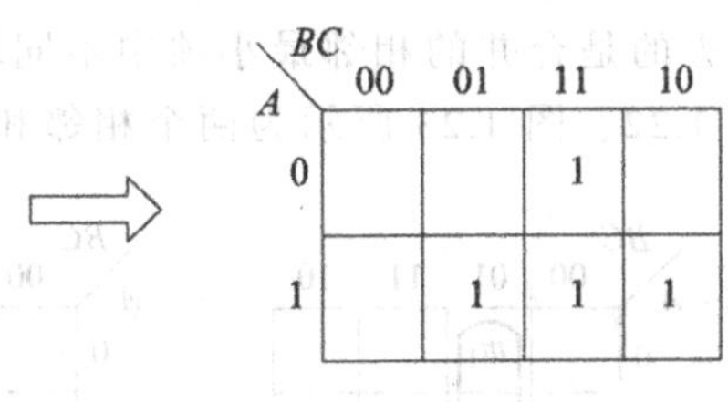

图 1.19　由真值表确定卡诺图

b. 从最小项表达式画卡诺图

把表达式中所有的最小项在对应的小方块中填入1，其余的小方块中填入0（0一般不用写出）。

例如，函数 $Y(A、B、C、D)=\sum m(0,3,5,7,9,12,15)$ 的卡诺图如图 1.20 所示。

若给定的表达式不是标准的“与或”式，可先将其变换为标准的“与或”式，然后再画卡诺图。例如，画 $Y=AB+BC$ 的卡诺图，先将其变换为标准的“与或”式：

$$\begin{aligned} Y &= AB(\overline{C}+C)+BC(\overline{A}+A) \\ &= AB\overline{C}+ABC+\overline{A}BC+ABC \\ &= AB\overline{C}+ABC+\overline{A}BC \end{aligned}$$

则其卡诺图如图 1.21 所示。

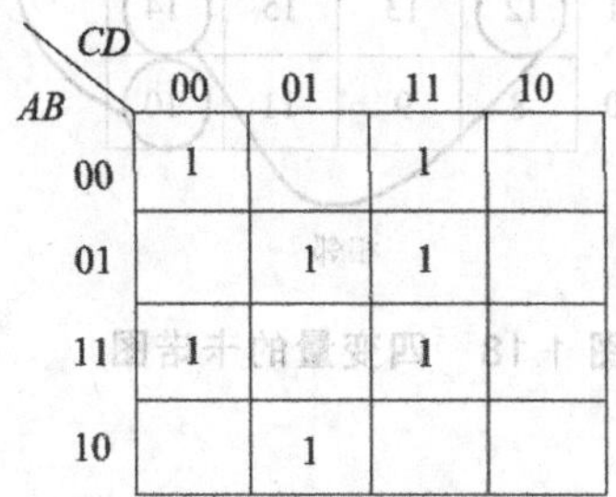

图 1.20 由最小项表达式化卡诺图

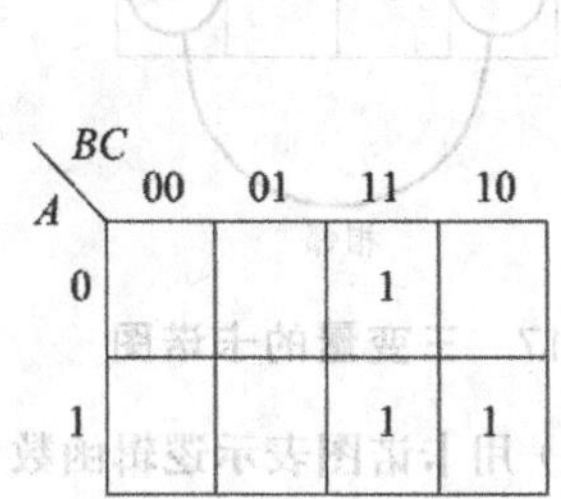

图 1.21 $Y=AB+BC$ 的卡诺图

（4）逻辑函数的卡诺图化简法

卡诺图中最小项合并的规律是：合并相邻最小项，可消去变量。合并两个相邻最小项，可消去一个变量；合并四个相邻最小项，可消去两个变量；合并八个相邻最小项，可消去三个变量；合并 2^N 个最小项，可消去 N 个变量。消去的是合并的相邻最小项中不同取值的变量，留下的是相同取值的变量。图 1.22、图 1.23 所示为两个相邻和四个相邻最小项合并的情况。

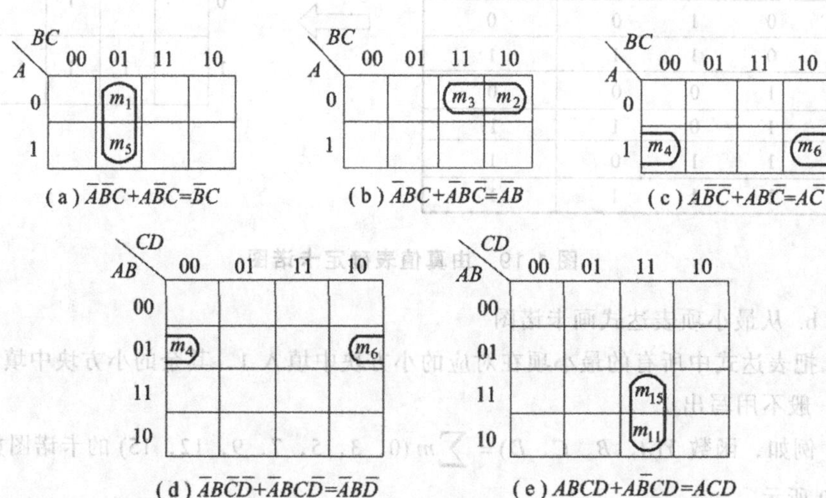

（a）$\overline{A}\overline{B}C+A\overline{B}C=\overline{B}C$

（b）$\overline{A}BC+\overline{A}B\overline{C}=\overline{A}B$

（c）$AB\overline{C}+A\overline{B}\overline{C}=A\overline{C}$

（d）$\overline{A}B\overline{C}\overline{D}+\overline{A}BC\overline{D}=\overline{A}B\overline{D}$

（e）$ABCD+A\overline{B}CD=ACD$

图 1.22 二个相邻最小项合并

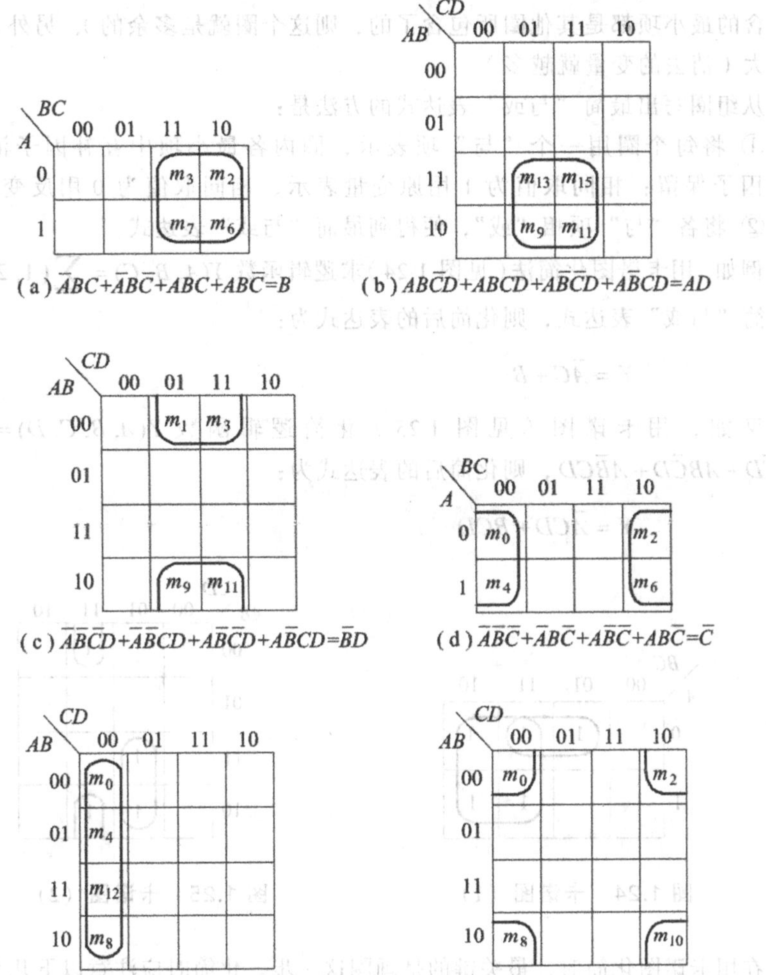

图 1.23　四个相邻最小项合并

利用卡诺图化简逻辑函数的基本步骤是：

① 画出逻辑函数的卡诺图。

② 合并相邻最小项（组圈）。

③ 从组圈写出最简“与或”表达式。

这种方法的关键是能否正确组圈。正确组圈的原则是：

① 必须按 2、4、8、…、2^N 的规律来圈取值为 1 的相邻最小项

② 每个取值为 1 的相邻最小项至少必须圈一次，但可以圈多次。

③ 圈的个数要最少（“与”项就少），即不要出现多余的圈（如果一个圈中所包含的最小项都是其他圈所包含了的，则这个圈就是多余的），另外，圈要尽可能大（消去的变量就越多）。

从组圈写出最简“与或”表达式的方法是：

① 将每个圈用一个“与”项表示，圈内各最小项中互补因子消去，相同的因子保留：相同取值为 1 用原变量表示，相同取值为 0 用反变量表示。

② 将各“与”项相“或”，便得到最简“与或”表达式。

例如，用卡诺图化简法（见图 1.24）求逻辑函数 $Y(A, B, C) = \sum(1, 2, 3, 6, 7)$ 的最简“与或”表达式，则化简后的表达式为：

$$Y = \overline{A}C + B$$

又如，用卡诺图（见图 1.25）化简逻辑函数 $Y(A, B, C, D) = \overline{A}\overline{B}CD + A\overline{B}\overline{C}D + AB\overline{C}D + A\overline{B}CD$，则化简后的表达式为：

$$Y = \overline{A}CD + \overline{B}CD$$

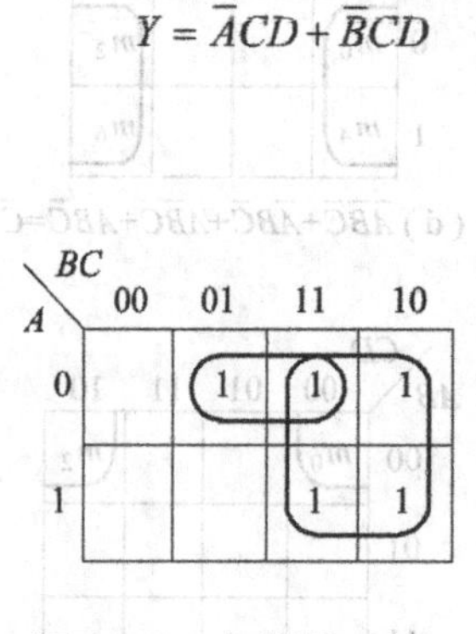

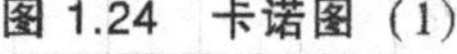
图 1.24　卡诺图（1）

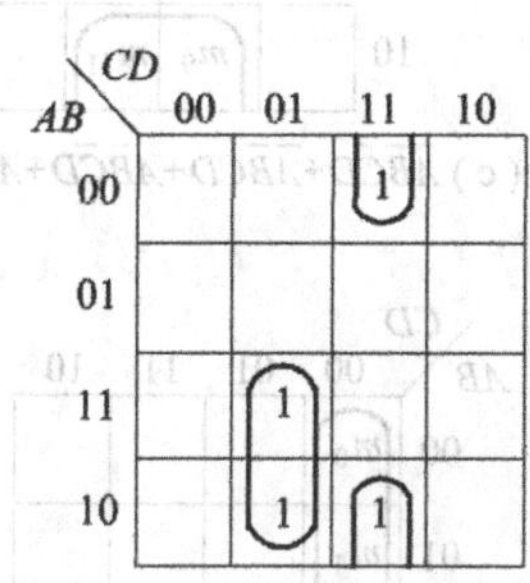

图 1.25　卡诺图（2）

在用卡诺图化简时，最关键的是画圈这一步。化简时应注意以下几个问题：

① 列出逻辑函数的最小项表达式，由最小项表达式确定变量的个数（如果最小项中缺少变量，应把变量补齐）。

② 画出最小项表达式对应的卡诺图。

③ 将卡诺图中的 1 格画圈，一个也不能漏圈，否则最后得到的表达式就会与所给函数不等；1 格允许被一个以上的圈所包。

最后还需要说明的是：用卡诺图化简所得到的最简“与或”式不是唯一的。图 1.26 列举出一些画圈的例子，供读者参考。

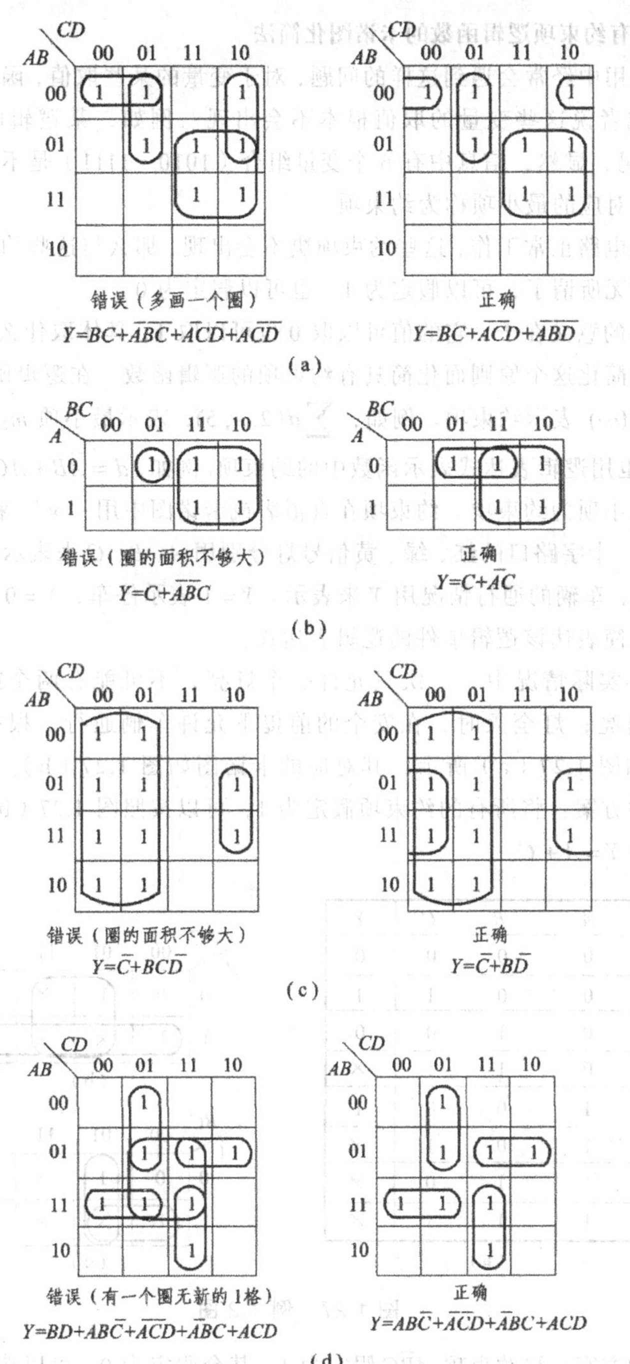

图 1.26　卡诺图化简的例子

（5）具有约束项逻辑函数的卡诺图化简法

实际应用中经常会遇到这样的问题，对于变量的某些取值，函数的值可以是任意的，或者说这些变量的取值根本不会出现。例如，某逻辑电路的输入为8421BCD码，显然，信息中有6个变量组合（1010～1111）是不使用的，这些变量取值所对应的最小项称为约束项。

如果该电路正常工作，这些约束项决不会出现，那么与这些约束项对应的输出是什么就无所谓了，可以假定为1，也可以假定为0。

约束项的意义在于，它的值可以取0也可以取1，具体取什么值，可以根据使函数尽量简化这个原则而化简具有约束项的逻辑函数。在逻辑函数表达式中，一般用$\sum d(\cdots)$表示约束项。例如，$\sum d(2,4,5)$，表示最小项m_2、m_4、m_5为约束项。有时也用逻辑表达式表示函数中的约束项。例如，$d=\overline{A}B+AC$表示$\overline{A}B$, AC所包含的最小项为约束项。约束项在真值表或卡诺图中用“×”来表示。

例1.9 十字路口的红、绿、黄信号灯分别用A、B、C来表示。1表示灯亮，0表示灯灭。车辆的通行情况用Y来表示。$Y=1$表示停车，$Y=0$表示通车。试用卡诺图化简表达该逻辑事件的逻辑表达式。

解 在实际情况中，一次只允许一个灯亮，不可能有两个或两个以上的信号灯同时亮；灯全灭时，在安全的前提下允许车辆通行。根据逻辑事件列出真值表如图1.27（a）所示，其对应的卡诺图如图1.27（b）、（c）所示。

第一种方案：将所有的约束项假定为1，可以按照图1.27（b）进行化简，化简结果为$Y=A+C$。

A	B	C	Y
0	0	0	0
0	0	1	1
0	1	0	0
0	1	1	×
1	0	0	1
1	0	1	×
1	1	0	×
1	1	1	×

（a）

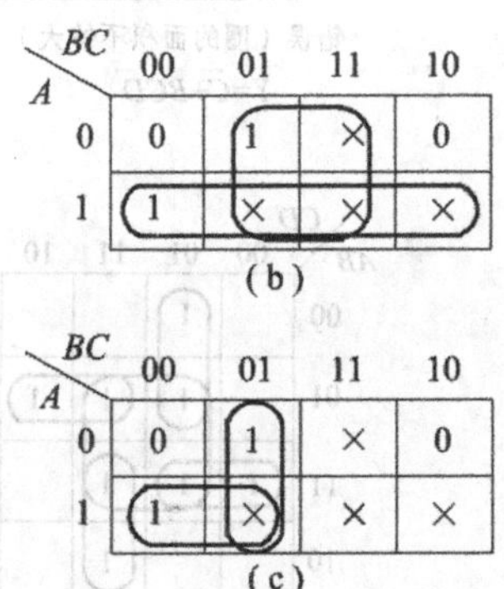

图1.27 例1.2图

第二种方案：将约束项$A\overline{B}C$假定为1，其余假定为0，可以按照图1.27（c）进行化简，化简结果为$Y=A\overline{B}+\overline{B}C$。

由以上分析可看出，使约束项取不同的值（0或1），就会得出不同的化简结果。显然第一种方案的化简结果是该逻辑事件的最简逻辑函数表达式。

实践操作　火灾报警控制电路的设计

一、目的

① 掌握简单逻辑电路的设计方法。

② 进一步熟悉逻辑函数的表示和化简。

二、设计要求

一个火灾报警系统，内设有感烟、感温和感红外光三种不同类型的火灾探测器。为了防止误报警，要求只有当其中两种或两种类型以上的探测器发出火灾探测信号时，报警系统才发出报警信号。设计用“与非”门实现的逻辑报警控制电路。

三、设计步骤

① 分析逻辑事件，确定输入变量和输出变量以及它们的因果关系。

② 进行逻辑赋值，列真值表。

③ 写出标准的“与或”式。

④ 用公式法或卡诺图法化简。

⑤ 根据要求进行逻辑表达式转换。

⑥ 画出对应的逻辑图。

四、参考电路

本实践操作的参考电路如图1.28、图1.29所示。

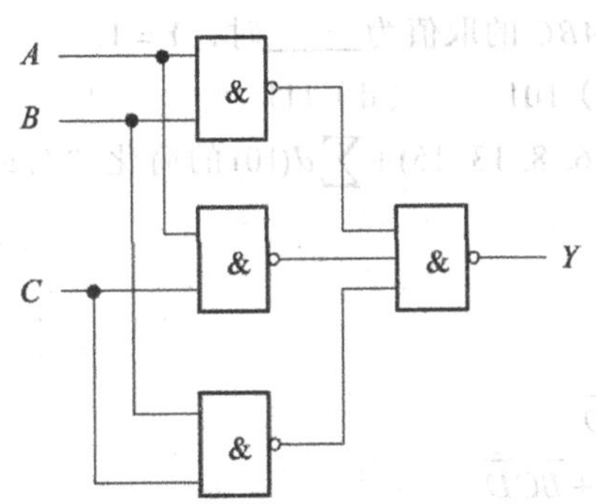

图1.28 “与非”门实现的火灾报警控制电路

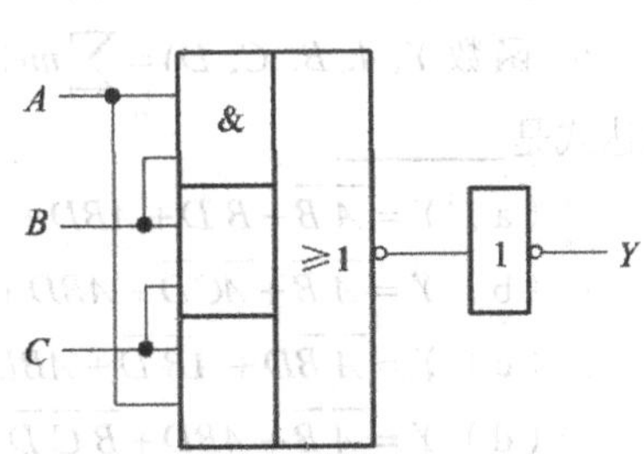

图1.29 “与或非”门实现的火灾报警控制电路

课外练习

一、单选题

1. 在函数 $Y=AB+CD$ 的真值表中，$Y=1$ 的状态共有_____个。

（a）2　　（b）4　　（c）7　　（d）16

2. 在如图 1.30 所示的逻辑电路图中，能实现逻辑函数 $Y=\overline{AB+CD}$ 的是_____。

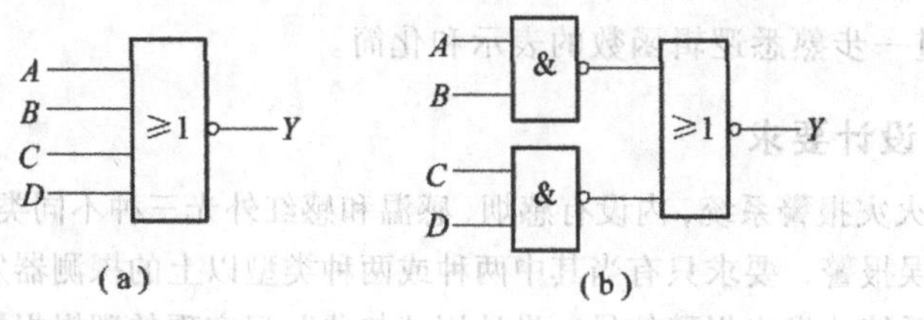

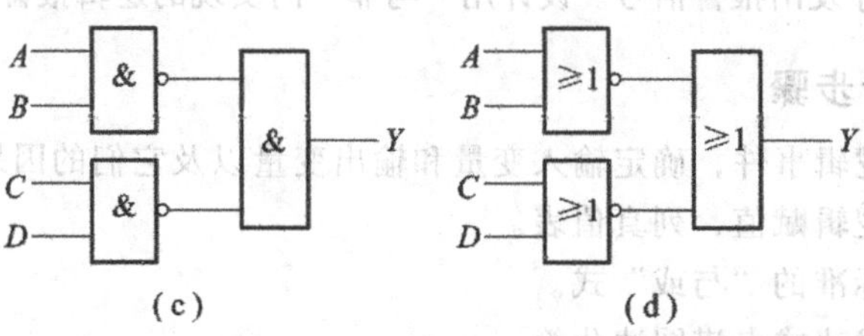

图 1.30

3. 二极管“或”门的两输入信号 $AB=$______时，输出为低电平。

（a）00　　（b）01　　（c）10　　（d）11

4. 函数 $Y=AB+\overline{A}C+\overline{B}C+\overline{C}D+\overline{D}$ 的最简“与或”式为_____。

（a）1　　（b）0　　（c）AB　　（d）$AB+\overline{D}$

5. 逻辑函数 $Y=\overline{A+B\overline{C}}(A+B)$，当 ABC 的取值为_____时，$Y=1$。

（a）000　　（b）011　　（c）101　　（d）111

6. 函数 $Y(A, B, C, D)=\sum m(1, 2, 3, 6, 8, 13, 15)+\sum d(10)$ 的简化“与或”表达式是_______。

（a）$Y=\overline{A}\,\overline{B}+\overline{B}\,\overline{D}+ABD+\overline{A}C\overline{D}$

（b）$Y=\overline{A}\,\overline{B}+\overline{A}C\overline{D}+ABD+\overline{B}C\overline{D}$

（c）$Y=\overline{A}\,\overline{B}D+A\overline{B}\,\overline{D}+ABD+\overline{A}C\overline{D}$

（d）$Y=\overline{A}\,\overline{B}+ABD+\overline{B}\,\overline{C}\,\overline{D}+\overline{A}C\overline{D}+\overline{B}C\overline{D}$

7. 下列函数中______式是函数 $Y=A\overline{B}+AC$ 的最小项表达式。

（a）$Y=A\overline{B}C+ABC+\overline{A}B\overline{C}$　　（b）$Y=A\overline{B}C+\overline{A}\,\overline{B}C+ABC$

（c）$Y=AB+BC+AC$　　（d）$Y=ABC+A\overline{B}C+A\overline{B}\,\overline{C}$

8. n 个变量可以构成______个最小项。

（a）n （b）$2\times n$ （c）2^n （d）2^n-1

二、多选题

1. 数字电路的特点是（ ）。

（a）电路结构简单，有利于实现电路集成化

（b）可实现逻辑运算和判断

（c）工作稳定，抗干扰能力强

（d）工作于开关状态，功耗低

2. $Y=A\overline{B}+BD+CDE+\overline{A}D$ 等于（ ）。

（a）$A\overline{B}+D$ （b）$(A+\overline{B})D$ （c）$(A+D)(\overline{B}+D)$ （d）$(A+D)(B+\overline{D})$

3. 下列选项属于四个变量 A、B、C、D 的最小项的是（ ）。

（a）$AB\overline{C}D$ （b）$AB\overline{D}$ （c）ABC （d）$A\overline{B}CD$

4. 卡诺图的特点是（ ）。

（a）卡诺图中的方块数等于最小项总数，即等于 2^n（n 为变量数）

（b）变量取值不能按二进制数的顺序排列，必须按循环码排列

（c）卡诺图是一个由代表相应最小项的小方块构成的正方形或长方形图形

（d）卡诺图是真值表的另外一种表现形式

5. 下列表达式正确的是（ ）。

（a）$\overline{ABC}=\overline{A}\cdot\overline{B}\cdot\overline{C}$

（b）$\overline{A\oplus B}=A\odot B$

（c）$\overline{A+B+C}=\overline{A}+\overline{B}+\overline{C}$

（d）$AB+AC+BC=(A+B)(A+C)(B+C)$

6. 下列选项（ ）属于卡诺图画圈的原则。

（a）包围圈尽可能的大，个数尽可能的少

（b）包围圈所含小方格数为 2^n（$n=1$、2、…）

（c）允许重复圈1，但每个包围圈至少应有一个未被其他圈包围过的最小项

（d）若无逻辑相邻的最小项，则单独孤立组圈

7. 逻辑函数的表示方法中具有唯一性的是（ ）。

（a）真值表 （b）表达式 （c）逻辑图 （d）卡诺图

8. 在（ ）情况下，函数 $Y=\overline{ABCD}$ 运算的结果是1。

（a）全部输入是0 （b）任一输入是0

（c）任一输入是1 （d）全部输入是1

三、判断题（用√表示正确，用×表示错误）

1. 逻辑变量的取值，1比0大。 （ ）

2. “异或”函数与“同或”函数在逻辑上互为反函数。（ ）

3. 若两个函数具有相同的真值表，则两个逻辑函数表达式必然相等。（ ）

4. 若两个函数具有不同的逻辑函数式，则两个逻辑函数必然不相等。（ ）

5. 逻辑函数 $Y = A\overline{B} + \overline{A}B + \overline{B}C + B\overline{C}$ 已是最简“与或”表达式。（ ）

6. 逻辑代数中，“与”、“与非”、“或非”等是复合逻辑运算。（ ）

四、综合题

1. 设计一个楼上、楼下开关的控制逻辑电路，用来控制楼梯上的路灯，使之在上楼前，用楼下开关打开电灯，上楼后，用楼上开关关灭电灯；或者在下楼前，用楼上开关打开电灯，下楼后，用楼下开关关灭电灯。

2. 已知逻辑表达式为 $Y = BC + A\overline{B}C\overline{D} + \overline{B}D + \overline{C}D$，化简逻辑函数，试将化简后的表达式改为“与非与非”表达式，并画出用“与非”门构成的逻辑图。

基础训练 2　集成逻辑门电路的选用

相关知识

一、集成逻辑门电路概述

1. 门电路的概念

实现逻辑运算的电子电路，叫做逻辑门电路，简称门电路。例如，实现“与”运算的称为“与”门，实现“或”运算的称为“或”门，实现“非”运算的称为“非”门，也叫反相器。类似地，实现“与非”、“或非”、“与或非”、“异或”等运算的，分别称为“与非”门、“或非”门、“与或非”门、“异或”门。

2. 逻辑变量与两种状态开关

在二值量逻辑中，逻辑变量的取值不是 0 就是 1，是一种二值量。在数字电路中，与之对应的是电子开关的两种状态。二值量与数字电路的结合点，就是这种两状态的电子开关。而半导体二极管、三极管和 MOS 管，则是构成这种电子开关的基本开关元件，因此，数字电路中的二极管、三极管和 MOS 管一般要求工作在开关状态下。

3. 高、低电平与正、负逻辑

高电平和低电平：高电平和低电平是两种状态，是两个不同的可以截然区别开来的电压范围。一般的电源电压为 5 V 的集成门电路中，把 2 ~ 5 V 范围内的电压都叫做高电平，用 U_H 表示；而 0 ~ 0.8 V 范围的电压都叫做低电平，用 U_L 表示。

正逻辑和负逻辑：在数字电路中，用 1 表示高电平，用 0 表示低电平，叫做正逻辑赋值，简称正逻辑。如果用 1 表示低电平，用 0 表示高电平，则称为负逻辑赋值，简称负逻辑。若没有特别说明，本教材中使用的是正逻辑。

4. 分立元件门电路与集成门电路

分立元件门电路：用分立的元器件和导线连接起来构成的门电路，叫做分立元件门电路。例如，前面介绍“与”逻辑、“或”逻辑时用二极管构成的“与”门、“或”门电路，用三极管构成的“非”门电路，就属于分立元件的门电路，目前使用较少。

集成门电路：把构成门电路的元器件和连线都制作在一块半导体芯片上，再封装起来，便构成了集成门电路，现在使用最多的是 CMOS 和 TTL 集成门电路。

5. 数字集成电路的集成度

集成度：一般把在一块芯片中含有等效逻辑门的个数或元器件的个数，定义为集成度。数字电路按照其集成度不同，常分为四类，即：小规模集成电路（SSI），<10 门/片或<100 元器件/片；中规模集成电路（MSI），10 ~ 99 门/片或 100 ~ 999 元器件/片；大规模集成电路（LSI），100 ~ 9 999 门/片或 1 000 ~ 99 999 元器件/片；超大规模集成电路（VLSI），>10 000 门/片或 100 000 元器件/片。

二、CMOS 集成门电路

CMOS 集成电路中的许多最基本的逻辑单元，都是用 P 沟道增强型 MOS 管和 N 沟道增强型 MOS 管，按照互补对称形式连接起来构成的，并因此而得名。这种电路具有制造工艺简单、集成度高、输入阻抗高、体积小、功耗低、噪声容限大、抗干扰能力强等优点，缺点是工作速度低，是目前应用最广泛的集成电路之一。在 CMOS 集成电路中，CMOS 门电路是基础，CMOS 反相器是典型。

1. NMOS、PMOS 的开关特性

在 MOS 管中，导电沟道是电子型的就是 NMOS 管，导电沟道是空穴型的就是 PMOS 管。NMOS 管和 PMOS 管都有增强型和耗尽型，在数字电路中，采用增强型的比较多。

增强型 NMOS 管的符号和转移特性如图 1.31 所示。

当栅极 G 加正向电压并超过开启电压 U_{TN}（即 $U_{GS} > U_{TN}$）时，NMOS 管导通（导通电阻相当小），相当于开关闭合；当 $U_{GS} < U_{TN}$ 时，NMOS 管就截止，相当于开关断开。

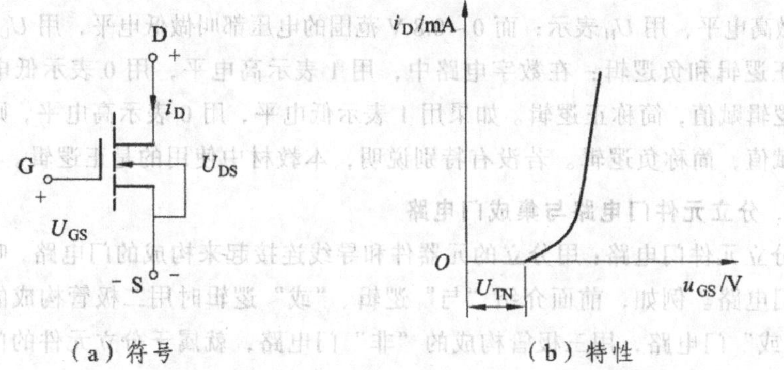

图 1.31 增强型 NMOS 管的符号、特性

增强型 PMOS 管的符号和转移特性如图 1.32 所示。

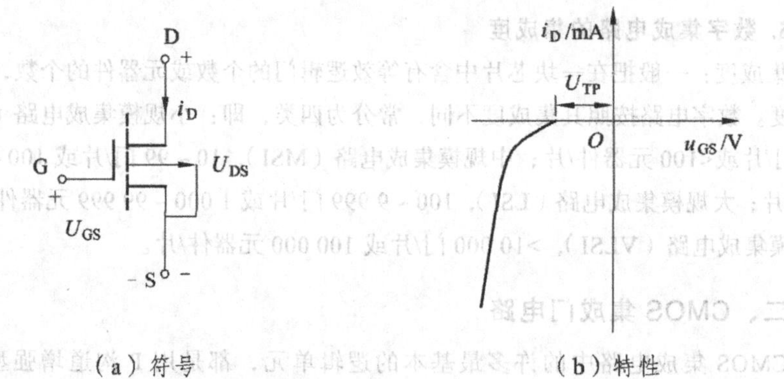

图 1.32 增强型 PMOS 管的符号、特性

与 NMOS 管不同，通常 PMOS 管的漏极 D 接负电源。栅极 G 加反向电压并低于开启电压 U_{TP}（即 $U_{GS}<U_{TP}$，U_{TP} 为负值）时，PMOS 管导通（导通电阻相当小），相当于开关闭合；当 $U_{GS}>U_{TP}$ 时，PMOS 管就截止，相当于开关断开。

2. CMOS 集成“非”门电路

采用 MOS（Metal Oxide Semiconductor，金属氧化物半导体）场效应晶体管制作的门电路称为 MOS 门电路。

MOS 门有 PMOS、NMOS 和 CMOS 三种类型，若采用 P 沟道增强型 MOS 场效应晶体管作为电路元件，则称为 PMOS 电路；若采用 N 沟道增强型 MOS 场效应晶体管作为电路元件，则称为 NMOS 电路；若电路中既采用 N 沟道增强型 MOS 场效应晶体管又采用 P 沟道增强型 MOS 场效应晶体管以构成互补对称电路，则称为 CMOS 电路。

CMOS 门电路虽然工作速度较低，但具有制造工艺简单、集成度高、抗干扰能力强、功耗低等优点，因此得到广泛的应用。

CMOS“非”门电路及逻辑符号如图 1.33 所示。

T_1是 NMOS 管，源极接地，称为驱动管；T_2是 PMOS 管，源极接电源 $+U_{DD}$，称为负载管。两管的栅极相连，作为输入端 A；两管的漏极相连，作为输出端 Y。

当 A 为高电平时，T_1 管导通，T_2 管截止，输出端 Y 为低电平。

当 A 为低电平时，T_2 管导通，T_1 管截止，输出端 Y 为高电平。

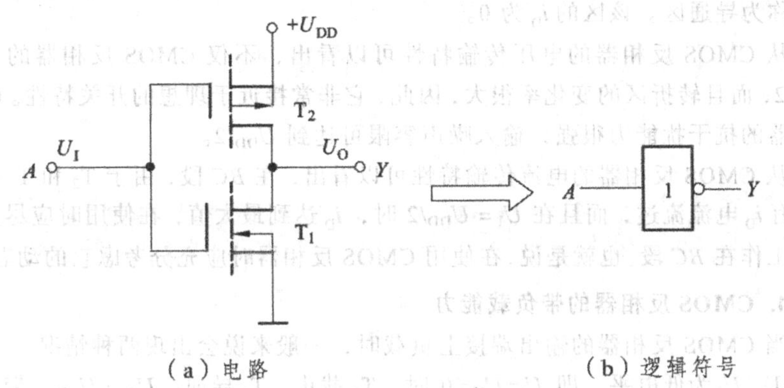

(a) 电路　　(b) 逻辑符号

图 1.33　CMOS“非”门电路及逻辑符号

输入与输出之间符合“非”逻辑关系，即

$$Y=\bar{A}$$

无论 U_I 为高电平还是低电平，T_1 和 T_2 总是一管导通而另一管截止，T_1 和 T_2 流过的静态电流极小（微安级），因而 CMOS 反相器的静态功耗极小。这是 CMOS 电路最突出的优点之一。

3. CMOS 反相器的电压、电流传输特性

CMOS 反相器的电压传输特性和电流传输特性如图 1.34 所示。

a. AB 段

$U_I < U_{TN}$，T_2 导通、T_1 截止，$U_O = U_{OH} = U_{DD}$。由于驱动管截止，该段称为截止

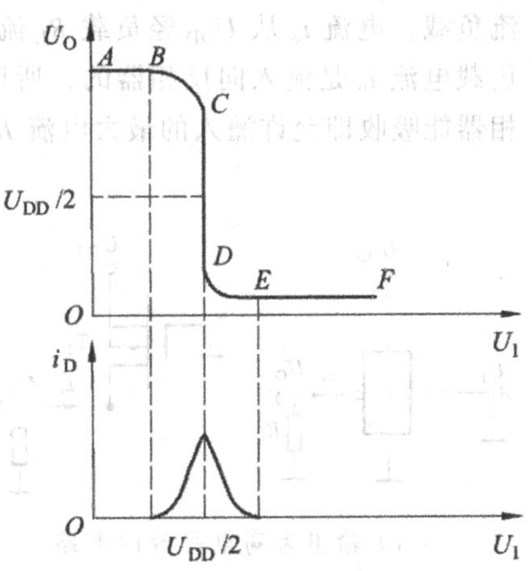

图 1.34　CMOS 反相器的电压、电流传输特性

区。该区的 i_D 为 0。

b. BC 段

$U_{TN} < U_I < U_{DD} - |U_{TP}|$，$T_1$、$T_2$ 均导通，由于在这一段，T_2 将从导通转变为截止，T_1 将从截止转变为导通，故该段称为转折区。若两管对称，当 $U_I = U_{DD}/2$ 时，$U_O = U_{DD}/2$，故 CMOS 反相器的阈值电压 $U_{TH} = U_{DD}/2$。

c. CD 段

$U_I > U_{DD} - |U_{TP}|$，T_2 截止，T_1 导通，$U_O = U_{OL} \approx 0$。由于驱动管 T_1 导通，故该段称为导通区。该区的 i_D 为 0。

从 CMOS 反相器的电压传输特性可以看出，不仅 CMOS 反相器的 U_{TH} 为 $U_{DD}/2$，而且转折区的变化率很大，因此，它非常接近于理想的开关特性。CMOS 反相器的抗干扰能力很强，输入噪声容限可达到 $U_{DD}/2$。

从 CMOS 反相器的电流传输特性可以看出，在 BC 段，由于 T_2 和 T_1 同时导通，有 i_D 电流流过，而且在 $U_I = U_{DD}/2$ 时，i_D 达到最大值，在使用时应尽量避免长期工作在 BC 段。也就是说，在使用 CMOS 反相器时应充分考虑它的动态功耗。

4. CMOS 反相器的带负载能力

当 CMOS 反相器的输出端接上负载时，一般来说会出现两种情况：

① U_I 为低电平，即 $U_I=U_{IL}=0$ 时，T_1 截止、T_2 导通，$U_O = U_{OH}$，带拉电流负载。电流 i_o 从 U_{DD} 经 T_2 流出，供给负载 R_L，如图 1.35（a）所示。由于这时负载 R_L 是向反相器索取电流，所以人们常常形象地称为拉电流负载，并把反相器能够输出的最大电流 I_{OH} 叫做带拉电流负载能力。

② U_I 为高电平，即 $U_I=U_{IH}=U_{DD}$ 时，T_1 导通、T_2 截止，$U_O = U_{OL}$，带灌电流负载。电流 i_o 从 U_{DD} 经负载 R_L 流入反相器，如图 1.35（b）所示。由于此时负载电流 i_o 是流入向反相器的，所以人们常常形象地称为灌电流负载，并把反相器能吸收即允许灌入的最大电流 I_{OL} 叫做带灌电流负载能力。

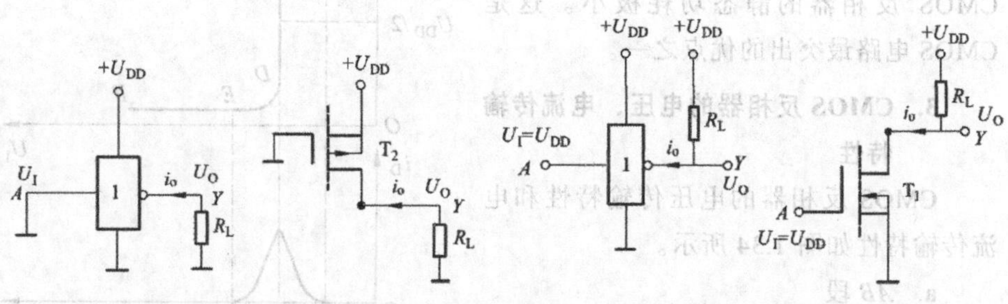

（a）输出为高电平时的电路　　　（b）输出为低电平时的电路

图 1.35　CMOS“非”门电路的带负载电路

5. 其他类型的 CMOS 门电路

（1）CMOS“与非”门

图 1.36 所示是一个两输入的 CMOS“与非”门电路。

当 A、B 两个输入均为高电平时，T_1、T_2 导通，T_3、T_4 截止，输出为低电平。

当 A、B 两个输入中只要有一个为低电平时，T_1、T_2 中必有一个截止，T_3、T_4 中必有一个导通，输出为高电平。

该电路的逻辑关系为：

$$Y=\overline{A\cdot B}$$

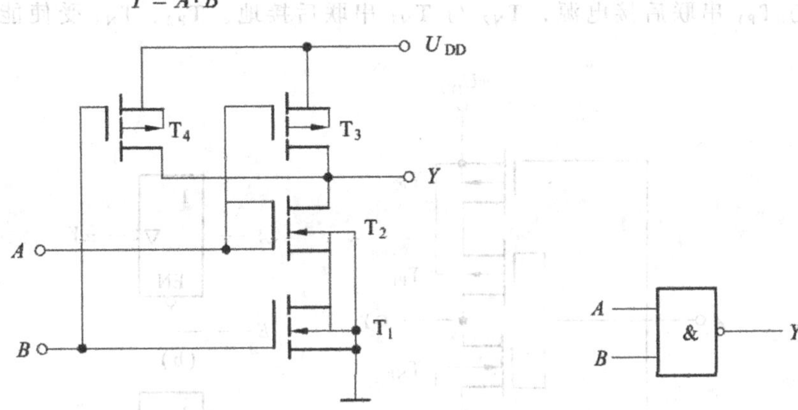

（a）电路　　（b）逻辑符号

图 1.36　CMOS“与非”门的电路组成及逻辑符号

（2）CMOS“或非”门

CMOS“或非”门电路如图 1.37 所示。

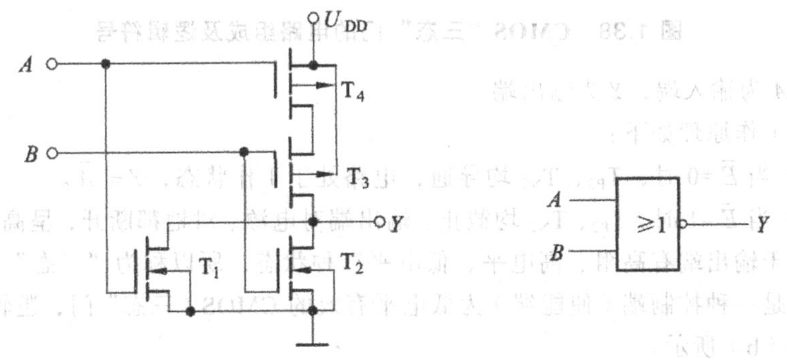

（a）电路　　（b）逻辑符号

图 1.37　CMOS“或非”门的电路组成及逻辑符号

当 A、B 两个输入端均为低电平时，T_1、T_2 截止，T_3、T_4 导通，输出 Y 为高电平；当 A、B 两个输入中有一个为高电平时，T_1、T_2 中必有一个导通，T_3、T_4 中必有一个截止，输出为低电平。

该电路的逻辑关系为：

$$Y=\overline{A+B}$$

（3）CMOS“三态”门

图 1.38（a）所示是 CMOS“三态”门，其中 T_{P1} 和 T_{N1} 组成 CMOS 反相器，T_{P2} 与 T_{P1} 串联后接电源，T_{N2} 与 T_{N1} 串联后接地。T_{P2}、T_{N2} 受使能端 $\overline{E}$ 控制。A 为输入端，Y 为输出端。

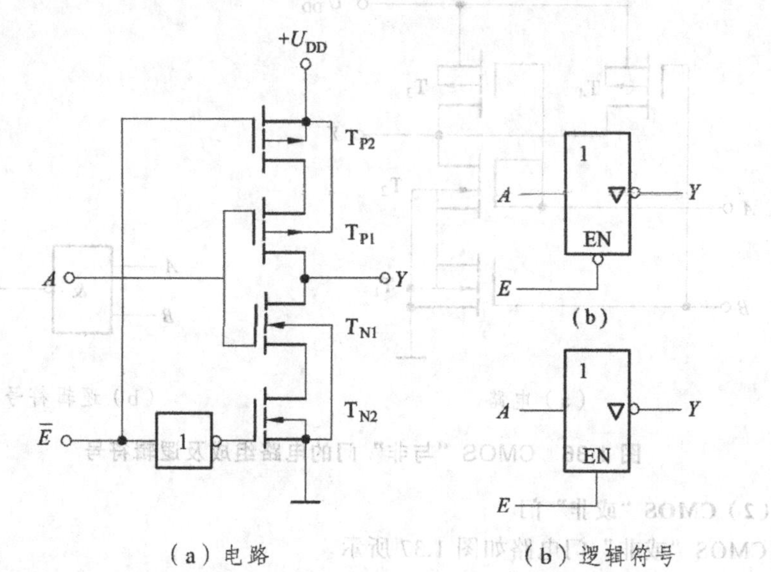

图 1.38　CMOS“三态”门的电路组成及逻辑符号

其工作原理如下：

① 当 $\overline{E}=0$ 时，T_{P2}、T_{N2} 均导通，电路处于工作状态，$Y=\overline{A}$。

② 当 $\overline{E}=1$ 时，T_{P2}、T_{N2} 均截止，输出端对电源、对地都断开，呈高阻状态。

由于输出端有高阻、高电平、低电平三种状态，所以称为“三态”门。

这是一种控制端（使能端）为低电平有效的 CMOS“三态”门，逻辑符号如图 1.38（b）所示。

在 CMOS“三态”门中，控制端 E 除低电平有效外，还有高电平有效的，这时的电路符号如图 1.38（c）所示。

（4）"三态"输出门的应用

a. 用作多路开关

在图 1.39（a）中，两个三态输出反相器是并联起来的，E 是整个电路的使能端。当 $E=1$ 时，门 1 使能，门 2 禁止，$Y=\overline{A}$；当 $E=0$ 时，门 1 禁止，门 2 使能，$Y=\overline{B}$。门 1、门 2 构成两个开关，可以根据需要将 A 或 B 反向送到输出端。

b. 用于数据双向传输

在图 1.39（b）中，两个三态输出反相器并联起来构成双向开关，当 $E=0$ 时数据向右传送，$B=A$；当 $E=1$ 时数据向左传送，$A=B$。

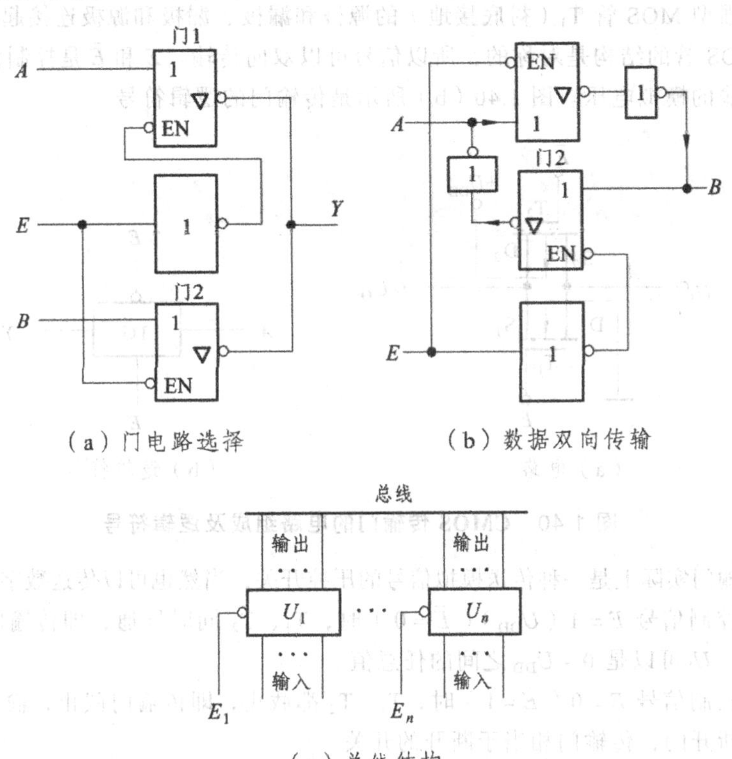

图 1.39　"三态"门应用举例

c. 构成数据总线

在微型计算机系统中，经常通过称之为"总线"的一组公共导线把许多设备连接起来，总线上传输的可以是数据、也可以是外部设备。对于总线来说，在任一时刻，有也只能有一个数据来源是使能的，即挂在一根总线上的许许多多三态门，某一时刻只允许一个三态门处于工作状态，否则就会造成总线竞争和电路损坏。在图 1.39（c）中，n 组三态输出反相器的输出端都连接到一条数据传输线上，构成单向总线。总线就是用于接收多个门的输出信号的导线，其作用是轮流传输多路数据，通过控制端 E 来控制哪一个接口电路可以向公共数据总线发送数据或接收数据。根据总线结构的特点，要求在某一时段只能允许一个接口电路占用总线，通过对各接口电路 E 端的分时控制就能满足这一要求。

（5）CMOS 传输门及模拟开关

传输门是数字电路用来传输信号的一种基本单元电路，其电路和符号如图 1.40 所示。

图 1.40 中，CMOS 传输门由 P 沟道增强型 MOS 管 T_2（其衬底接 U_{DD}）和 N 沟道增强型 MOS 管 T_1（衬底接地）的源极和漏极、漏极和源极连接起来构成，由于 MOS 管的结构是对称的，所以信号可以双向传输。E 和 $\bar{E}$ 是控制信号，U_I 是被传输的模拟电压。图 1.40（b）所示是传输门的逻辑符号。

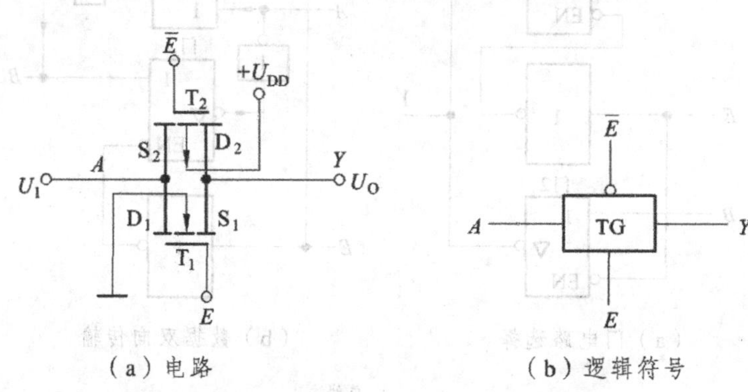

（a）电路　　（b）逻辑符号

图 1.40　CMOS 传输门的电路组成及逻辑符号

传输门实际上是一种传送模拟信号的压控开关，当然也可以传送数字信号。

当控制信号 $E=1$（U_{DD}）（$\bar{E}=0$）时，T_1、T_2 同时导通，即传输门导通，$U_O=U_I$。U_I 可以是 $0\sim U_{DD}$ 之间的任意值。

当控制信号 $E=0$（$\bar{E}=1$）时，T_1、T_2 都截止，即传输门截止，输入、输出之间是断开的，传输门相当于断开的开关。

因为 MOS 管的结构是对称的，源极和漏极可以互换使用，所以 CMOS 传输门具有双向性，又称双向开关，用 TG 表示。

CMOS 传输门的应用之一是构成模拟开关。图 1.41 所示是由 CMOS 传输门构成的模拟开关电路。

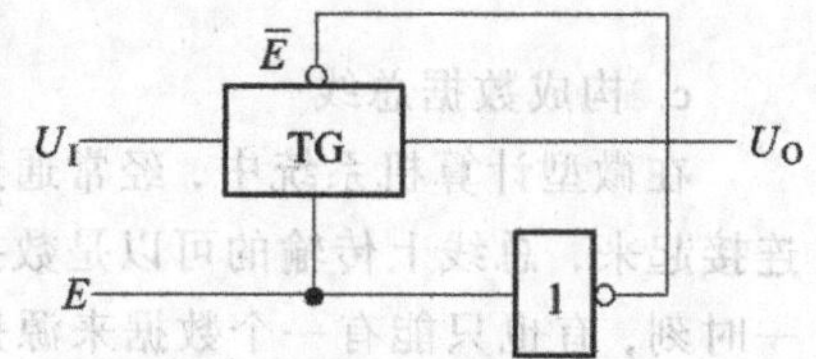

图 1.41　CMOS 开关电路

当控制端 $E=0$ 时，$\bar{E}=1$，传输门 TG 截止，相当于开关断开，输出端呈高阻状态。

当控制端 $E=1$ 时，$\bar{E}=0$，传输门 TG

导通，相当于开关闭合，使 $U_O = U_I$。

由于 CMOS“三态”传输门 TG 具有很低的导通电阻和很高的截止电阻，所以很接近理想开关电路。

（6）CMOS 漏极开路门（“OD”门）

在实际应用中，有时要将 n 个门电路的输出端连接在一起，称为“并联应用”。但一般门电路是不允许“并联应用”的，因为并联会使门电路逻辑功能受到破坏或烧坏门电路，于是，人们就设计了漏极开路门。

图 1.42 所示是漏极开路门的电路组成和符号。

输出 MOS 管的漏极是开路的，如图 1.42（a）中虚线部分所示，工作时必须外接上拉电源 U'_{DD} 和上拉电阻 R_D，电路才能工作，实现 $Y = \overline{A \cdot B}$；若不接电源 U'_{DD} 和电阻 R_D，电路不能工作。

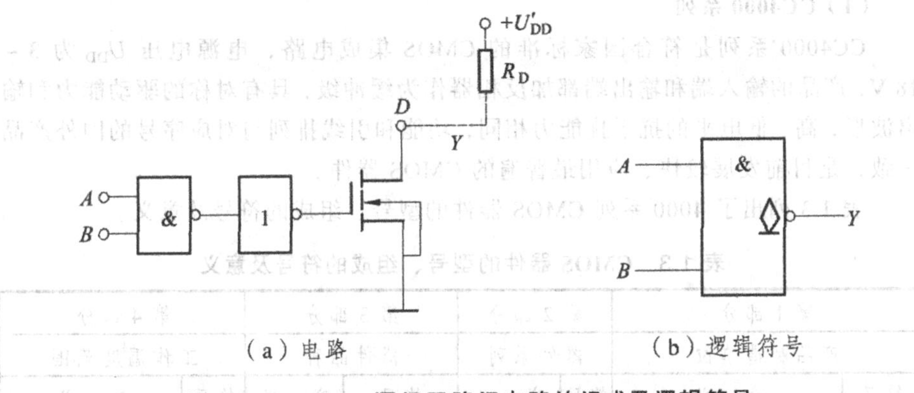

（a）电路　　（b）逻辑符号

图 1.42　CMOS 漏极开路门电路的组成及逻辑符号

“OD”门在逻辑功能上可以实现“线与”功能，即两个以上的“OD”门的输出端可以直接连接（通过负载电阻接电源），当某一个输出端为低电平时，公共输出端 Y 为低电平，即实现“线与”逻辑功能，如图 1.43 所示。

图 1.43 所示电路的逻辑函数表达式为：

$$Y = \overline{AB} \cdot \overline{CD} = \overline{AB + CD}$$

“OD”门的另一个作用是可以变换输出电压，其输出电压值由外接电源电压 U'_{DD} 决定。图 1.44 所示是一个用“OD”门实现电平转换的电路，由于外接电阻 R_D 接 $+U'_{DD}$ 电源电压，从而使门电路的输出高电平转换为 $+U'_{DD}$。

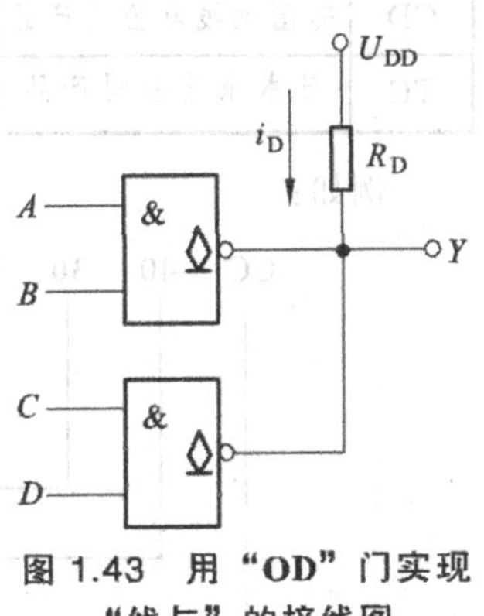

图 1.43　用“OD”门实现“线与”的接线图

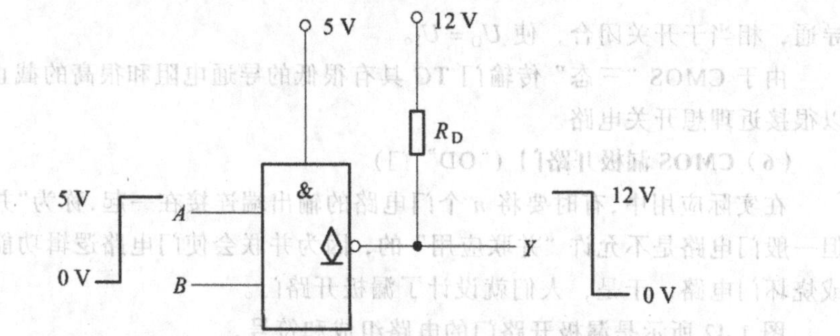

图 1.44 用“OD”门实现电平转换的电路

5. CMOS 集成门电路系列及型号命名法

CMOS 逻辑门器件有三大系列，即 4000 系列、74C××系列和硅氧化铝系列。

（1）CC4000 系列

CC4000 系列是符合国家标准的 CMOS 集成电路，电源电压 U_{DD} 为 3～18 V，产品的输入端和输出端都加反相器作为缓冲级，具有对称的驱动能力和输出波形，高、低电平的抗干扰能力相同，功能和引线排列与对应序号的国外产品一致，是目前发展较快、应用最普遍的 CMOS 器件。

表 1.3 列出了 4000 系列 CMOS 器件的型号、组成的符号及意义。

表 1.3 CMOS 器件的型号、组成的符号及意义

第 1 部分		第 2 部分		第 3 部分		第 4 部分	
产品制造单位		器件系列		器件品种		工作温度范围	
符号	意 义	符号	意 义	符号	意 义	符号	意 义
CC	中国制造的产品	40	系列符号	阿拉伯数字	器件功能	C	0 °C～70 °C
CD	美国无线电公司产品	45				E	−40 °C～85 °C
						R	−55 °C～85 °C
TC	日本东芝公司产品	145				M	−55 °C～125 °C

例如：

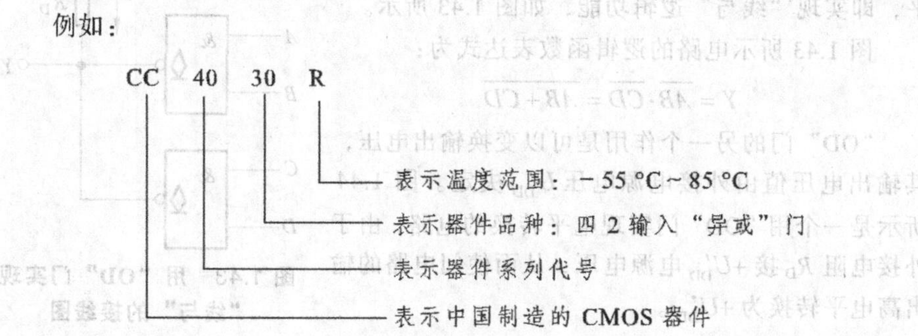

（2）74C××系列

目前我国生产的 HCMOS 电路主要有 54/74 系列。

74C××系列有：普通 74C××系列、高速 MOS74HC××/HCT××系列及先进的 CMOS74AC××/ACT××系列。

54/74HC××系列是高速 CMOS 标准逻辑电路系列，具有与 74LS××系列同等的工作速度和 CMOS 集成电路固有的低功耗及电源电压范围宽等特点。74HC×××是 74LS×××同序号的翻版，型号最后几位数字相同，表示电路的逻辑功能、管脚排列完全兼容，为用 74HC 替代 74LS 提供了方便。

74AC××系列：该系列又称“先进的 CMOS 集成电路”，54/74AC 系列具有与 74AS 系列等同的工作速度和与 CMOS 集成电路固有的低功耗及电源电压范围宽等特点。

6. CMOS 集成电路的主要特点

① 功耗极低。CMOS 集成电路静态功耗非常小，例如在 $U_{DD}=5\ V$ 时，门电路的功耗只有几个 μW，即使是中规模的集成电路，其功耗也不会超过 100 μW。

② 电源电压范围宽。例如，CC4000 系列的 $U_{DD}=3\sim18\ V$。

③ 抗干扰能力强。输入端电压噪声容限，典型值可达 $0.45U_{DD}$，保证值不小于 $0.3U_{DD}$。

④ 逻辑摆幅大。低电平 $U_L\approx0\ V$，高电平基本上等于电源电压，即 $U_{OH}\approx U_{DD}$。

⑤ 输入电阻极高。由于 CMOS 集成电路中使用的开关元件是电压控制的 MOS 管，所以输入电阻可达 10^8 以上。

⑥ 扇出系数强。CMOS 能带同类门电路的个数称为扇出系数，其大小反映了其扇出能力，即带同类门电路的能力。在低频工作时，CMOS 电路几乎可以不考虑扇出能力问题；在高频工作时，扇出系数与工作频率有关。

⑦ 集成度很高，温度稳定性好。由于 CMOS 电路的功耗极低，内部热量很少，所以集成度可以做得非常高。CMOS 电路的结构是互补对称的，当外界温度变化时，有些参数可以相互补偿，因此其特性的温度稳定性好，在很宽的温度范围内都能正常工作。

7. 使用 CMOS 集成电路应注意的问题

因 CMOS 电路容易产生栅极击穿问题，所以要特别注意以下几点：

① 避免静电损伤。在使用和存放时应注意静电屏蔽。焊接时电烙铁应接地良好或在电烙铁断电情况下焊接。存放 CMOS 电路不能用塑料袋，要用金属将管脚短接起来或用金属盒屏蔽。工作台应当用金属材料覆盖并应良好接地。焊接时，电烙铁壳应接地。

② 多余输入端的处理方法。CMOS 电路的输入阻抗高，易受外界干扰的影响，

所以 CMOS 电路的多余输入端不允许悬空。多余输入端应根据逻辑要求接电源（“与非”门、“与“门）或接地（“或非”门、“或”门），或与其他输入端连接。

③ 对于各种集成电路来说，在技术手册上都会给出各主要参数的工作条件和极限值，因此一定要在推荐的工作条件范围内使用，否则将导致性能下降或损坏器件。

④ CMOS 电路的电源极性切记不能接反，否则将导致器件损坏。

⑤ 防止输出端短路。电路的输出端既不能和电源短接，也不能和地短接，否则输出级的 MOS 管就会因过流而损坏。

⑥ 在未加电源电压的情况下，不允许在 CMOS 集成电路输入端接入信号。开机时应先加电源电压，再加输入信号；关机时，应先关掉输入信号，再切断电源。

三、TTL 集成门电路

1. TTL 集成“与非”门电路

TTL 集成电路内部主要器件由晶体管组成，因此，称为晶体管-晶体管逻辑电路，简称 TTL 电路。

图 1.45 所示为 TTL 集成“与非”门的内部电路结构，它由三部分组成：输入级由多发射极管 VT_1 和电阻 R_1 组成，完成“与”逻辑功能；中间级由 VT_2、R_2、R_3 组成，其作用是将输入级送来的信号分成两个相位相反的信号来驱动 VT_3 和 VT_4 管；输出级由 VT_3、VT_4、VD、R_4 组成，其中 VT_4 为反相管，VT_3 是 VT_4 的有源负载，完成逻辑上的“非”。

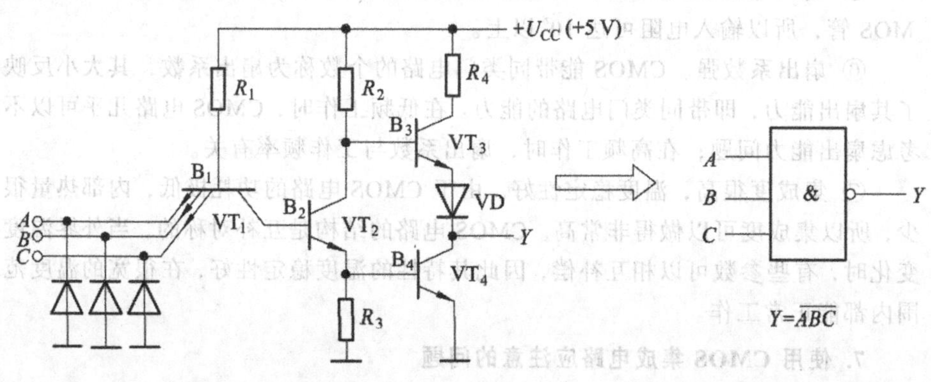

（a）电路　　（b）逻辑符号

图 1.45 TTL 集成“与非”门的内部电路结构与逻辑符号

由于中间级提供了两个相位相反的信号，使 VT_3、VT_4 总处于一管导通而另一管截止的工作状态。这种形式的输出电路称为“推拉式输出”电路。

当 VT_1 的发射极 A、B、C 均接高电平时，电源 U_{CC} 经 R_1、VT_1（bc 结）向

VT_2 提供基极电流，VT_2、VT_4 饱和，输出端为 0.3 V 低电平。

当 VT_1 的发射极 A、B、C 有 1 个或全部接低电平（0.3 V）时，VT_1 导通，VT_1 的基极电位为 0.3 V + 0.7 V = 1 V，不足以向 VT_2、VT_4 提供基极电流，所以 VT_2、VT_4 截止，电源 U_{CC} 经 R_2 向 VT_3 提供基极电流，使 VT_3 饱和导通，输出端 Y 为 3.6 V 高电平，即：

$$U_Y = U_{CC} - I_{b3}R_2 - U_{be3} - U_D \approx 5 - 0 - 0.7 - 0.7 = 3.6 \quad (\text{V})$$

式中，$I_{b3} \approx 0$，U_D 为二极管 VD 的导通电压。

由上式可知，输出与输入是“与非”逻辑关系，其逻辑表达式为：

$$Y = \overline{ABC}$$

当 $U_I = U_{IH}$、$U_O = U_{OL}$ 时，输出带灌电流负载，其灌电流负载的能力 I_{OL} 可达 16 mA。

当 $U_I = U_{OL}$、$U_O = U_{OH}$ 时，输出带拉电流负载，其拉电流负载能力 I_{OH} 受芯片功耗限制，一般为 − 400 μA。当 $R_L = 0$，即输出端对地短路时，输出电流 $i_o = I_{OS}$，可达 − 33 mA，I_{OS} 叫做输出短路电流，一般规定，输出为高电平时，输出端对地短路的时间不得超过 1 s，否则器件就会因过热而损坏。

2. 集电极开路门（“OC”门）

在实际应用中，有时要将 n 个门电路的输出端连接在一起，称为“并联应用”。

图 1.46 是两个 TTL“与非”门“并联应用”的示意图。当“与非”门 1 输出为高电平（$Y_1 = 1$）时，若“与非”门 2 输出为低电平（$Y_2 = 0$），就会有很大的电流 i 经 R_3、VT_3、VD_3 流入 VT_4' 管的集电极。电流 i 成为“与非”门 1 的拉电流负载，同时也是“与非”门 2 的灌电流负载。i 过大，一方面会使“与非”门 2 的输出低电平状态受到破坏（使 $Y_2 = 1$），另一方面可能使“与非”门 1 的 VT_3 管烧坏。所以，实际应用中这种接法是不允许的。为了既满足门电路“并联应用”的要求，又不破坏输出端的逻辑状态和不损坏门电路，人们设计出集电极开路的 TTL 门电路，又称“OC”门，如图 1.47 所示。

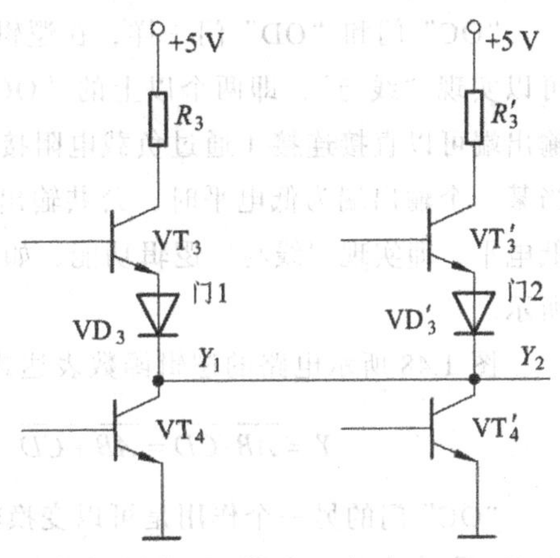

图 1.46　TTL“与非”门的并联应用

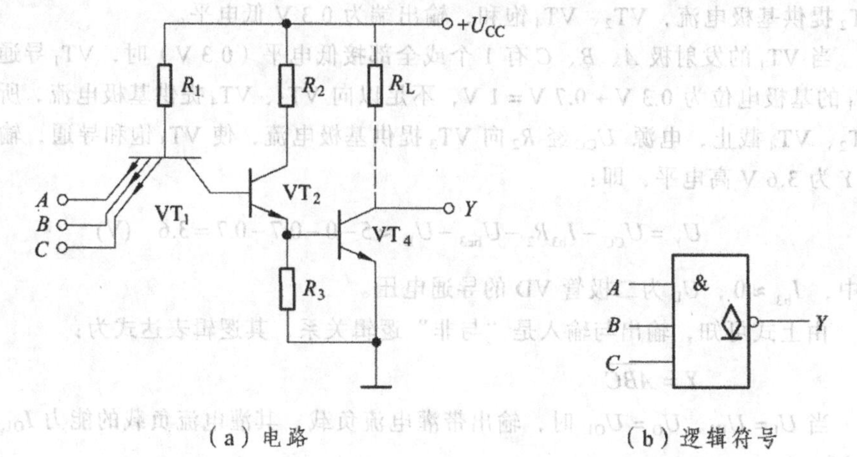

图 1.47　集电极开路"与非"门的电路和逻辑符号

集电极开路的门电路有许多种，包括集电极开路的"与"门、"非"门、"或"门、"异或"门及其他种类的集成电路。"OC"门的逻辑表达式、真值表等描述方法和普通门完全一样，它们的主要区别是："OC"门的输出管 VT_4 的集电极处于开路状态，在具体应用时，必须外接集电极负载电阻 R_L。

"OC"门和"OD"门一样，在逻辑功能上可以实现"线与"，即两个以上的"OC"门的输出端可以直接连接（通过负载电阻接电源），当某一个输出端为低电平时，公共输出端 Y 为低电平，即实现"线与"逻辑功能，如图 1.48 所示。

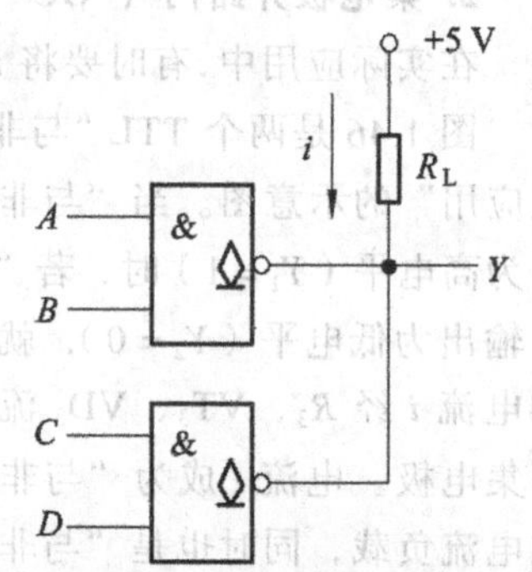

图 1.48　用"OC"门实现"线与"的接线图

图 1.48 所示电路的逻辑函数表达式为：

$$Y=\overline{AB}\cdot\overline{CD}=\overline{AB+CD}$$

"OC"门的另一个作用是可以变换输出电压，其输出电压值由外接电源电压决定。图 1.49 是一个用"OC"门实现电平转换的电路。由于外接电阻 R_L 接 + 15 V 电源电压，从而使门电路的输出高电平转换为 + 15 V。当然，应当注意选用输出管耐压较高的"OC"门。

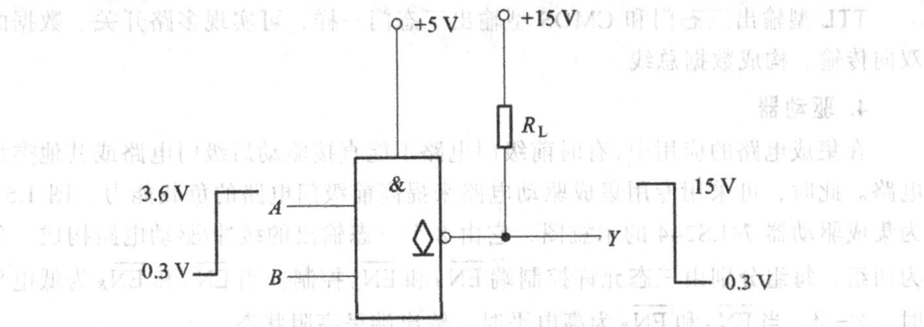

图 1.49　用“OC”门实现电平转换的电路

3. 输出“三态”门

“三态”输出门，是指逻辑门的输出除有高、低电平两种状态外，还有第三种状态——高阻状态（或称禁止状态）的门电路，简称 TSL（tristate logic）门。电路如图 1.50（a）所示，图中 E 为控制端或称使能端。

当 $E=1$ 时，二极管 VD 截止，TSL 门电路与 TTL“与非”门电路的功能一样，其逻辑函数表达式为：$Y=\overline{A\cdot B}$。

当 $E=0$ 时，VT_1 处于正向工作状态，促使 VT_2、VT_5 截止，同时,通过二极管 VD 使 VT_3 的基极电位钳制在 1 V 左右，致使 VT_4 也截止。这样 VT_4、VT_5 都截止，输出端呈现高阻状态。

TSL 门中的控制端 E 除高电平有效外，还有低电平有效的，这时的电路符号如图 1.50（c）所示。

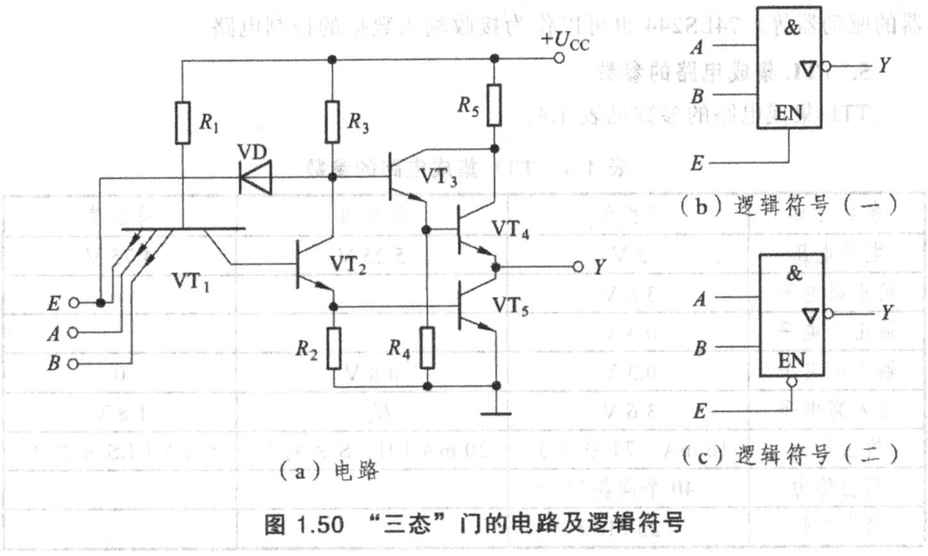

图 1.50　“三态”门的电路及逻辑符号

TTL 型输出三态门和 CMOS 型输出三态门一样，可实现多路开关、数据的双向传输、构成数据总线。

4. 驱动器

在集成电路的应用中，有时前级门电路不能直接驱动后级门电路或其他类型电路。此时，可采用专用集成驱动电路来提高前级门电路的负载能力。图 1.51 为集成驱动器 74LS244 的示意图，它由 8 个三态输出的缓冲/驱动电路构成，分为两组，每组分别由三态允许控制端 $\overline{EN}_A$ 和 $\overline{EN}_B$ 控制。当 $\overline{EN}_A$ 和 $\overline{EN}_B$ 为低电平时，$Y=A$，当 $\overline{EN}_A$ 和 $\overline{EN}_B$ 为高电平时，输出端呈高阻状态。

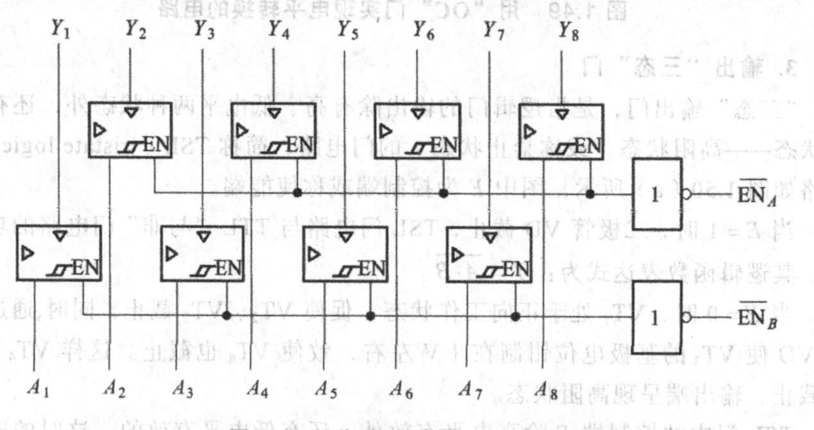

图 1.51　集成驱动器 74LS244

在实际应用中，还有 BCD 输入的驱动器、“OC”门输出的驱动器、带译码器的驱动器等。74LS244 也可以作为接收输入数据的控制电路。

5. TTL 集成电路的参数

TTL 集成电路的参数见表 1.4。

表 1.4　TTL 集成电路的参数

参数名称	典型值	最大值	最小值
电源电压	5 V	5.25 V	4.75 V
输出高电平	3.6 V		
输出低电平	0.3 V		
输入低电平	0.3 V	0.8 V	0
输入高电平	3.6 V	U_{CC}	1.8 V
输出电流	16 mA（74 系列）	20 mA（H、S 系列）	8 mA（LS 系列）
扇出能力	40 个同类门		
频率特性	＜35 MHz		

6. TTL 集成电路型号组成的符号及意义

TTL 集成电路的型号由五部分组成，其符号和意义如表 1.5 所示。

表 1.5　TTL 集成电路型号组成的符号及意义

第 1 部分		第 2 部分		第 3 部分		第 4 部分		第 5 部分	
型号前级		工作温度范围		器件系列		器件品种		封装形式	
符号	意义	符号	意义	符号	意义	符号	意义	符号	意义
CT	中国制造的 TTL	54	−55～+125 V		标准	阿拉伯数字	器件功能	W	陶瓷扁平
				H	高速			B	封装扁平
				S	肖特基			F	全密封扁平
SN	美国 TEXAS 公司制造	74	0 °C～+70 °C	LS	低功耗肖特基			D	陶瓷双列直插
				AS	先进肖特基			P	塑料双列直插
				ALS	先进低功耗肖特基			J	黑陶瓷双列直插
				FAS	快捷肖特基				

例如：

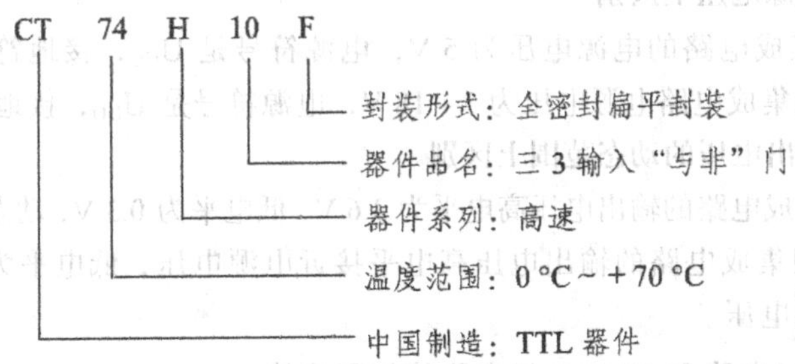

我国 TTL 集成电路目前有 CT54/74（普通）、CT54/74H（高速）、CT54/74S（肖特基）和 CT54/74LS（低功耗）四个国家标准系列。在 TTL 门电路中，无论是哪一种系列，只要器件品名相同，那么器件功能就相同，只是性能不同。74 系列与 54 系列的电路具有完全相同的电路结构和电气性能参数。所不同的是 54 系列比 74 系列的工作温度范围更宽，电源允许的工作范围更大。74 系列的工作环境温度规定范围为 0 °C～70 °C，电源电压工作范围为 5 V ± 5%；而 54 系列的工作环境温度为 −55 °C～125 °C，电源电压工作范围为 5 V + 10%。

7. TTL 集成电路的使用注意事项

① TTL 电路的电源电压很窄，通常为 4.75～5.25 V（即 5 V ± 5%），典型值为 5 V。输入信号电压不得高于 5 V，也不得低于 GND（地电位）。

② 不能带电插拔集成电路，拔插前，一定要先切断电源。

③ 集成电路及其引线应远离脉冲高电源等装置。

④ 连接集成电路的引线要尽量短。

8. TTL 集成电路多余输入、输出端的处理

TTL 集成电路的多余输入端最好不要悬空。虽然悬空相当于高电平，并不影响“与”门和“与非”门的逻辑关系，但悬空容易受干扰，有时会造成电路误动作。因此，多余输入端要根据实际需要做适当处理。例如，“与”门和“与非”门的多余输入端可直接接到电源 U_{CC} 上或将多余的输入端与正常使用的输入端并联使用。对于“或”门和“或非”门的多余输入端应直接接地。

对于多余的输出端，应该悬空处理，决不允许直接接电源或地；否则会产生过大的短路电流而使器件损坏。

四、TTL 集成电路与 CMOS 集成电路的区别与联系

1. TTL 集成电路与 CMOS 集成电路的区别

（1）从型号上区别

TTL 型集成电路型号上标有 74××××。

CMOS 型集成电路型号上标有 CC××××，CD××××，HD××××。

（2）从电源电压上区别

TTL 型集成电路的电源电压为 5 V，电源符号是 U_{CC}，接地符号是 GND。

CMOS 型集成电路电源电压为 3～18 V，电源符号是 U_{DD}，接地符号是 U_{SS}。

（3）从输出电压的动态范围上区别

TTL 型集成电路的输出电压高电平为 3.6 V，低电平为 0.3 V，动态范围为 3.3 V。

CMOS 型集成电路的输出电压高电平接近电源电压，低电平为 0 V，动态范围是整个电源电压。

2. TTL 门电路和 CMOS 门电路的相互连接

在实际使用中，会遇到一种门电路需要配用另一种门电路的情况，这些不同类型门电路的负载能力、电源电压等级都可能不同。因此，两种不同类型逻辑电路的连接，应考虑两个问题：一是驱动电路的逻辑电平与负载电路要求的输入电平是否匹配；二是驱动电路允许输出的最大电流是否大于负载电路所需的输入电流。

（1）TTL 电路驱动 CMOS 电路

a. TTL 电路驱动 4000 系列和 HC 系列的 CMOS

① 当电源电压 U_{CC} 与 U_{DD} 均为 5 V 时，TTL 与 CMOS 电路的连接如图 1.52（a）所示。

② 当 U_{CC} 与 U_{DD} 值不同时，TTL 与 CMOS 电路的连接方法如图 1.52（b）所示。

③ 还可采用专用的 CMOS 电平转移器（如 CC4502、CC40109 等）完成 TTL 对 CMOS 电路的接口，电路如图 1.52（c）所示。

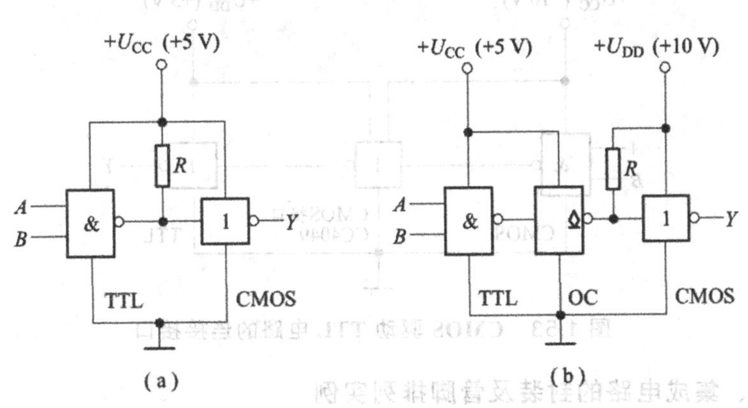

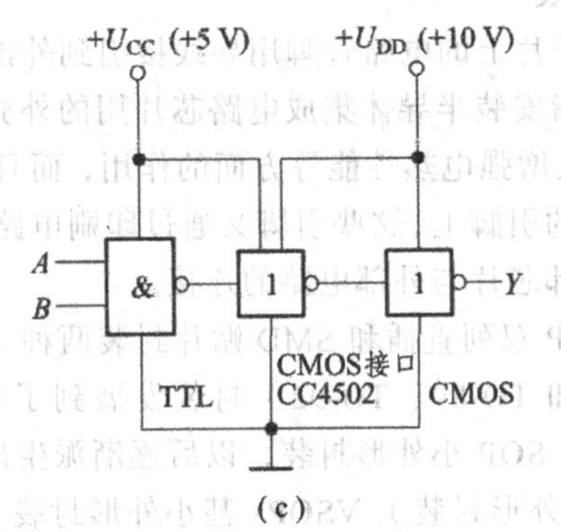

图 1.52　TTL 驱动 CMOS 电路的连接接口

b. TTL 电路驱动 HCT 系列和 ACT 系列的 CMOS

当 TTL 电路驱动 HCT 系列和 ACT 系列的 CMOS 门电路时，因两类电路性能兼容，故可以直接相连，不需要外加元件和器件。

（2）CMOS 电路驱动 TTL 电路

当 CMOS 门电路的输出端与 TTL 门电路的输入端接口时，若它们的电源电压相同，可以直接连接。但 CMOS 电路的驱动电流较小，而 TTL 电路的输入短路电流较大。当 CMOS 电路输出低电平时，不能承受这样大的灌电流，因此可采用电平转换器作为缓冲驱动，如图 1.53 所示，其中 CC4049 为反相驱动（CC4050 为同相驱动）。

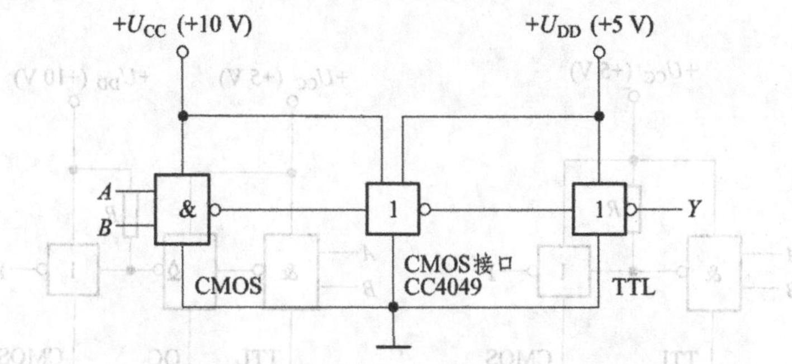

图 1.53 CMOS 驱动 TTL 电路的连接接口

五、集成电路的封装及管脚排列实例

1. 集成电路的封装

封装，就是指把硅片上的电路管脚用导线接引到外部接头处，以便与其它器件连接，封装形式是指安装半导体集成电路芯片用的外壳。它不仅起着安装、固定、密封、保护芯片及增强电热性能等方面的作用，而且还通过芯片上的接点用导线连接到封装外壳的引脚上，这些引脚又通过印刷电路板上的导线与其他器件相连接，从而实现内部芯片与外部电路的连接。

封装主要分为 DIP 双列直插和 SMD 贴片封装两种。从结构方面，封装从最早期的晶体管 TO（如 TO-89、TO-92）封装发展到了双列直插封装，随后由 PHILIP 公司开发出了 SOP 小外形封装，以后逐渐派生出的 SOJ（J 型引脚小外形封装）、TSOP（薄小外形封装）、VSOP（甚小外形封装）、SSOP（缩小型 SOP）、TSSOP（薄的缩小型 SOP）及 SOT（小外形晶体管）、SOIC（小外形集成电路）等。如图 1.54 所示为 DIP 封装的集成电路外形，现在绝大多数中小规模集成电路（IC）均采用这种封装形式，其引脚数一般不超过 100 个，其凹口处左下角管脚为 1，从顶端看按逆时针方向顺序标号。图 1.55 所示为 SMD 贴片封装集成电路的外形图。

图 1.54 DIP 封装集成电路的外形图

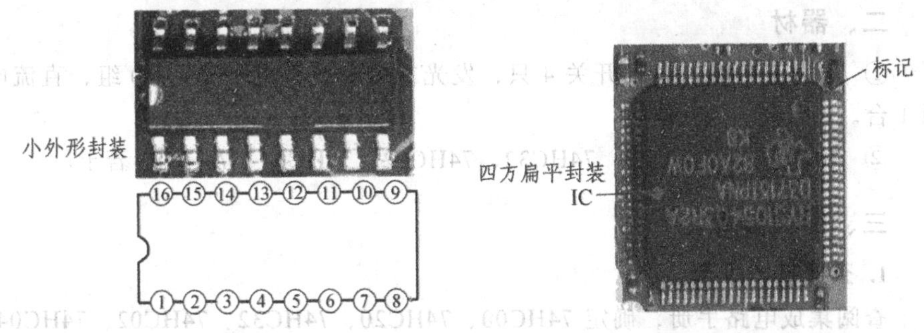

图 1.55 SMD 贴片封装集成电路的外形图

2. 实际集成门电路的管脚排列举例

图 1.56 所示的两块集成电路分别是二输入端 TTL“与非”门 74LS00 和四输入端 CMOS“与非”门 CC4012 的管脚图。图中，U_{CC} 和 U_{DD} 为电源端，GND 和 U_{SS} 为地，NC 为空脚，A、B、C、… 为逻辑输入端，Y 为逻辑输出端。

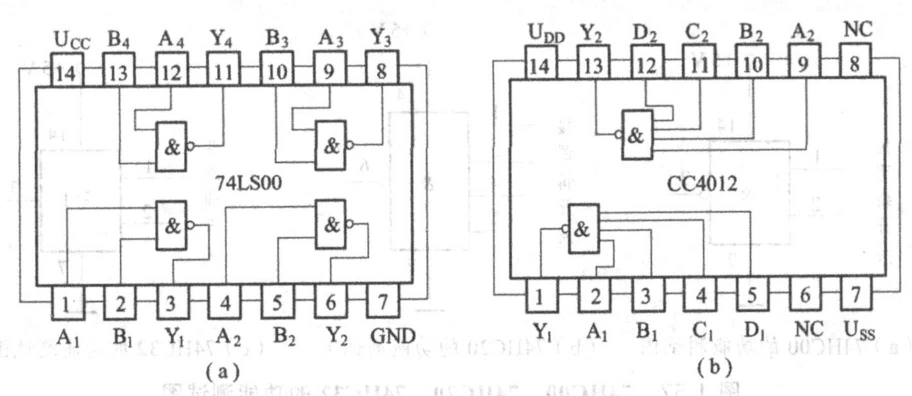

图 1.56 TTL“与非”门 74LS00 和 CMOS“与非”门 CC4012 管脚图

实际使用集成电路时，可根据封装形式，查阅手册，确定集成电路的管脚排列及其物理意义；此外，还得注意集成电路的性能指标，如电源电压、高电平值和低电平值等参数。

实践操作 1 集成门电路的识别和逻辑功能测试

一、目的

① 进一步熟悉集成门电路的逻辑功能。

② 掌握集成门电路的测试技术。

二、器材

① 万用表 1 块，逻辑开关 4 只，发光二极管逻辑电平显示 10 组，直流电源 1 台。

② 74HC00、74HC20、74HC32、74HC02、74HC04、74HC86 若干。

三、操作步骤

1. 查阅技术手册

查阅集成电路手册，确定 74HC00、74HC20、74HC32、74HC02、74HC04、74HC86 逻辑门电路的管脚排列及功能，并画出相应集成块的管脚排列图。

2. 测试集成门电路的逻辑功能

测试 74HC00、74HC20、74HC32、74HC02、74HC04、74HC86 的功能，熟悉其逻辑功能及特点。

测试参考电路如图 1.57 所示。

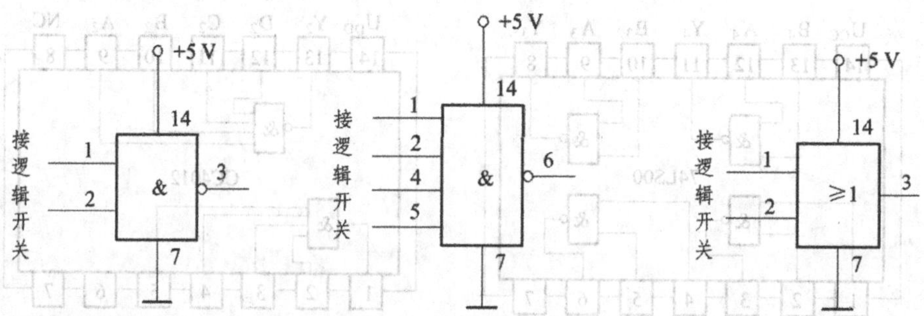

（a）74HC00 的功能测试图　（b）74HC20 的功能测试图　（c）74HC32 的功能测试图

图 1.57　74HC00、74HC20、74HC32 的功能测试图

3. 组成“或”门、“异或”门电路，实现其逻辑功能

用 74LS00 组成二输入端“或”门、“异或”门，实现“或”逻辑、“异或”逻辑，如图 1.58、图 1.59 所示。

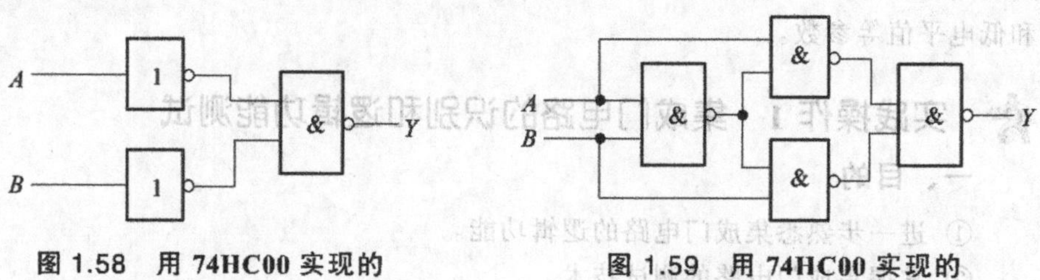

图 1.58　用 74HC00 实现的“或”逻辑图

图 1.59　用 74HC00 实现的“异或”逻辑图

要求：① 写出用“与非”门表示的“或”逻辑表达式 $Y=\overline{\overline{A}\cdot\overline{B}}$ 和“异或”逻辑表达式 $Y=\overline{A}B+A\overline{B}=\overline{\overline{A\cdot\overline{AB}}\cdot\overline{B\cdot\overline{AB}}}$；② 画出“与非”门实现的逻辑图；③ 列表测试，将测试结果与 74HC32 和 74HC86 的逻辑功能进行比较。

实践操作 2　集成门电路的应用

一、目的

① 进一步熟悉集成门电路的逻辑功能。

② 学习集成电路手册的查阅，学会选用集成门电路。

③ 掌握集成门电路的应用。

二、器材

① 万用表 1 块，逻辑开关 4 只，发光二极管逻辑电平显示 10 组，直流电源 1 台。

② 74HC04（2 块）、74HC20（2 块）、二极管 IN4148（2 只）、三极管 9014（1 只）、电阻（100 kΩ、5.1 MΩ、1 MΩ、3 kΩ 各 1 只）、瓷片电容 0.1 μF（1 只）、电解电容 22 μF/25 V（1 只）。

三、操作步骤

1. 用集成门电路实现简易的四人抢答电路

抢答电路要求：在四人抢答电路中，任何一个人先将抢答开关按下且保持闭合状态，则与其对应的发光二极（指示灯）被点亮，表示此人抢答成功；而紧随其后的其他开关再被按下，与其对应的发光二极管则不亮。

（1）设计抢答电路

实现抢答的参考电路如图 1.60 所示。

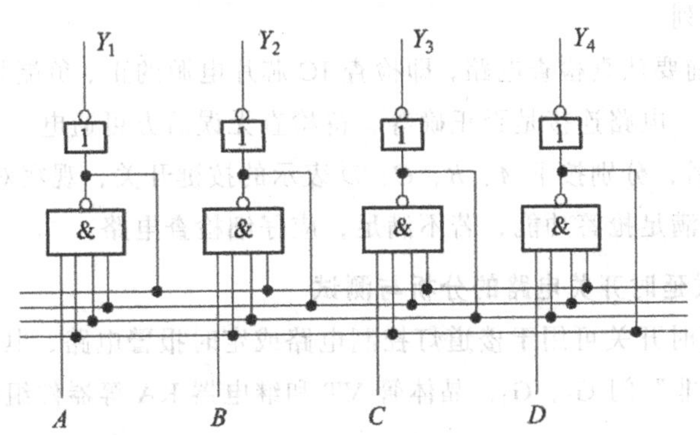

图 1.60　实现四人抢答的参考电路

（2）选择逻辑门电路

根据逻辑电路，查集成电路手册，选用相应的门电路来实现，并确定集成门电路的管脚、逻辑功能。

参考选择：根据逻辑电路，选用 CMOS 集成块——二 4 输入“与非”门（74HC20 或 CC4012，2 块）和六反相器（74HC04 或 CC4069，1 块）就可以实现逻辑电路的功能。

图 1.61 所示为 CC4012 和 CC4069 集成块的引脚排列图。

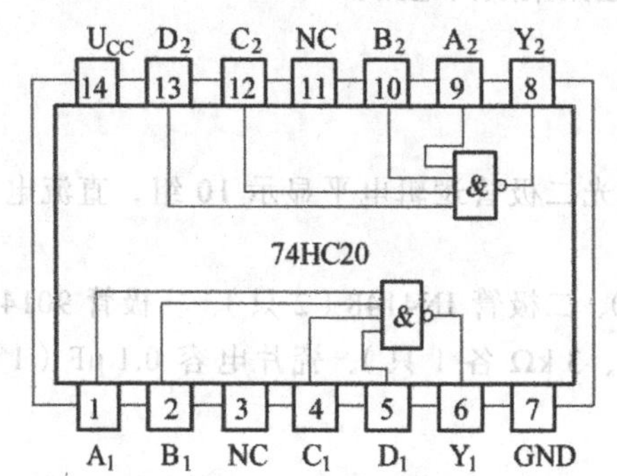

（a）74HC20 的管脚排列

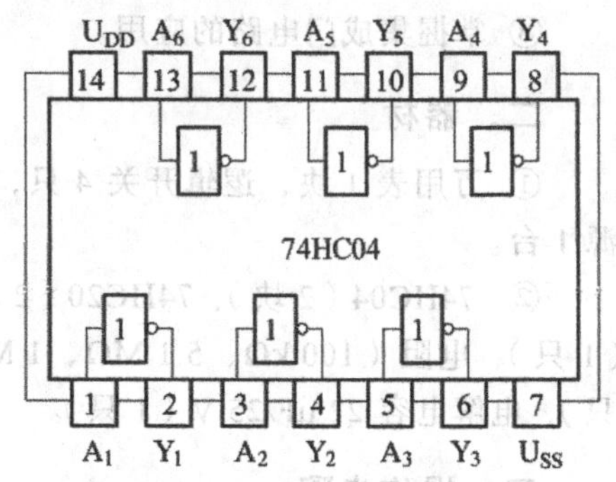

（b）74HC04 的管脚排列

图 1.61　74HC20 和 74HC04 的引脚图

（3）连接电路并进行测试

在熟悉面包板和器件的基础上，按参考电路连接电路。注意：集成门电路先采用对应的插座插入面包板，待检查无误后再插入集成电路，并注意 IC 芯片的方向和管脚排列。

① 通电前要认真检查电路，即检查 IC 芯片电源的正、负端是否正确，电源连线是否接反，电路连接是否正确等，待检查无误后方可通电。

② 通电后，分别按下 A、B、C、D 表示的按键开关，观察对应的指示灯是否点亮，是否满足抢答功能，若不满足，应仔细检查电路。

2. 触摸式延时开关电路的分析与测试

触摸式延时开关可用于楼道灯控制电路或定时报警电路，其电路如图 1.62 所示。由“与非”门 G_1、G_2，晶体管 VT 和继电器 KA 等器件组成。

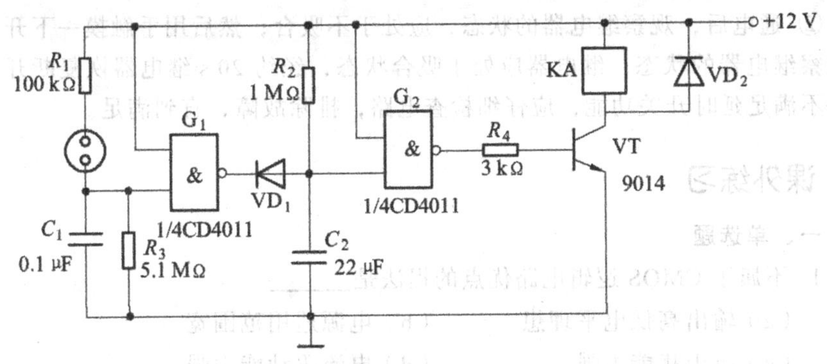

图 1.62　触摸式延时开关电路

（1）电路分析

电路中，门 G_1 的一个输入端和门 G_2 的一个输入端接正电源，为高电平，门 G_1 和门 G_2 相当于两个反相器，所以，门 G_1 和门 G_2 也可以直接选反相器。当人手没有触摸开关时，门 G_1 的输入端为低电平，输出为高电平，VD_1 截止，门 G_2 的输入端为高电平，电容 C_2 两端充有正向电压，门 G_2 输出低电平，三极管 VT 截止，继电器 KA 不吸合。当人手触摸开关时，U_{DD}（12 V）通过人体电阻给 C_1 充电，门 G_1 的输入端变为高电平，输出低电平，二极管 VD_1 导通，C_2 通过 VD_1 放电，门 G_2 的输入端为低电平，门 G_2 输出高电平，VT 导通，继电器 KA 吸合，负载工作。而当人手离开触摸开关时，门 G_1 的输入端又重新为低电平，门 G_1 输出高电平，二极管 VD_1 截止，电容 C_2 充电，经过大约 20 s 时间（取决于充电时间常数 C_2R_2），C_2 上升至一定值，门 G_2 的输出又变为低电平，三极管 VT 截止，继电器 KA 释放，负载停止工作。电路中，“与非”门可用 74HC00 替换，也可以用反相器 74HC04 或六反相器 CD4069 替换。CD4011 中四个“与非”门只使用了两个，剩余的两个门若无它用必须将输入端接 U_{DD}，输出端可悬空。

（2）选择逻辑门电路

根据逻辑电路，查集成电路手册，选用相应的门电路来实现，并确定集成门电路的管脚、逻辑功能。

（3）连接电路并进行测试

在进行电路连接前，先应检测电路元器件的型号、管脚、好坏等。

按电路原理图连接电路。注意：先采用与集成门电路对应的插座插入面包板，待检查无误后再插入集成电路，并注意 IC 芯片的方向和管脚排列；二极管、三极管的管脚不要连错。

① 通电前要认真检查电路，即检查 IC 芯片的电源正、负端是否正确，电源连线是否接反，电路连接是否正确等，待检查无误后方可通电。

② 通电后，观察继电器的状态，应处于不吸合；然后用手触摸一下开关，再观察继电器的状态，继电器应处于吸合状态，经约 20 s 继电器恢复断开。若电路不满足延时开关功能，应仔细检查电路，排除故障，直到满足。

课外练习

一、单选题

1. 不属于 CMOS 逻辑电路优点的提法是______。

（a）输出高低电平理想　　（b）电源适用范围宽

（c）抗干扰能力强　　（d）电流驱动能力强

2. CMOS 系列产品中，工作速度低于 74 系列 TTL 的是______系列。

（a）74HC　（b）74HCT　（c）54HC　（d）4000B

3. 在数字系统中，为了降低尖峰电流的影响，所采取的措施是______。

（a）接入关门电阻　　（b）接入开门电阻

（c）接入滤波电容　　（d）降低供电电压

4. 用“三态”门可以实现“总线”连接，但其“使能”控制端应为______。

（a）固定接 0　（b）固定接 1　（c）同时使能　（d）分时使能

5. TTL 电路中，______能实现“线与”逻辑功能。

（a）“异或”门　（b）“OC”门　（c）TS 门　（d）“与或非”门

6. 某集成电路封装内集成有 4 个“与非”门，它们输出全为高电平时，测得 5 V 电源端的电流为 8 mA；输出全为 0 时，测得 5 V 电源端的电流为 16 mA。该 TTL“与非”门的功耗为______mW。

（a）30　（b）20　（c）15　（d）10

7. 欲将二输入端的“与非”门作为“非”门使用，其多余输入端的处理是______。

（a）接高电平　（b）接低电平　（c）悬空　（d）剪掉

8. 欲将二输入端的“异或”门作为“非”门使用，其多余输入端的处理是______。

（a）接高电平　（b）接低电平　（c）悬空　（d）剪掉

9. 欲将二输入端的“或非”门作为“非”门使用，其多余输入端的处理是______。

（a）接高电平　（b）接低电平　（c）悬空　（d）剪掉

10. 为实现 $Y=\overline{\overline{AB}\cdot\overline{CD}}$，图 1.63 所示电路中接法正确的是______。

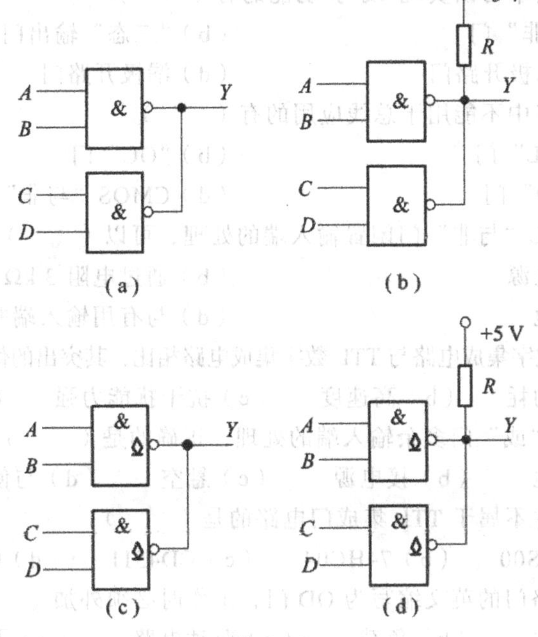

图 1.63

11. 扇出系数是指逻辑门电路______。

（a）输出电压与输入电压之间的关系数

（b）输入电压与输入电流之间的关系数

（c）输出端能带同类门的个数

（d）输入端数

12. 下列门电路工作速度最快的一种是______。

（a）TTL　（b）CMOS　（b）NMOS　（d）PMOS

13. 为实现数据传输的总线结构，要选用______门电路。

（a）“或非”　（b）“OC”（或“OD”）

（c）“三态”　（d）“与或非”

14. 输出端可直接连在一起实现“线与”逻辑功能的门电路是______。

（a）“与非”门　（b）“或非”门

（c）“OC”门　（d）“三态”门

二、多选题

1. 三态门输出高阻状态时，（　　）是正确的说法。

（a）用电压表测量指针不动　（b）相当于悬空

（c）电压不高不低　（d）测量电阻指针不动

2. 以下电路中可以实现“线与”功能的有（　　）。

（a）“与非”门　　（b）“三态”输出门

（c）集电极开路门　　（d）漏极开路门

3. 以下电路中不能用于总线应用的有（　　）。

（a）“TSL”门　　（b）“OC”门

（c）“OD”门　　（d）CMOS“与非”门

4. 对于 TTL“与非”门闲置输入端的处理，可以（　　）。

（a）接电源　　（b）通过电阻 3 kΩ 接电源

（c）接地　　（d）与有用输入端并联

5. CMOS 数字集成电路与 TTL 数字集成电路相比，其突出的优点是（　　）。

（a）微功耗　（b）高速度　（c）抗干扰能力强　（d）电源范围宽

6. 对 TTL“或”门多余输入端的处理，正确的是（　　）。

（a）接地　（b）接电源　（c）悬空　（d）与使用端并联

7. 下列器件不属于 TTL 集成门电路的是（　　）

（a）74LS00　（b）74HC04　（c）CD4511　（d）CD4017

8. 漏极开路门的英文缩写为 OD 门，工作时必须外加（　　）。

（a）电源　（b）负载　（c）驱动电路　（d）下拉电阻

9. 单极性集成电路包括（　　）。

（a）TTL 集成电路　　（b）PMOS 集成电路

（c）NMOS 集成电路　　（d）CMOS 集成电路

10. 在 CMOS 类门中，对未使用的输入端应（　　）。

（a）接相应的逻辑电平　　（b）与有用输入端并接

（c）悬空　　（d）接电源

三、判断题（用√表示正确，用×表示错误）

1. TTL“与非”门的多余输入端可以接固定高电平。（　　）

2. 普通的逻辑门电路的输出端不可以并联在一起，否则可能会损坏器件。（　　）

3. CMOS“或非”门与 TTL“或非”门的逻辑功能完全相同。（　　）

4. “三态”门的三种状态分别为：高电平、低电平、不高不低的电压。（　　）

5. “OD”门输出由外接电源和电阻提供输出电流。（　　）

6. 一般 TTL 门电路的输出端可以直接相连，实现“线与”。（　　）

7. CMOS“OD”门（漏极开路门）的输出端可以直接相连，实现“线与”。（　　）

8. 集电极开路门使用时必须外加电源和负载。（　）

9. 在逻辑电路中，由于电路的延迟，使输出端产生瞬间逻辑错误的尖峰脉冲称为竞争冒险现象。（　）

10. 74LS 系列的 TTL 电路不能直接驱动 74HC 系列的 CMOS 电路，不能直接驱动的原因在于 TTL 输出高电平的最小值小于 CMOS 电路输入高电平的最小值。（　）

四、综合题

1. 用“OC”门驱动继电器的电路如图 1.64 所示，选用的是 7406 集电极开路输出缓冲器/驱动器（输出截止态电压 $U_{O(OFF)max}$ = 30 V，输出低电平电流 I_{OLmax} = 40 mA），驱动 JQX-4 型继电器（额定电压为 12 V，线圈电阻 R = 450 Ω，吸动电压 9 V）电路。问上拉电源 U'_{CC} 应选几伏？“OC”门 7406 的驱动负载能力是否能满足要求？

2. 如图 1.65（a）所示电路是用“OC”门驱动发光二极管的典型接法。设该发光二极管的正向压降约为 1.7 V，发光时的工作电流为 10 mA，“OC 非”门 7405 和 74LS05 的输出低电平电流 I_{OLmax} 分别为 16 mA 和 8 mA。试问：

① 用哪个型号的“OC”门？

② 求出限流电阻 R 的数值。

③ 图 1.65（b）中发光二极管能否发光？若不能发光说明为什么？

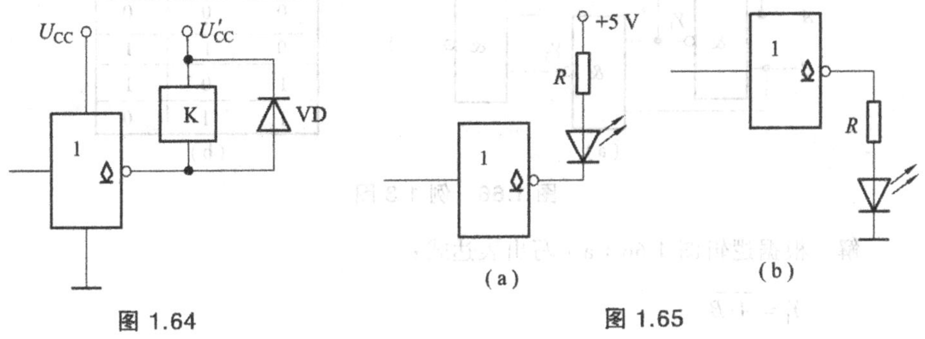

图 1.64　　图 1.65

基础训练 3　组合逻辑电路的分析与设计

相关知识

一、组合逻辑电路概述

根据电路逻辑功能的不同特点，常把数字电路分成组合逻辑电路（简称组合电路）和时序逻辑电路（简称时序电路）两大类。

组合逻辑电路的逻辑功能特点是：任何时刻输出信号的稳态值，仅取决于该时刻各个输入信号的取值组合，输入信号作用以前电路所处的状态对输出信号没有影响。

组合逻辑电路是由门电路构成的。

组合逻辑电路的逻辑功能表示方法通常有逻辑函数表达式、真值表（或功能表）、逻辑图、卡诺图、波形图五种。

二、组合逻辑电路的分析方法

所谓组合逻辑电路的分析方法，就是根据给定的逻辑电路图确定其逻辑功能的步骤，即求出描述该电路的逻辑功能的函数表达式或者真值表的过程。

分析步骤为：

① 根据给定电路图，写出逻辑函数表达式。

② 简化逻辑函数或者列真值表。

③ 根据最简逻辑函数或真值表，描述电路的逻辑功能。

例 1.10 分析如图 1.66（a）所示电路的逻辑功能。

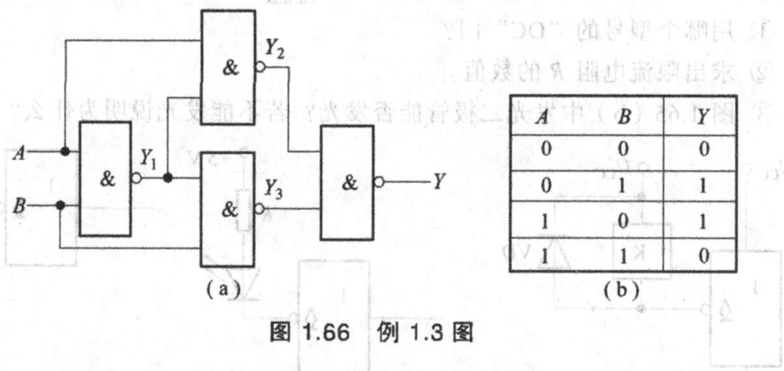

A	B	Y
0	0	0
0	1	1
1	0	1
1	1	0

图 1.66 例 1.3 图

解 根据逻辑图 1.66（a）写出表达式：

$$Y_1 = \overline{A\cdot B}$$

$$Y_2 = \overline{\overline{A\cdot B}\cdot A}$$

$$Y_3 = \overline{\overline{A\cdot B}\cdot B}$$

$$Y = \overline{Y_2\cdot Y_3} = \overline{\overline{\overline{AB}\cdot A}\cdot\overline{\overline{AB}\cdot B}} = \overline{(AB+\overline{A})\cdot(AB+\overline{B})} = \overline{AB+\overline{A}\cdot\overline{B}} = \overline{A}B+A\overline{B}$$

由表达式我们可以得出真值表，如图 1.66（b）所示，从真值表可以看出，此电路具有“异或”功能。

三、组合逻辑电路的设计方法

组合逻辑电路设计的目的是根据功能要求设计最佳电路。

组合逻辑电路的设计步骤分为四步：

① 根据设计要求，确定输入、输出变量的个数及因果关系，并对它们进行逻辑赋值（即确定 0 和 1 代表的含义。）

② 根据逻辑功能要求列出真值表，写出逻辑标准“与或”式。

③ 对逻辑函数化简和变换。

④ 根据要求画出逻辑图。

例 1.11　有三个班的学生上自习，大教室能容纳两个班的学生，小教室能容纳一个班的学生。设计两个教室是否开灯的逻辑控制电路，要求如下：

① 一个班学生上自习，开小教室的灯。

② 两个班学生上自习，开大教室的灯。

③ 三个班学生上自习，两个教室均开灯。

解

① 确定输入、输出变量的个数：根据电路要求，设输入变量 A、B、C 分别表示三个班学生是否上自习，1 表示上自习，0 表示不上自习；输出变量 Y、G 分别表示大教室、小教室的灯是否亮，1 表示亮，0 表示灭。

② 列真值表如下：

A	B	C	Y	G
0	0	0	0	0
0	0	1	0	1
0	1	0	0	1
0	1	1	1	0
1	0	0	0	1
1	0	1	1	0
1	1	0	1	0
1	1	1	1	1

由真值表写出标准“与或”表达式：

$$Y = \overline{A}BC + A\overline{B}C + AB\overline{C} + ABC$$

$$G = \overline{A}\overline{B}C + \overline{A}B\overline{C} + A\overline{B}\overline{C} + ABC$$

③ 化简：利用卡诺图化简，如图 1.67 所示。

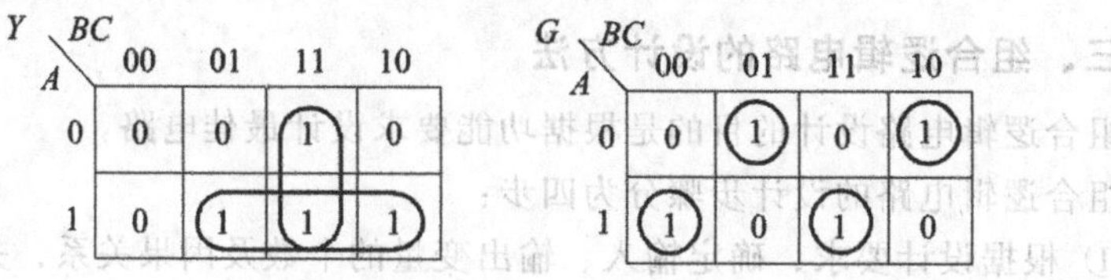

图 1.67 例 1.4 图（1）

④ 画逻辑图：逻辑电路图如图 1.68（a）所示。若要求用“与非”门，则实现该设计电路的设计步骤如下：首先，将化简后的“与或”逻辑表达式转换为“与非”形式；然后画出如图 1.68（b）所示的逻辑图；最后，画出用“与非”门实现的组合逻辑电路。

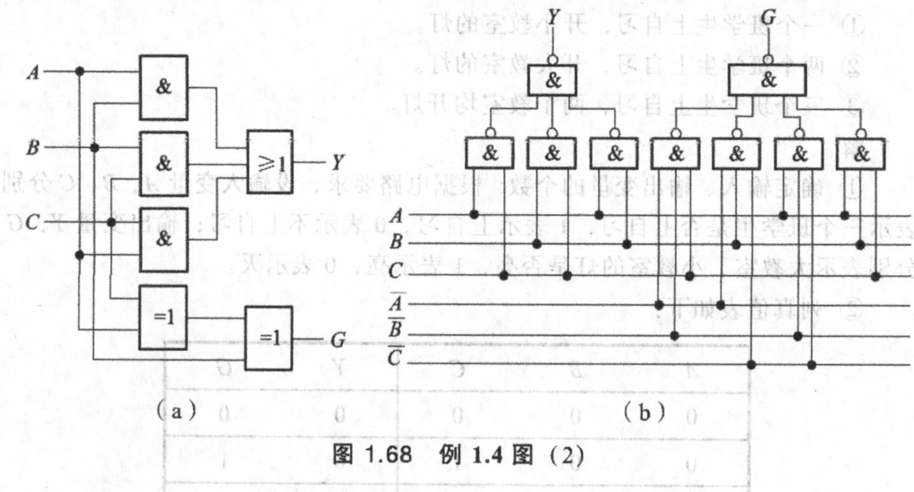

图 1.68 例 1.4 图（2）

实践操作 组合逻辑电路的分析、测试

一、目的

① 进一步熟悉集成门电路的应用。

② 掌握组合逻辑电路通过测试分析逻辑功能的方法。

二、器材

① 万用表 1 块，电子实验箱 1 组（带逻辑开关、电平显示、直流电源）。

② 74HC00（2 块），74HC86（2 块）。

三、操作步骤

1. 明确通过测试分析组合逻辑电路的步骤

① 根据给定的逻辑图，搭接实验电路。

② 测试输出与输入变量各种变化组合之间的电平变化关系，并将其列成表格，就得到了真值表（或功能表）。

③ 根据真值表或功能表，描述电路逻辑功能。

2. 确定本实践操作的组合逻辑电路

分析测试的电路如图1.69所示。

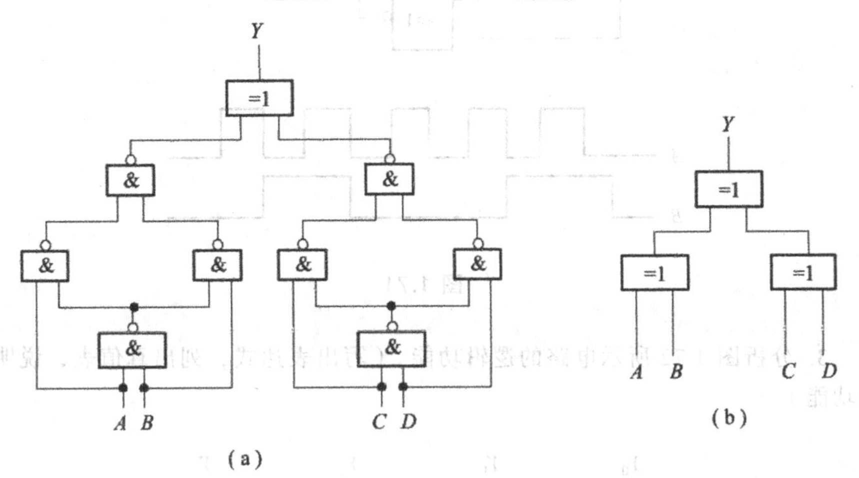

图1.69　组合逻辑电路分析

3. 连接电路并进行测试

按给定的逻辑电路图1.69（a）、（b）在试验箱上搭接电路，测试输入变量的各种取值组合与输出电平之间的对应关系，列出两个电路的真值表，并确定其逻辑功能，将两个电路进行比较。

课外练习

1. 分析图1.70所示电路的逻辑功能。（写出表达式，列出真值表，说明逻辑功能）

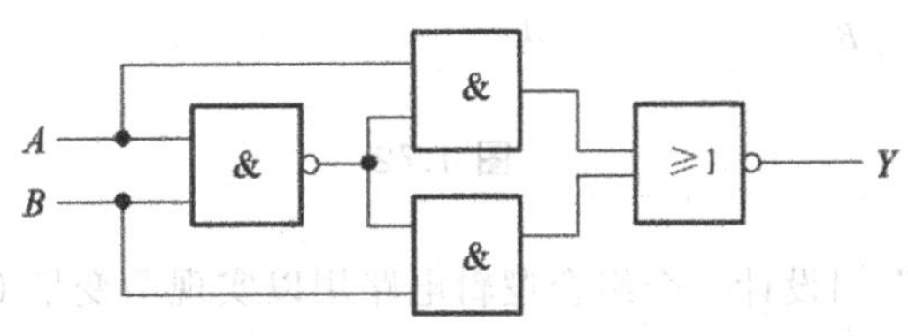

图1.70

2. 如图 1.71 所示电路，写出最简的“与或”表达式，分析其逻辑功能，并画出输出信号波形。

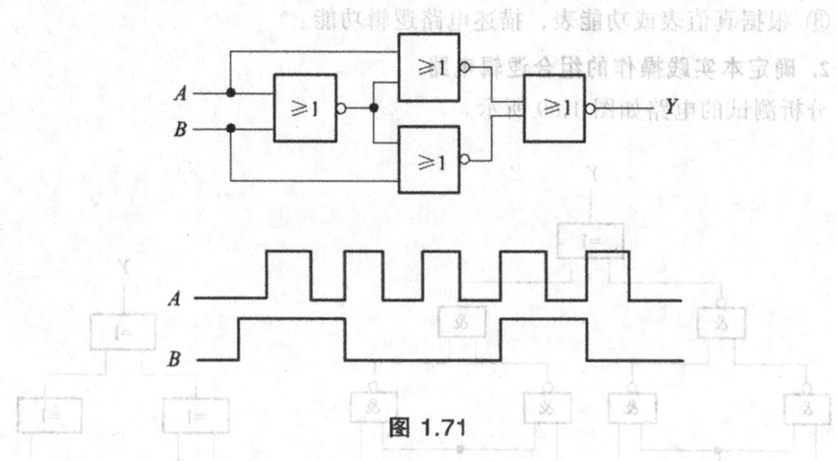

图 1.71

3. 分析图 1.72 所示电路的逻辑功能。（写出表达式，列出真值表，说明逻辑功能）

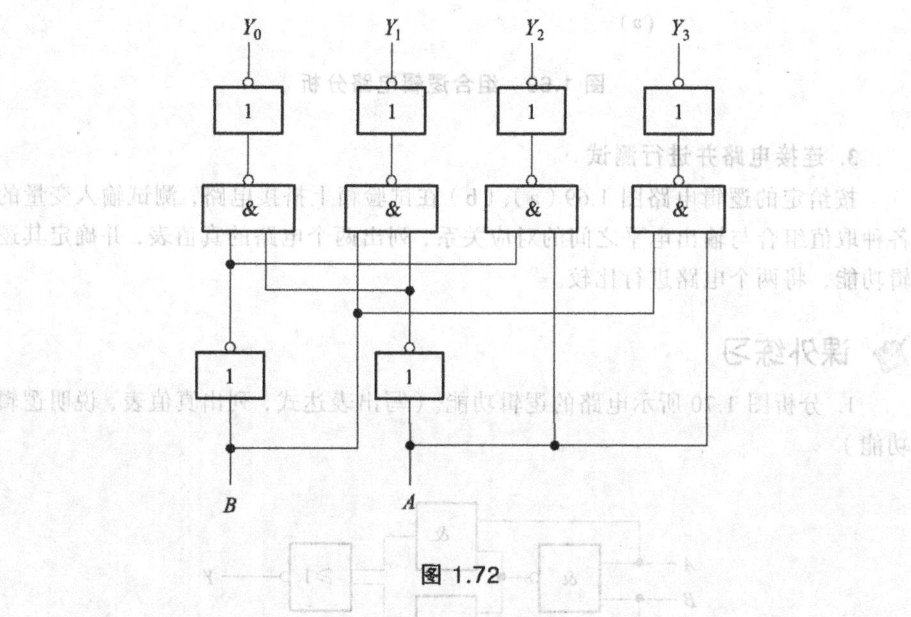

图 1.72

4. 用“与非”门设计一个组合逻辑电路用以实现两变量（A、B）的“与非”和“或非”关系：当控制信号 $E=0$ 时，电路具有“与非”功能；当 $E=1$ 时，实现“或非”功能。列出真值表、写出表达式、画出逻辑图。

5. 设计四个信号（A、B、C、D）的优先编码器，在同一时间内，只能有一个信号编码，如果有两个或两个以上的信号出现，则按 A、B、C、D 优先顺序编码。用“与非”门实现，列出真值表，写出表达式，画出最简的“与非”门逻辑图。

6. 交通灯有红、黄、绿三色。只有当其中一只灯亮时为正常，其余状态均为故障。设计一个交通灯故障报警电路。用最少的“与非”门实现，列出真值表，写出表达式，画出逻辑图。

（设交通灯亮赋值“1”，电路正常赋值“1”）

任务实施　火灾报警信号控制电路的设计与制作

一、信息搜集

① 搜集组合逻辑电路设计的基本方法和步骤。

② 在分析项目任务书的基础上查阅集成电路手册，搜集能满足设计要求的集成门电路的类型、型号等相关资料。

③ 搜集选用的集成门电路、元器件的技术参数及使用说明。

④ 搜集布局、装配电路的工艺流程和工艺规范资料。

⑤ 搜集电路调试工艺规范资料。

二、实施方案

1. 电路设计

根据火灾报警信号控制电路的要求，按组合逻辑电路的设计步骤进行电路设计。

组合逻辑电路设计的步骤为：

① 分析逻辑事件，确定输入变量和输出变量以及它们之间的因果关系。

② 进行逻辑赋值，列真值表。

③ 写出标准的“与或”式，并用公式法或卡诺图法化简。

④ 根据要求进行逻辑表达式转换，画出对应的逻辑图。

通过前面的学习，我们已经知道火灾报警信号控制电路的最简逻辑表达式为：

$$Y = AB + BC + AC = \overline{\overline{AB} \cdot \overline{BC} \cdot \overline{AC}}$$

报警信号通过发光二极管显示，发光二极管亮表示报警，不亮就表示没报警。

可以选用不同门电路实现。图 1.73 所示为选用“与”、“或”、“非”门实现的逻辑电路图，图 1.74 所示为选用“与非”门和“非”门实现的逻辑电路图。

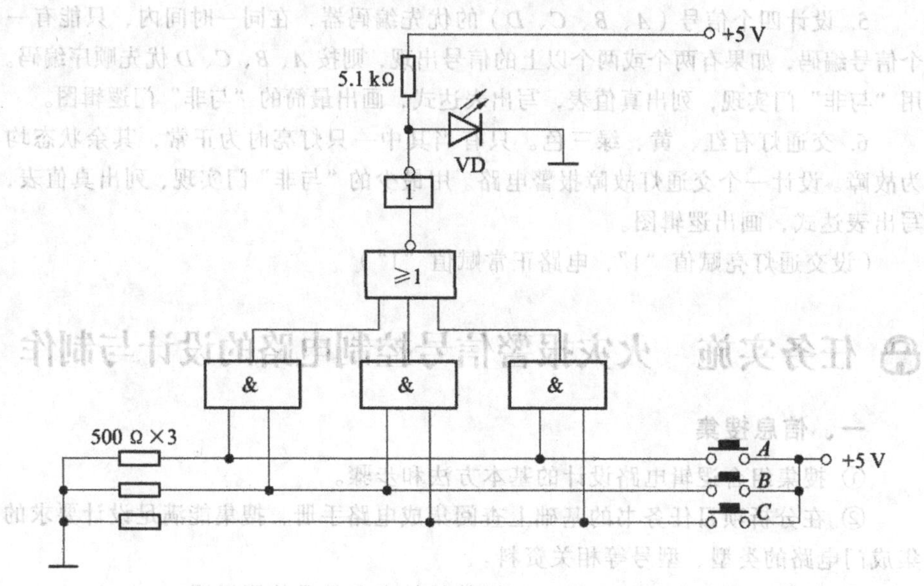

图 1.73 火灾报警控制电路图（1）

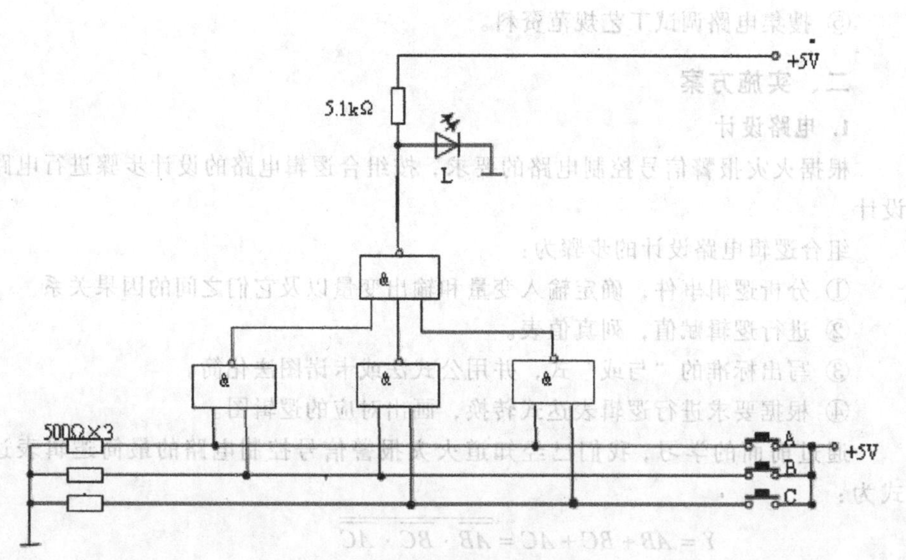

图 1.74 火灾报警控制电路图（2）

在图中，A、B、C 三个按键开关代表三种火灾探测器信号，火灾报警通过发光二极管显示。

2. 元器件的选型

根据设计的逻辑电路图，查阅集成电路手册，选择合适的器件实现电路，并确定相应器件的型号、管脚、参数等。

参考选择：四2输入“与非”门74HC00（1片），六6输入反相器74HC04（1片），三3输入“与非”门74HC10（1片），三3输入“或非”门74HC27（1片），5.1 kΩ、1/4 W电阻（1个），500 Ω、1/4 W电阻（3个），按钮开关（3个），导线若干。

3. 电路布局设计

① 电路布局应合理，走线应横平竖直，集成门电路采用插座安装。

② 元器件布局时，应考虑排列的美观，尽管导线纵横交叉，长短不一，但外观要力求平直、整洁、对称，使电路层次分明，信号的进出、电源的供给、主要元器件和回路的安排顺序妥当，使众多的元器件排列繁而不乱、杂而有章。

③ 元器件的布局应有利于电路装配的方便和使用维修时的方便，便于电路的调整、观察、更换元器件等。

4. 电路的焊接与装配

按设计的电路原理图和电路布局图进行安装，并遵守相关的工艺规范。装配时应注意：

① 电阻器采用水平安装方式，电阻体贴紧电路板。

② 集成电路根据管脚采用同脚数的集成电路插座，并采用垂直安装方式，贴紧电路板。

③ 按键开关采用垂直安装方式，紧贴电路板。

④ 发光二极管垂直安装，注意区分正、负极。

5. 电路板的自检

检查电路的布线是否正确，焊接是否可靠，有无漏焊、虚焊、短路等现象。

6. 电路的调试、测试

反复检查组装电路，在电路组装无误的情况下，接上直流电源（+5 V），观察发光二极管的状态，然后分别改变按钮 *A*、*B*、*C* 的状态，按表1.4所示的顺序进行测试。表中，*A*、*B*、*C* 表示按键开关（相当于三种火灾探测器的信号），*Y* 表示发光二极管的状态（相当于火灾报警器的报警信号），按键闭合或发光二极管亮用“1”表示，按键未闭合或发光二极管不亮用“0”表示。将测试结果记录于表1.6中，并确定设计的电路是否满足实际要求。

表 1.6 电路测试记录

输入			输出
A	B	C	Y
0	0	0	
0	0	1	
0	1	0	
0	1	1	
1	0	0	
1	0	1	
1	1	0	
1	1	1	

三、验收评估

电路设计、装配、测试完成后，按以下标准验收评估。

1. 装配

① 布局合理、紧凑。

② 导线横平竖直，转角成直角，无交叉。

③ 元件间连接与电路原理图一致。

④ 电阻器水平安装，紧贴电路板。

⑤ 按键开关采用垂直安装方式，紧贴电路板。

⑥ 集成电路采用 14Pin 集成电路插座，采用垂直安装方式，贴紧电路板。

⑦ 发光二极管采用垂直安装，其高度符合要求。

⑧ 布线平直，焊点光亮、清洁，焊料适量。

⑨ 无漏焊、虚焊、假焊、搭焊、溅焊等现象。

⑩ 焊接后元件引脚留头长度小于 1 mm。

⑪ 总线符合工艺要求。

⑫ 导线连接正确，绝缘恢复良好。

⑬ 线路若一次装配不成功，需检查电路、排除故障直至电路正常。

2. 调试与测试

① 正确地使用集成电路。

② 正确地接入电源，并进行正确调试与测试。

③ 通过测试正确分析设计电路的功能。

3. 安全、文明生产

① 安全用电，不人为损坏元器件、加工件和设备等。

② 保持实验环境整洁，操作习惯良好。

③ 认真、诚信地工作，能较好地和小组其他成员交流、协作完成工作。

四、资料归档

在任务完成后，需编写技术文档，技术文档中需包含：① 设计电路的方案及设计步骤，设计电路原理图及分析；② 装配电路的工具、测试仪器仪表、元器件及材料清单；③ 通用电路板上的电路布局图；④ 电路制作的工艺流程说明；⑤ 测试结果分析、总结。

技术文档必须按国家标准对其进行标准化，经相关人员审核后存入技术档案室进行统一管理。

思考与提高

1. 在设计的参考电路中，为什么输出端选用“OD非”门？如果集成门电路带负载，而集成门电路的驱动能力不够，那么电路可以通过哪些途径解决这个问题？

2. 在火灾报警信号的控制电路中，能否加入声光提示？如果能，电路应如何改进？三种火灾探测器信号能保持吗？如果要保存探测信号，电路应如何改进？

学习项目2 数字定时抢答器的分析与制作

项目描述

我们常看见一些智力竞赛中，使用抢答器进行抢答。但是，在这类比赛中，对于谁先谁后抢答，在何时抢答，如何计算答题时间等问题，若是仅凭主持人的主观判断，就很容易出现误判。所以，就需要一种具备自动功能的智力抢答器来解决这些问题。图2.1所示为一种智力抢答器的外形。本学习项目通过8路智力抢答器的分析与制作，学习中规模集成电路——编码器、译码器、显示器、触发器、555定时器、计数器、寄存器等器件的应用，并制作出能满足8人抢答的抢答器。

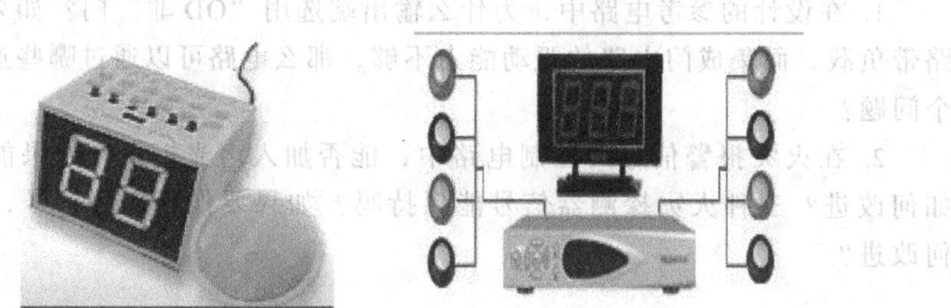

图2.1 智力抢答器

项目要求

1. 工作任务及要求

制作一个能满足下列要求的抢答器：

① 为8位参赛选手各提供一个抢答按钮，分别编号 S_0、S_1、S_2、S_3、S_4、S_5、S_6、S_7。

② 主持人可以控制系统的清零与抢答开始。

③ 抢答器要有数据锁存与显示的功能。抢答开始后，若有任何一名选手按动抢答按钮，则要显示其编号直至系统被主持人清零，同时其他人再按对应按钮无效。

④ 抢答器要有自动定时功能，并且一次抢答时间由主持人任意设定。当主持人启动“开始”键后，定时器自动减计时，并在显示器上显示。

⑤ 参赛选手只有在设定时间内抢答方为有效抢答。若抢答有效，则定时器停止工作，并且显示抢答开始时间直到系统被清零。

⑥ 若设定时间内无选手进行抢答（按对应按钮），则定时器上显示 00，光电报警，并且禁止选手超时抢答。

该电路由三大部分组成：抢答电路、定时电路、时序控制电路。时序控制电路的功能：当主持人将控制开关拨到“开始”位置时，抢答电路和定时电路进入正常抢答状态；当参赛选手按动抢答器的时候，抢答电路和定时电路停止工作；当设定的抢答时间到，无人抢答时，抢答电路和定时电路停止工作。

2. 学习产出

① 技术文档（电路的组成结构，电路原理图及分析，集成电路器件的选用，电路安装布线图，电路装配的工艺流程说明，调整测试记录，测试结果分析等）。

② 制作的产品。

学习目标

1. 掌握集成优先编码器、译码器及显示器的逻辑功能及应用。

2. 掌握触发器的特点、基本 RS 触发器的应用、集成触发器的特点及应用。

3. 熟悉 555 定时器的逻辑功能及 555 定时器的应用。

4. 熟悉集成计数器的应用。

5. 掌握数字定时抢答器电路的构成及分析方法，能正确选择集成电路构成定时抢答器。

6. 能根据实际器件进行电路的安装、调试和测试，并进行正确分析。

7. 具有安全生产意识，了解事故预防措施。

8. 能与他人合作、交流完成电路的设计、电路的组装与测试等任务，能进行项目扩展和设计制作其他数字电子产品的迁移关键能力。

基础训练 1　抢答电路的分析与测试

相关知识

一、抢答电路的组成和工作原理

典型的抢答电路系统由抢答控制按钮、优先编码器、锁存器、BCD 码四线-

七段译码器及 LED 七段数码管、主持人控制电路组成，其电路组成框图如图 2.2 所示。通过优先编码器分辨出 8 路选手按键的先后，并锁存优先抢答者的编号，供译码显示电路显示。通过优先编码器和锁存器完成使其他选手按键操作无效的控制。当主持人控制开关处于“清除”位置时，显示器不显示，锁存电路不工作。当主持人拨到“开始”位置时优先编码器和锁存器电路同时工作，抢答器进入待工作状态，当有选手将按键按下时，显示译码器工作，并由数码管显示其选手编号，同时使优先编码器处于禁止状态，封锁其他选手按键输入。

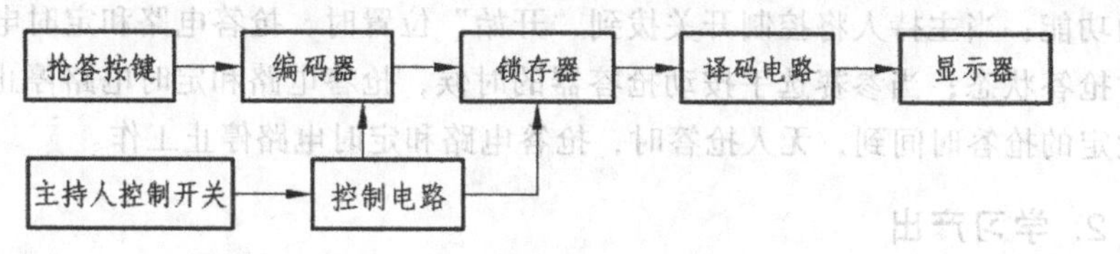

图 2.2 抢答电路的组成框图

二、编码及编码器

从广义上讲，编码就是用文字、数码或者符号表示特定的对象。例如，为街道命名、给学生编学号、写莫尔斯电码等，都是编码。但我们这里所指的编码是指以二进制码来表示给定的数字、字符或信息等输入信号。能实现编码功能的电路我们就称之为编码器。

编码器的模型如图 2.3（a）所示。通常编码器有 m 个输入端（$I_0 \sim I_{m-1}$），需要编码的信号从此处输入；有 n 个输出端（$Y_0 \sim Y_{n-1}$），编码后的二进制信号从此处输出。m 与 n 之间满足 $m \leqslant 2^n$ 的关系。另外，编码器还有使能输入端 E_I，

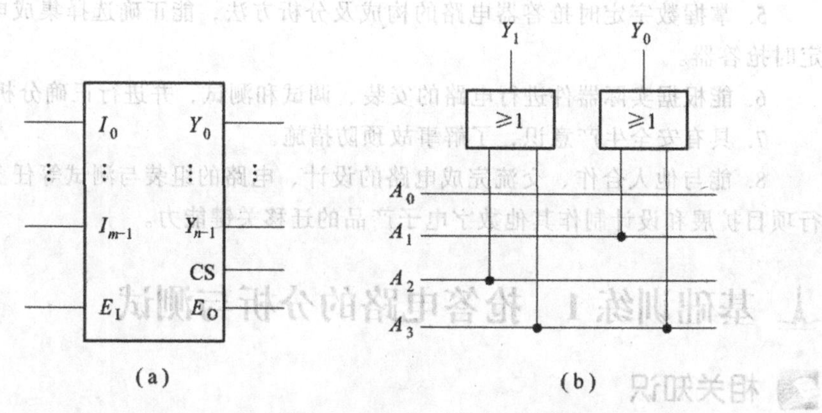

图 2.3 编码器的模型和 4 线-2 线编码器

它用于控制编码器是否进行编码；使能输出端 E_O 和优先标志输出端 CS 等一些控制端，它们主要用于编码器间的级联。编码器的功能就是从 m 个输入信号中选中一个并编成一组二进制代码并行输出。

例如，2 位二进制编码器有 4 个输入端 $A_0 \sim A_3$ 和 2 个输出端 Y_0、Y_1，因此又称为 4 线-2 线编码器。其真值表如表 2.1 所示。

表 2.1　4 线-2 线编码器的真值表

输　入				输　出	
A_3	A_2	A_1	A_0	Y_1	Y_0
0	0	0	1	0	0
0	0	1	0	0	1
0	1	0	0	1	0
1	0	0	0	1	1

由于输入变量互相排斥，即编码器在任何时刻只能有一个输入变量为 1，其他不允许出现的取值，在真值表中就不用列出。根据这一特殊约束条件，只要将输出函数值为 1 时的输入变量直接加起来就可得到 Y_1、Y_0 的表达式 $Y_0 = A_1 + A_3$，$Y_1 = A_2 + A_3$，用“或”门实现该编码器的示意图如图 2.3（b）所示。

在数字设备中，任何数据和信息都是用代码来表示的。所用的编码不同，实现这些编码的电路也不同，故编码器又可分为二进制编码器、二-十进制编码器和字符编码器等。

编码器可由分立元件、门电路构成，也可做成集成电路。由于集成电路编码器种类齐全，实现各种编码比较方便、可靠，实际应用中应尽量采用集成电路编码器。因此，集成电路编码器是本书介绍编码器的重点。

1. 集成二进制编码器

用 n 位二进制代码对 2^n 个信号进行编码的电路就是二进制编码器。下面以 74HC148 集成电路编码器为例介绍集成二进制编码器及应用。

74HC148 是一种 CMOS 高速型 8 线-3 线优先编码器，常用于优先中断系统和键盘编码。它有 8 个输入信号、3 位输出信号。由于是优先编码器，故允许多个输入信号同时有效，但只对其中优先级别最高的有效输入信号编码，而对级别较低的不响应。其功能表如表 2.2 所示。

表 2.2　74HC148 编码器的功能表

输入									输出				
E_I	I_7	I_6	I_5	I_4	I_3	I_2	I_1	I_0	Y_2	Y_1	Y_0	GS	E_O
1	×	×	×	×	×	×	×	×	1	1	1	1	1
0	1	1	1	1	1	1	1	1	1	1	1	1	0
0	0	×	×	×	×	×	×	×	0	0	0	0	1
0	1	0	×	×	×	×	×	×	0	0	1	0	1
0	1	1	0	×	×	×	×	×	0	1	0	0	1
0	1	1	1	0	×	×	×	×	0	1	1	0	1
0	1	1	1	1	0	×	×	×	1	0	0	0	1
0	1	1	1	1	1	0	×	×	1	0	1	0	1
0	1	1	1	1	1	1	0	×	1	1	0	0	1
0	1	1	1	1	1	1	1	0	1	1	1	0	1

$I_7 \sim I_0$ 为低电平有效的状态信号输入端，其中 I_7 状态信号的优先级别最高，I_0 状态信号的优先级别最低。Y_2、Y_1、Y_0 为编码输出端，以反码输出，即低电平有效，Y_2 为最高位，Y_0 为最低位。E_I 为使能输入端，当 $E_I = 1$ 时，无论输入信号 $I_7 \sim I_0$ 是什么，输出 Y_2、Y_1、Y_0 都是 1，表示编码器不工作；$E_I = 0$ 时，Y_2、Y_1、Y_0 根据输入信号 $I_7 \sim I_0$ 的优先级别编码。例如，表 2.2 中的第 3 行，输入信号 I_7 为有效的低电平，则无论其他输入信号为低电平还是高电平（表中用 × 表示），输出的 BCD 码均为 000；而当 I_7 无效，即 I_7 为高电平，而 I_6 为有效低电平，则其他比 I_6 优先级别低的输入信号无论为低电平还是高电平，输出的 BCD 码均为 001；依次类推，直到所有比 I_0 优先级别高的输入信号都无效（为高电平）时，才对 I_0 进行编码，此时输出 BCD 码为 111。E_O 为使能输出端，当使能输入端允许编码器工作（即 E_I=0），而“无编码输入信号”时，E_O 为低电平；只要有任一需编码的输入信号，E_O 就为高电平。E_O 主要用于级联和扩展。GS 用于标记输入信号是否按优先级别有效，只要按优先级别有效，GS 就变成低电平，它也用于编码器的级联。

74HC148 编码器的引脚图及逻辑符号如图 2.4 所示。

在本抢答电路中，可采用 74HC148 优先编码器对 8 路信号进行编码。

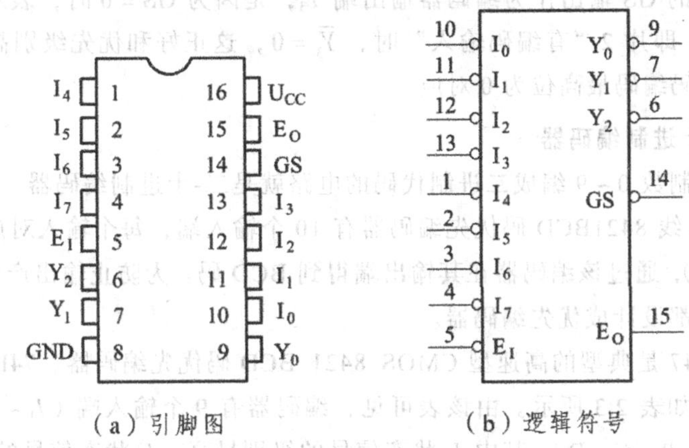

（a）引脚图　　（b）逻辑符号

图 2.4　74HC148 的引脚图和逻辑符号

用 74HC148 优先编码器可以多级连接进行扩展功能，如用 2 块 74HC148 可以扩展成为一个 16 线-4 线优先编码器，如图 2.5 所示。

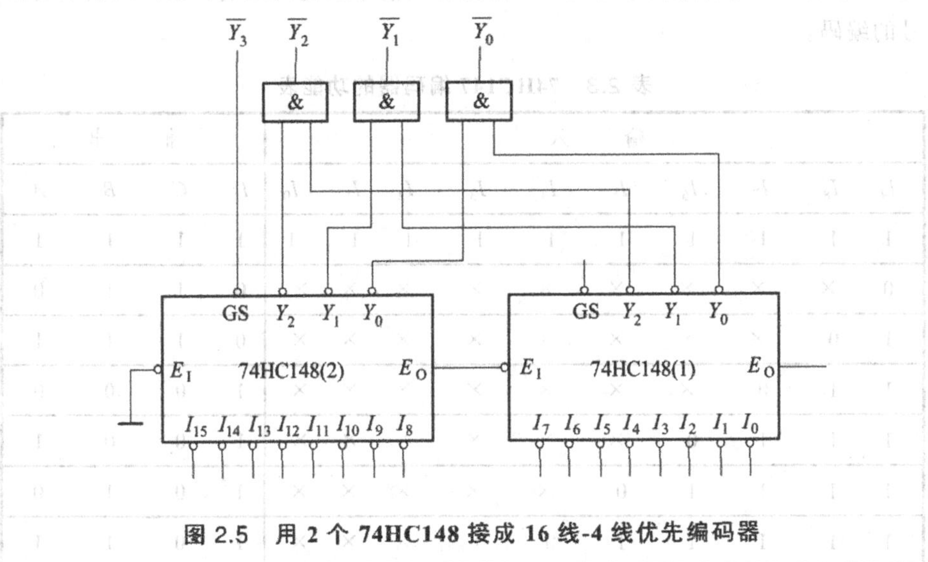

图 2.5　用 2 个 74HC148 接成 16 线-4 线优先编码器

图 2.5 所示电路的编码输入为 $I_0 \sim I_{15}$，低电平输入有效。$I_0 \sim I_{15}$ 中，I_{15} 优先级别最高，I_0 优先级别最低。片 2 的 E_O 控制片 1 的 E_I 端，是因为片 2 的输入信号优先权均比片 1 的输入信号高。当片 2“无编码输入”时，片 2 的 $E_O=0$，即片 1 的 $E_I=0$，使片 1 处于工作状态。也就是说，只有当 $I_8 \sim I_{15}$ 中“无编码输入”时，$I_0 \sim I_7$ 才可能被编码。

将片 2 的 GS 输出作为编码器输出端 Y_3，是因为 GS = 0 时，表示该片“有编码输入”，即片 2“有编码输入”时，$\overline{Y}_3=0$，这正好和优先级别高的 $I_8 \sim I_{15}$ 的二进制反码编码最高位为 0 对应。

2. 二-十进制编码器

将十进制数 0 ~ 9 编成二进制代码的电路就是二-十进制编码器。

10 线-4 线 8421BCD 码优先编码器有 10 个输入端，每个输入对应一个十进制数（0 ~ 9），通过该编码器在其输出端得到 BCD 码。为防止输出产生混乱，该编码器通常都设计成优先编码器。

74HC147 是典型的高速型 CMOS 8421 BCD 码优先编码器。74HC147 编码器的功能表如表 2.3 所示。由该表可见，编码器有 9 个输入端（$I_1 \sim I_9$）和 4 个输出端（A、B、C、D）。其中 I_9 状态信号的级别最高，I_1 状态信号的级别最低。D、C、B、A 为编码输出端，以反码输出，D 为最高位，A 为最低位。一组 4 位二进制代码表示一位十进制数，有效输入信号为低电平，若无有效信号输入即 9 个输入信号全为“1”，代表输入的十进制数是 0，则输出 $DCBA$ = 1111（0 的反码）。若 $I_1 \sim I_9$ 为有效信号输入，则根据输入信号的优先级别，输出级别最高信号的编码。

表 2.3 74HC147 编码器的功能表

输入										输出			
I_9	I_8	I_7	I_6	I_5	I_4	I_3	I_2	I_1	I_0	D	C	B	A
1	1	1	1	1	1	1	1	1	1	1	1	1	1
0	×	×	×	×	×	×	×	×	×	0	1	1	0
1	0	×	×	×	×	×	×	×	×	0	1	1	1
1	1	0	×	×	×	×	×	×	×	1	0	0	0
1	1	1	0	×	×	×	×	×	×	1	0	0	1
1	1	1	1	0	×	×	×	×	×	1	0	1	0
1	1	1	1	1	0	×	×	×	×	1	0	1	1
1	1	1	1	1	1	0	×	×	×	1	1	0	0
1	1	1	1	1	1	1	0	×	×	1	1	0	1
1	1	1	1	1	1	1	1	0	×	1	1	1	0
1	1	1	1	1	1	1	1	1	0	1	1	1	1

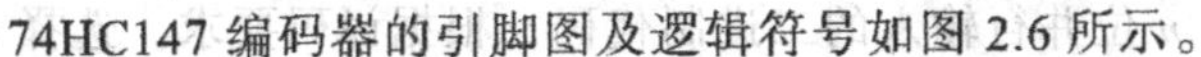
74HC147 编码器的引脚图及逻辑符号如图 2.6 所示。

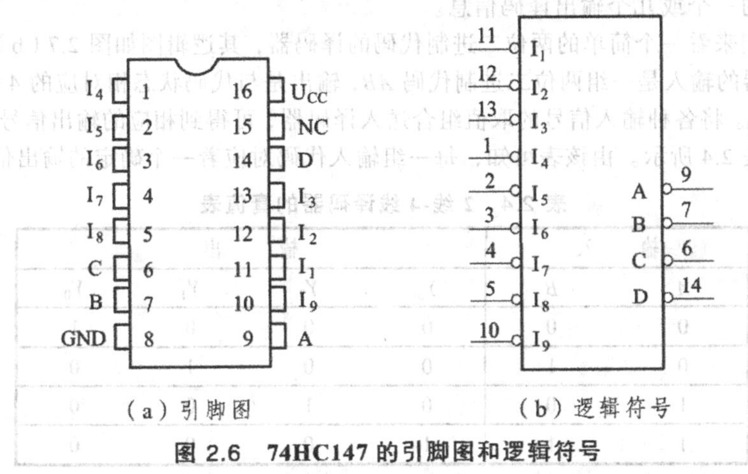

（a）引脚图　　（b）逻辑符号

图 2.6　74HC147 的引脚图和逻辑符号

三、译码器

译码是编码的逆过程，即将每一组输入二进制代码“翻译”成为一个特定的输出信号。实现译码功能的数字电路称为译码器。译码器分为变量译码器和显示译码器。变量译码器有二进制译码器和非二进制译码器。显示译码器按显示材料分为荧光译码器、发光二极管译码器、液晶显示译码器；按显示内容分为文字译码器、数字译码器、符号译码器。

译码器的模型如图 2.7（a）所示，它有 n 个输入端，需要译码的 n 位二进制代码从这里并行输入；有 m 个译码输出端，另外还有若干个使能控制端 E_x，用于控制译码器的工作状态和译码器间的级联。

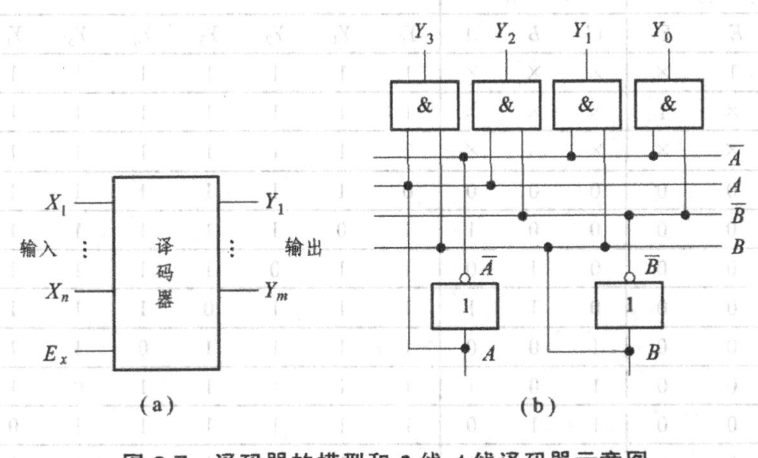

（a）　　（b）

图 2.7　译码器的模型和 2 线-4 线译码器示意图

译码器的功能是将 n 位并行输入的二进制代码，根据译码要求，选择 m 个输出中的一个或几个输出译码信息。

我们来看一个简单的两位二进制代码的译码器，其逻辑图如图 2.7（b）所示。该译码器的输入是一组两位二进制代码 AB，输出是与代码状态相对应的 4 个信号 $Y_3Y_2Y_1Y_0$。将各种输入信号的取值组合送入译码器，可得到相应的输出信号。其真值表如表 2.4 所示。由该表可知，每一组输入代码对应着一个确定的输出信号。

表 2.4　2 线-4 线译码器的真值表

输入		输出			
A	B	Y_3	Y_2	Y_1	Y_0
0	0	0	0	0	1
0	1	0	0	1	0
1	0	0	1	0	0
1	1	1	0	0	0

译码器可以由分立元件、门电路或者集成电路构成。实际应用中最常用的是集成电路译码器。

1. 集成二进制译码器

二进制译码器是把二进制代码的所有组合状态都翻译出来的电路。如果输入信号有 n 位二进制代码，输出信号为 m 个，则 $m = 2^n$。

下面以常用的 74HC138 为例讨论二进制译码器。该译码器有 3 个输入端 C、B、A 和 8 个输出端 $Y_0 \sim Y_7$，故称为 3 线-8 线译码器，其功能表如表 2.5 所示。

表 2.5　74HC138 译码器的功能表

输入						输出							
使能			选择										
E_3	E_2	E_1	C	B	A	Y_0	Y_1	Y_2	Y_3	Y_4	Y_5	Y_6	Y_7
×	1	×	×	×	×	1	1	1	1	1	1	1	1
×	×	1	×	×	×	1	1	1	1	1	1	1	1
0	×	×	×	×	×	1	1	1	1	1	1	1	1
1	0	0	0	0	0	0	1	1	1	1	1	1	1
1	0	0	0	0	1	1	0	1	1	1	1	1	1
1	0	0	0	1	0	1	1	0	1	1	1	1	1
1	0	0	0	1	1	1	1	1	0	1	1	1	1
1	0	0	1	0	0	1	1	1	1	0	1	1	1
1	0	0	1	0	1	1	1	1	1	1	0	1	1
1	0	0	1	1	0	1	1	1	1	1	1	0	1
1	0	0	1	1	1	1	1	1	1	1	1	1	0

从表 2.5 所示的功能表可以看出，E_3、E_2、E_1 都是使能信号，当 $E_3=0$ 时，无论其他输入信号是什么，输出都是高电平，即无效信号，表示译码器不工作。当 $E_3=1$、$E_2=E_1=0$ 时，输出信号 $Y_0\sim Y_7$ 才取决于输入信号 C、B、A 的取值组合，表示译码器工作。输出信号 $Y_0\sim Y_7$ 为低电平有效。

从功能表中可见，由于译码器的每个输出对应一个最小项，即 $\overline{Y}_0=\overline{C}\,\overline{B}\,\overline{A}$，$\overline{Y}_1=\overline{C}\,\overline{B}A$，$\overline{Y}_2=\overline{C}B\overline{A}$，$\overline{Y}_3=\overline{C}BA$，$\overline{Y}_4=C\overline{B}\,\overline{A}$，$\overline{Y}_5=C\overline{B}A$，$\overline{Y}_6=CB\overline{A}$，$\overline{Y}_7=CBA$，因此，可以用译码器实现组合逻辑函数。例如，用 74HC138 译码器实现火灾报警控制电路，其逻辑函数为：

$$Y(C,B,A)=CB\overline{A}+C\overline{B}A+\overline{C}BA+CBA=m_3+m_5+m_6+m_7$$

$$=\overline{\overline{m_3}\cdot\overline{m_5}\cdot\overline{m_6}\cdot\overline{m_7}}=\overline{\overline{Y_3}\cdot\overline{Y_5}\cdot\overline{Y_6}\cdot\overline{Y_7}}$$

所以，将 $\overline{Y}_3$、$\overline{Y}_5$、$\overline{Y}_6$、$\overline{Y}_7$ 经一个“与非”门输出，译码器中的 C、B、A 就作为逻辑函数的输入变量，并正确连接控制输入端，使译码器处于工作状态，则可实现火灾报警控制电路的逻辑功能，其连接电路如图 2.8 所示。

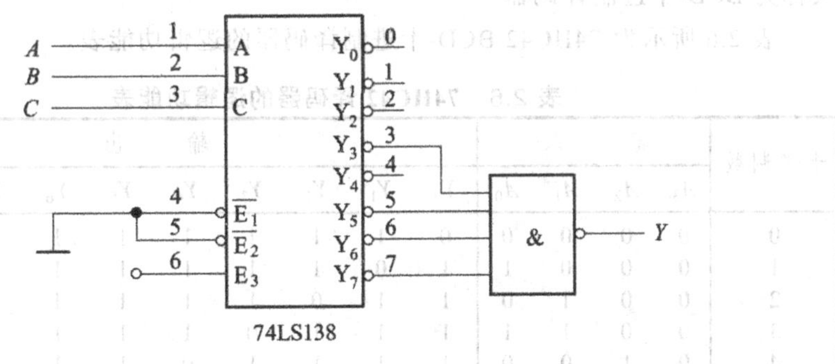

图 2.8 用 74HC138 实现火灾报警控制的逻辑电路

除了 3 线-8 线二进制译码器外，常用的还有 2 线-4 线二进制译码器、4 线-16 线二进制译码器等。也可以用两片 3 线-8 线译码器构成 4 线-16 线译码器，或者用两片 4 线-16 线译码器构成 5 线-32 线二进制译码器。

例如，图 2.9 所示为用两片 3 线-8 线译码器 74HC138 构成 4 线-16 线译码器的连接图。其中，4 位输入变量 A_3、A_2、A_1、A_0 的最高位 A_3 接到集成块 U_1 的 E_2、E_1 端和集成块 U_2 的 E_3 端，其他 3 位输入变量 A_2、A_1、A_0 分别接两块 74HC138 的变量输入端 C、B、A。电路中，当 $A_3=0$ 时，U_2 被禁止，U_1 工作，由 A_2、A_1、A_0 决定 $Y_0\sim Y_7$ 的状态；当 $A_3=1$ 时，U_1 被禁止，U_2 工作，由 A_2、A_1、A_0 决定 $Y_8\sim Y_{15}$ 的状态，因此，U_1、U_2 构成了 4 线-16 线译码器。

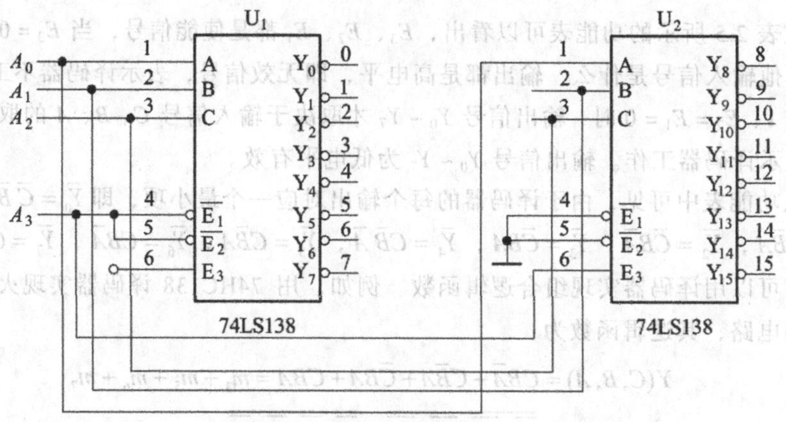

图 2.9　两片 74HC138 扩展成 4 线-16 线译码器

2. 集成二-十进制译码器

将 4 位二-十进制代码翻译成 1 位十进制数字的电路就是二-十进制译码器，又称为 BCD-十进制译码器。

表 2.6 所示为 74HC42 BCD-十进制译码器的逻辑功能表。

表 2.6　74HC42 译码器的逻辑功能表

十进制数	输入				输出									
	A_3	A_2	A_1	A_0	Y_0	Y_1	Y_2	Y_3	Y_4	Y_5	Y_6	Y_7	Y_8	Y_9
0	0	0	0	0	0	1	1	1	1	1	1	1	1	1
1	0	0	0	1	1	0	1	1	1	1	1	1	1	1
2	0	0	1	0	1	1	0	1	1	1	1	1	1	1
3	0	0	1	1	1	1	1	0	1	1	1	1	1	1
4	0	1	0	0	1	1	1	1	0	1	1	1	1	1
5	0	1	0	1	1	1	1	1	1	0	1	1	1	1
6	0	1	1	0	1	1	1	1	1	1	0	1	1	1
7	0	1	1	1	1	1	1	1	1	1	1	0	1	1
8	1	0	0	0	1	1	1	1	1	1	1	1	0	1
9	1	0	0	1	1	1	1	1	1	1	1	1	1	0
无效状态	1	0	1	0	1	1	1	1	1	1	1	1	1	1
	1	0	1	1	1	1	1	1	1	1	1	1	1	1
	1	1	0	0	1	1	1	1	1	1	1	1	1	1
	1	1	0	1	1	1	1	1	1	1	1	1	1	1
	1	1	1	0	1	1	1	1	1	1	1	1	1	1
	1	1	1	1	1	1	1	1	1	1	1	1	1	1

由表 2.6 可见，该译码器有 4 个输入端 A_3、A_2、A_1、A_0，并且按 8421BCD 编码输入数据；有 10 个输出端 $Y_9 \sim Y_0$，分别与十进制数 0 ~ 9 相对应，低电平有效。对于

某个 8421BCD 码的输入，相应的输出端为低电平，其他输出端为高电平。当输入的二进制数超过 BCD 码时，所有输出端都输出高电平的无效状态。

74HC42 二-十进制译码器的逻辑符号如图 2.10 所示。

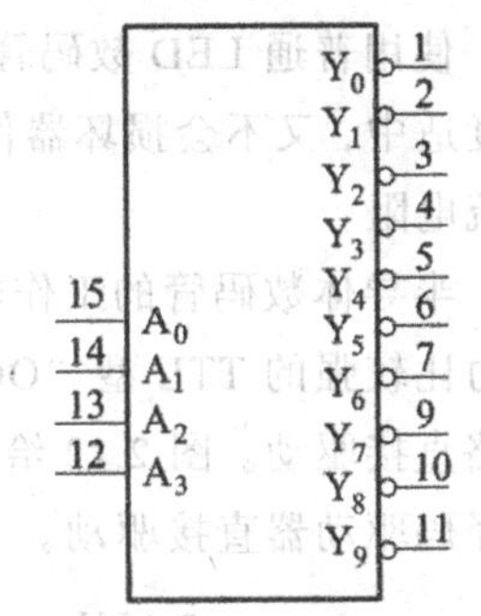

图 2.10 74HC42 的逻辑符号

3. 字符显示译码器

字符显示译码器的功能是将输入的四位 8421 BCD 码经过译码后，能使显示器显示相应的十进制数，字符译码器需要和数码显示器配合使用。

目前常用的数码显示器件有发光二极管（LED）组成的七段显示数码管和液晶（LCD）七段显示器等。它们一般由 a、b、c、d、e、f、g 七个发光段组成。根据需要，让其中的某些段发光，即可显示数字 0～9。

（1）LED 数码管

LED 数码管以其体积小、质量轻、功耗小、亮度高、使用寿命长，能和 CMOS、TTL 电路兼容等特点而被广泛选作数字仪表、数控装置等数字系统的数显器件。

LED 数码管的内部电路结构和管脚排列如图 2.11 所示。LED 数码管分共阴极和共阳极两大类，图（a）为共阴极数码管，图（b）为共阳极数码管，使用时要求配用相应的译码驱动器。

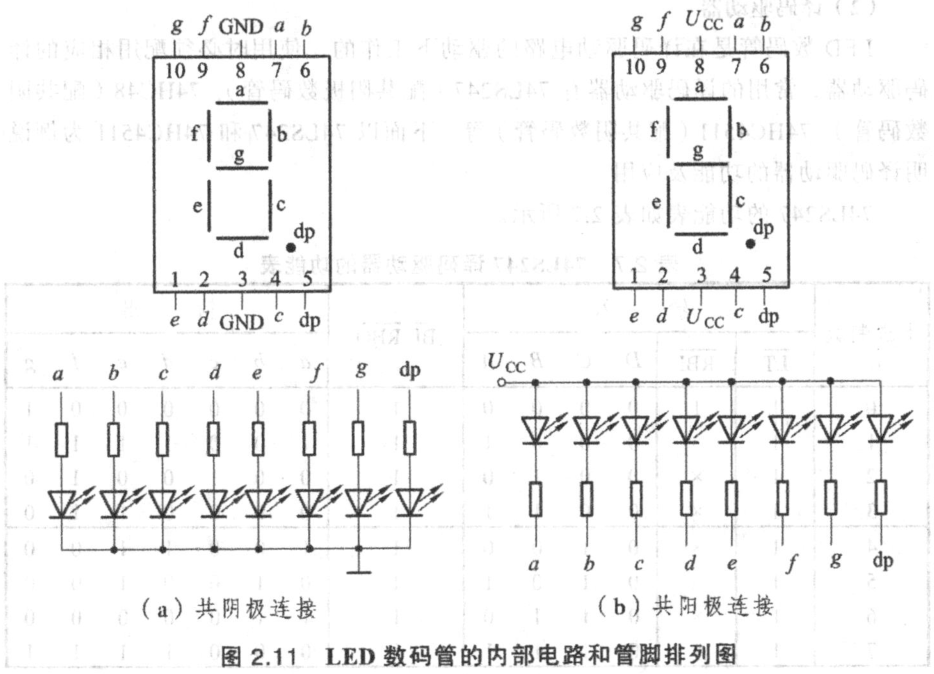

图 2.11 LED 数码管的内部电路和管脚排列图

使用普通 LED 数码管时，工作电流一般选择在 10 mA 左右，这样既保证了亮度适中，又不会损坏器件，故使用时必须在数码管的每段中串接一适当阻值的限流电阻。

半导体数码管的工作电流较大，可以用半导体三极管驱动，也可以用带负载能力比较强的 TTL 型“OC”门电路及 74HC 系列或专用的 CD4000 系列的驱动电路直接驱动。图 2.12 给出了三种 LED 数码管的驱动电路，较常用的方法是采用译码驱动器直接驱动。

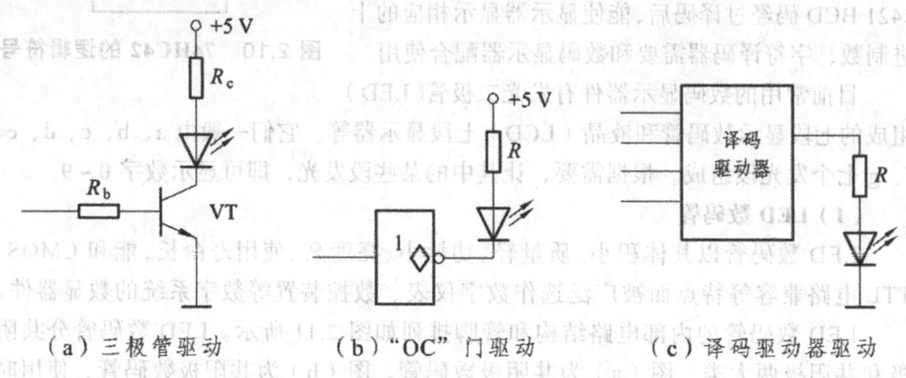

（a）三极管驱动　（b）“OC”门驱动　（c）译码驱动器驱动

图 2.12　半导体发光二极管驱动电路

（2）译码驱动器

LED 数码管是在译码驱动电路的驱动下工作的，使用时必须配用相应的译码驱动器，常用的译码驱动器有 74LS247（配共阳极数码管）、74HC48（配共阴数码管）、74HC4511（配共阴数码管）等。下面以 74LS247 和 74HC4511 为例说明译码驱动器的功能及应用。

74LS247 的功能表如表 2.7 所示。

表 2.7　74LS247 译码驱动器的功能表

十进制数	输入						$\overline{BI}/\overline{RBO}$	输出						
	$\overline{LT}$	$\overline{RBI}$	D	C	B	A		a	b	c	d	e	f	g
0	1	1	0	0	0	0	1	0	0	0	0	0	0	1
1	1	×	0	0	0	1	1	1	0	0	1	1	1	1
2	1	×	0	0	1	0	1	0	0	1	0	0	1	0
3	1	×	0	0	1	1	1	0	0	0	0	1	1	0
4	1	×	0	1	0	0	1	1	0	0	1	1	0	0
5	1	×	0	1	0	1	1	0	1	0	0	1	0	0
6	1	×	0	1	1	0	1	1	1	0	0	0	0	0
7	1	×	0	1	1	1	1	0	0	0	1	1	1	1

续表 2.7

十进制数	输入						$\overline{BI}/\overline{RBO}$	输出						
	$\overline{LT}$	$\overline{RBI}$	D	C	B	A		a	b	c	d	e	f	g
8	1	×	1	0	0	0	1	0	0	0	0	0	0	0
9	1	×	1	0	0	1	1	0	0	0	1	1	0	0
10	1	×	1	0	1	0	1	1	1	1	0	0	1	0
11	1	×	1	0	1	1	1	1	1	0	0	1	1	0
12	1	×	1	1	0	0	1	1	0	1	1	1	0	0
13	1	×	1	1	0	1	1	0	1	1	0	1	0	0
14	1	×	1	1	1	0	1	1	1	1	0	0	0	0
15	1	×	1	1	1	1	1	1	1	1	1	1	1	1
$\overline{BI}$	×	×	×	×	×	×	0	1	1	1	1	1	1	1
$\overline{RBI}$	1	0	0	0	0	0	0	1	1	1	1	1	1	1
$\overline{LT}$	0	×	×	×	×	×	1	0	0	0	0	0	0	0

$\overline{LT}$端为测试灯输入端，$\overline{LT}=0$且$\overline{BI}=1$时，$a \sim g$输出均为0，显示器七段都亮，用于测试每段工作是否正常；$\overline{LT}=1$时，译码器方可进行译码显示。

$\overline{BI}/\overline{RBO}$端为熄灭输入/灭零输出端。利用熄灭信号$\overline{BI}$可按照需要控制数码管显示或不显示。当$\overline{BI}=0$时，无论$DCBA$状态如何，数码管均不显示。$\overline{BI}$与$\overline{RBO}$共用一个引出端。当$\overline{RBI}=0$且$DCBA=0000$时，$\overline{RBO}=0$。

$\overline{RBI}$端为灭零输入端，其作用是将数码管显示的数字0熄灭。当$\overline{LT}=1$，$\overline{RBI}=0$，且$DCBA=0000$时，$a \sim g$输出1，数码管无显示。利用该灭零输出信号，可熄灭多位显示中不需要的零。不需要灭零时，$\overline{RBI}=1$。

从74LS247的功能表可以看出，74LS247应用于高电平驱动的共阳极显示器。当输入信号$DCBA$为0000～1001时，分别显示0～9数字信号；而当输入为1010～1110时，显示稳定的非数字信号；当输入为1111时，七个显示段全暗。从显示段出现非0～9数字符号或各段全暗，可以推出输入已出错，即可检查输入情况。

74LS247集成电路的逻辑符号如图2.13所示。

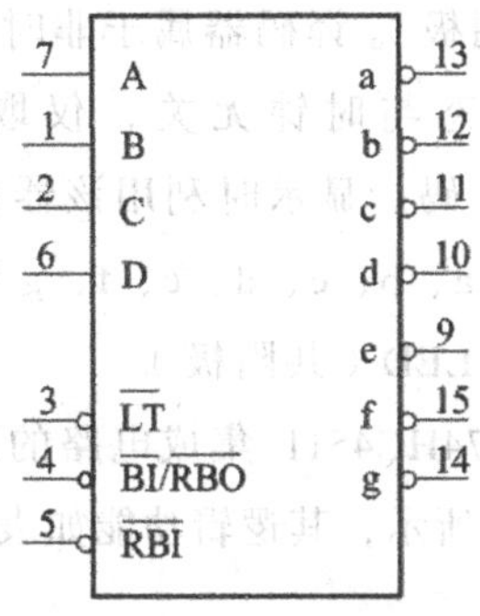

图 2.13　74LS247 的逻辑符号

图 2.14 所示为 LED 七段显示器和译码驱动电路的连接实例。图中 LED 七段显示器的驱动电路是由 74LS247 译码器、1 kΩ 的双列直插限流电阻排、七段共阳极 LED 显示器组成的。由于 74LS47 是集电极开路输出（“OC”门），驱动七段显示器时需要外加限流电阻。其工作过程是：输入的 8421BCD 码经译码器译码，产生 7 个低电平有效的输出信号，这 7 个输出信号通过限流电阻分别接至七段共阳极显示器对应的 7 个段；当 LED 七段显示器的 7 个输入端有一个或几个为低电平时，与其对应的字段点亮。

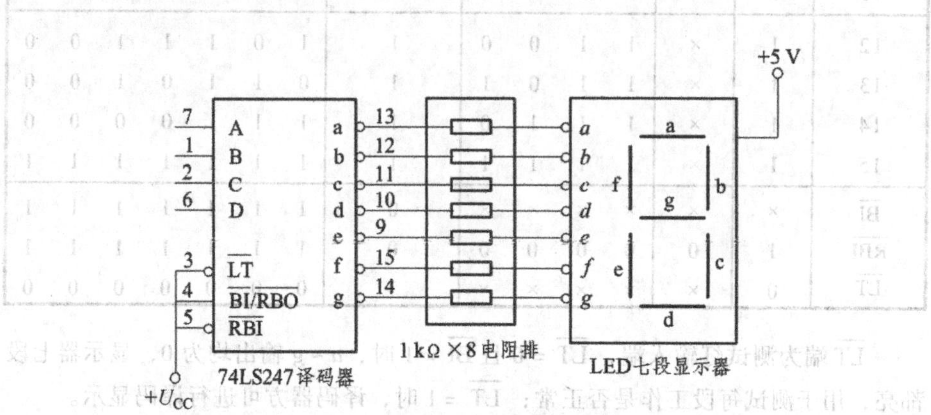

图 2.14　LED 七段显示器译码驱动电路的逻辑图

集成电路 74HC4511 是将锁存、译码、驱动三种功能集于一身的“三合一”器件。锁存器的作用是避免在计数过程中出现跳数现象，便于观察和记录。译码器的作用是将 4 位 8421BCD 码转换成数码管显示所需要的七段码，再经过大电流反相器，驱动 LED 数码管（共阴极）。译码器属于非时序电路，其输出状态与时钟无关，仅取决于输入的 BCD 码。显示时利用该器件的七段码输出端 a、b、c、d、e、f、g 可直接驱动数码管 LED（共阴极）。

74HC4511 集成电路的逻辑符号如图 2.15 所示，其逻辑功能如表 2.8 所示。

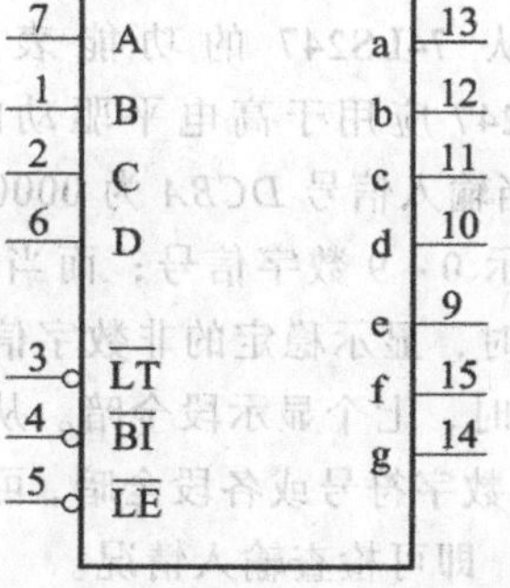

图 2.15　74HC4511 的逻辑符号

表 2.8 74HC4511 译码驱动器的逻辑功能表

显示	输入							输出						
	$\overline{LT}$	$\overline{BI}$	$\overline{LE}$	D	C	B	A	a	b	c	d	e	f	g
8	0	×	×	×	×	×	×	1	1	1	1	1	1	1
空白	1	0	×	×	×	×	×	0	0	0	0	0	0	0
0	1	1	0	0	0	0	0	1	1	1	1	1	1	0
1	1	1	0	0	0	0	1	0	1	1	0	0	0	0
2	1	1	0	0	0	1	0	1	1	0	1	1	0	1
3	1	1	0	0	0	1	1	1	1	1	1	0	0	1
4	1	1	0	0	1	0	0	0	1	1	0	0	1	1
5	1	1	0	0	1	0	1	1	0	1	1	0	1	1
6	1	1	0	0	1	1	0	0	0	1	1	1	1	1
7	1	1	0	0	1	1	1	1	1	1	0	0	0	0
8	1	1	0	1	0	0	0	1	1	1	1	1	1	1
9	1	1	0	1	0	0	1	1	1	1	0	0	1	1
空白	1	1	0	1	0	1	0	0	0	0	0	0	0	0
空白	1	1	0	1	0	1	1	0	0	0	0	0	0	0
空白	1	1	0	1	1	0	0	0	0	0	0	0	0	0
空白	1	1	0	1	1	0	1	0	0	0	0	0	0	0
空白	1	1	0	1	1	1	0	0	0	0	0	0	0	0
空白	1	1	0	1	1	1	1	0	0	0	0	0	0	0
与输出相同	1	1	1	×	×	×	×	取决于$\overline{LE}$变高电平之前的输入状态						

（3）LCD 显示电路

液晶显示器是一种平板薄型显示器件，是目前功耗最低的一种显示器，与CMOS电路结合起来可以组成微功耗系统，特别适合于袖珍显示器、低功耗便携式计算机和仪器仪表等应用场合。

液晶是一种介于晶体与液体之间的有机化合物，常温下既有液体的流动性和连续性，又有晶体的某些光学特性。液晶显示器件本身不发光，在黑暗中不能显示数字，它依靠外界电场作用下产生的光电效应，调制外界光线使液晶不同部位显现出反差，从而显示出字形。

液晶显示的驱动方式有静态驱动、多路驱动、矩阵驱动、双频驱动等多种方式。所谓静态驱动，是指每位字符位正面的每一段有一根驱动信号引线，每位字符位背面的电极被连成一体，形成公共电极，工作时所有需要显示的段，从开始显示的时刻起，直到终止显示的时刻为止，该段始终独立地一直加有驱动信号电压。液晶长时间处在直流电压作用下会发生电分解现象，性能将老化。为防止老化，液晶显示器总是采用交流驱动。所谓交流驱动，是指信号电极上驱动信号电压的相位始终与公共电极的电压反相，以保证施加于液晶上的平均直流电压为零。

图 2.16 所示为一位七段 LCD 显示器驱动电路的逻辑图。信号 $A \sim G$ 是七段译码器输出的每段信号电平。显示驱动信号 D_{fi} 一般为 50 ~ 100 Hz（数字钟、数字表往往是 32 Hz 或 64 Hz）的脉冲信号，该信号同时加到液晶显示器的公共电极，在译码器内部“异或”门的作用下，送到液晶显示器信号电极上的驱动信号 $a \sim g$ 是信号 D_{fi} 分别与段信号 $A \sim G$ 的“异或”信号。显示字段上所加的电压峰峰值为电源电压的两倍。

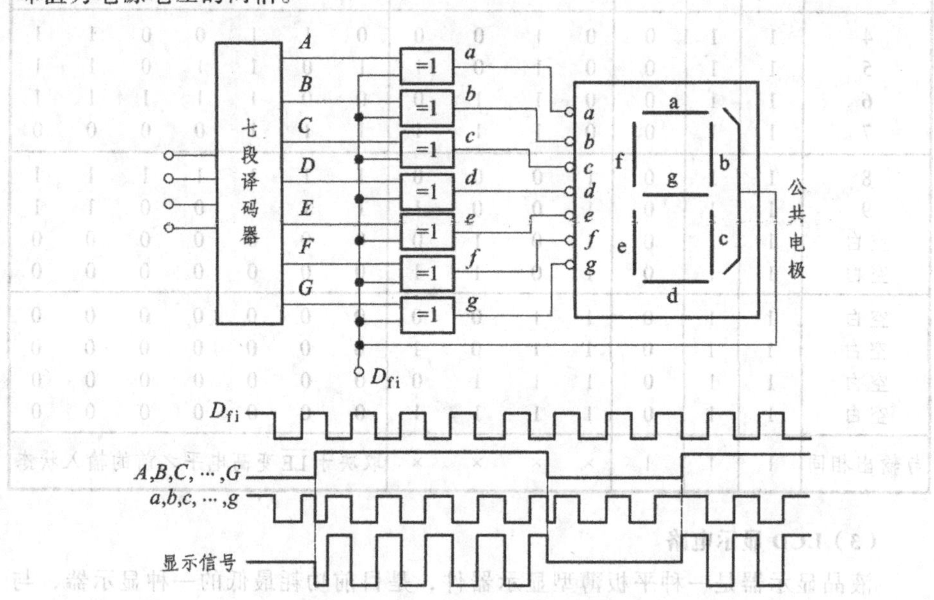

图 2.16 一位七段 LCD 数字显示器驱动电路的逻辑图

由图 2.16 可见，送到液晶显示器某段上的驱动信号为脉冲信号，因此，液晶显示段的发亮是脉冲式的。由于此脉冲频率较快，视觉上感到它一直发亮，这就是 LCD 的特点。

液晶显示的特点是：功耗低、脉冲式显示，但驱动电压较 LED 显示大。

4. 集成 RS 锁存器（74LS279）

74LS279 是由四个基本的 RS 触发器构成的锁存电路，其逻辑功能如表 2.9 所示。$\bar{S}$ 端为直接置“1”端，$\bar{R}$ 端为直接置“0”端，通常情况下输入端为高电平，触发器处于保持状态，故能锁存数据。图 2.17 所示为 74LS279 锁存器的管脚排列和逻辑符号。其中，第一和第三个锁存器中有 2 个 S 端，如果只需要一个，可将其并联使用。

表 2.9　74LS279 的功能表

输　入		输　出
$\overline{S}$	$\overline{R}$	Q
1	1	保持
0	1	1
1	0	0
0	0	不定

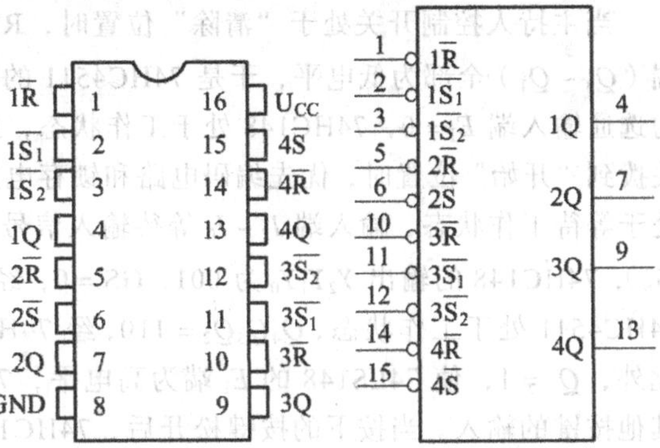

（a）引脚图　　（b）逻辑符号

图 2.17　74LS279 的引脚图和逻辑符号

四、抢答电路的分析

由优先编码器、锁存器、译码驱动器、数码显示器、控制开关、8 路抢答按键组成的抢答参考电路如图 2.18 所示。

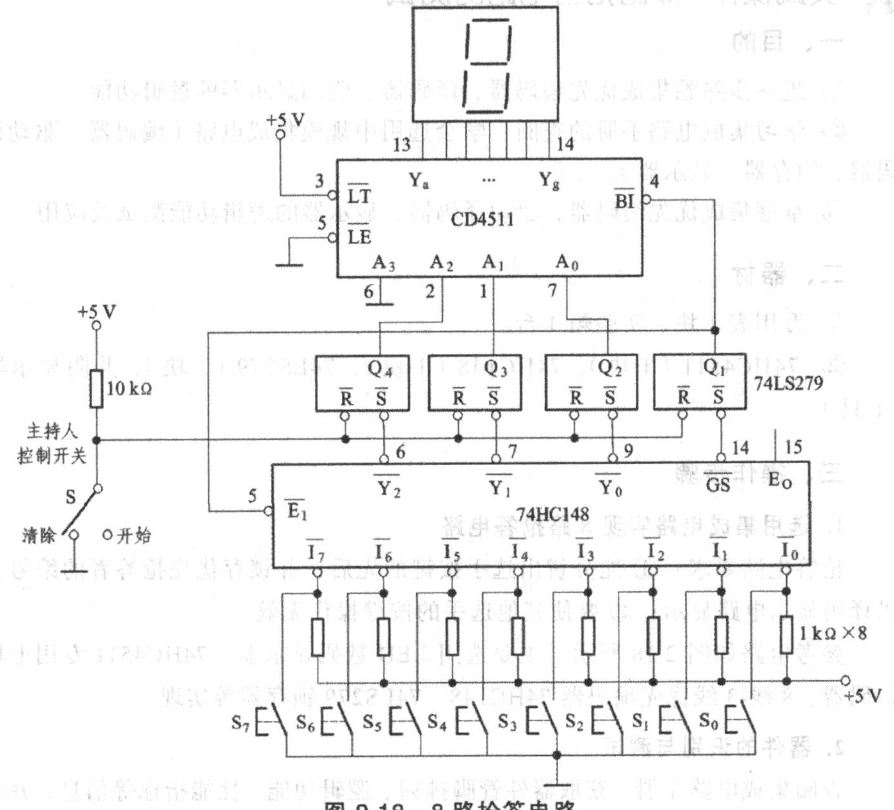

图 2.18　8 路抢答电路

当主持人控制开关处于“清除”位置时，RS 触发器的 $\bar{R}$ 端为低电平，输出端（$Q_3 \sim Q_1$）全部为低电平，于是 74HC4511 的 $\overline{BI}=0$，显示器空门；74HC148 的选通输入端 $E_I=0$，74HC148 处于工作状态，此时锁存器不工作。当主持人开关拨到“开始”位置时，优先编码电路和锁存电路同时处于工作状态，即抢答器处于等待工作状态，输入端 $I_7 \sim I_0$ 等待输入信号。当有选手将键按下时（如按下 S_6），74HC148 的输出 $Y_2Y_1Y_0$ 为 001，GS = 0，经 RS 锁存器后，$Q_1=1$，$\overline{BI}=1$，74HC4511 处于工作状态，$Q_4Q_3Q_2=110$，经 74HC4511 译码后，显示器显示“6”。此外，$Q_1=1$，使 74LS148 的 E_I 端为高电平，74HC148 处于禁止状态，封锁了其他按键的输入。当按下的按键松开后，74HC148 的 GS 为高电平，但由于 Q_1 的输出仍然维持高电平不变，

所以 74LS148 仍处于禁止状态，其他按键的输入信号不会被接收。这就保证了抢答者的优先性以及抢答电路的准确性。当优先抢答者回答完问题后，由主持人操作控制开关 S，使抢答电路复位，以便进行下一轮抢答。

实践操作　8 路抢答电路的测试

一、目的

① 进一步熟悉集成优先编码器、译码器、驱动显示器的逻辑功能。

② 学习集成电路手册的查阅，学会选用中规模集成电路（编码器、驱动译码器、锁存器、显示器）。

③ 掌握集成优先编码器、驱动译码器、显示器的逻辑功能测试及应用。

二、器材

① 万用表 1 块、实验箱 1 台。

② 74HC4511（1 块）、74HC148（1 块）、74LS279（1 块）、共阴显示器（1 只）。

三、操作步骤

1. 选用集成电路实现 8 路抢答电路

抢答电路要求：① 能分辨出选手按键的先后，并锁存优先抢答者的编号，供译码显示电路显示；② 要使其他选手的按键操作无效。

参考电路如图 2.18 所示。主要选用 LED 数码显示器、74HC4511 专用七段译码器、8 线-3 线优先编码器 74HC148、74LS279 锁存器等实现。

2. 器件的识别与测试

查阅集成电路手册，获取器件管脚排列、逻辑功能、性能指标等信息，并验

证逻辑功能、检测质量。

3. 按电路图连接电路并进行测试

① 在实验箱上按参考电路连接电路，注意IC芯片的方向和管脚排列应正确。

② 通电前要认真检查电路，即检查IC芯片的电源正、负端是否正确，电源连线是否接反，电路连接是否正确等。待检查无误后方可通电。

③ 通电后，先按下主持人开关S使之处于“清除”状态，抢答器显示应为灭灯，再拨到“开始”，然后模拟抢答8路按键中的其中一路，看显示器的结果是否正确，并封锁其他选手按键；通过主持人开关清除后重新开始，测试电路是否满足抢答功能，若不满足，应仔细检查电路。

④ 根据测试结果，总结优先编码器、译码驱动器、显示器的正确使用方法。

课外练习

一、单选题

1. 10线-4线优先编码器允许同时输入________路编码信号。

（a）1　　（b）9　　（c）10　　（d）多

2. 74LS138有______个译码输入端和______个译码输出端。

（a）1，3　　（b）3，8　　（c）8，3　　（d）无法确定

3. 利用2个74LS138和1个非门，可以扩展得到1个________译码器。

（a）2线-4线　　（b）3线-8线　　（c）4线-16线　　（d）无法确定

4. 七段译码器74LS247的输入是4位______，输出是七段反码。

（a）二进制码　　（b）七段码　　（c）七段反码　　（d）BCD码

5. 在二进制译码器中，若输入有4位代码，则输出有________信号。

（a）2个　　（b）4个　　（c）8个　　（d）16个

6. 用代码代表特定信号或者将代码赋予特定含义的过程称为________。

（a）译码　　（b）编码　　（c）数据选择　　（d）奇偶校验

7. 把代码的特定含义翻译出来的过程称为___________。

（a）译码　　（b）编码　　（c）数据选择　　（d）奇偶校验

8. 半导体数码管的每个显示线段都是由___________构成的。

（a）灯丝　　（b）发光二极管　　（c）发光三极管　　（d）熔丝

9. 在各种显示器件中，___________的功耗是最小的。

（a）荧光数码管　　（b）半导体数码管

（c）液晶显示器　　（d）辉光数码管

10. 七段显示译码器要显示数“2”，则共阴极数码显示器的$a \sim g$引脚的电平为______。

（a）1101101　（b）1011011　（c）1111011　（d）1110000

二、多选题

1. 译码是编码的逆过程，译码器的输出有效可以是（　）。

（a）高电平　（b）高阻　（c）脉冲　（d）低电平

2. 常见的译码器有（　）几种。

（a）变量译码器　（b）优先译码器

（c）码制变换译码器　（d）显示译码器

3. 将十进制数的 10 个数字 0 ~ 9 编成二进制代码的电路称为（　）。

（a）8421BCD 编码器　（b）二进制编码器

（c）二-十进制编码器　（d）十进制编码器

4. 74LS138 是（　）。

（a）集成 3 线-8 线线译码器　（b）集成 3 线-8 线线数据选择器

（c）集成 8 线-3 线译码器　（d）集成 3 线-8 线数据分配器

5. 逻辑电路按其功能特点和结构特点可分为（　）两类。

（a）数字电路　（b）模拟电路

（c）组合逻辑电路　（d）时序逻辑电路

6. 常用的 7 段发光数码管有（　）两种类型。

（a）共发射极　（b）共集电极　（c）共阴极　（d）共阳极

7. 二进制译码器的功能是将输入的二进制代码译成相应的输出信号，常见的二进制译码器有（　）。

（a）8 线-3 线译码器　（b）2 线-4 线译码器

（c）4 线-16 线译码器　（d）3 线-8 线译码器

8. 常用的数码显示器件有（　）。

（a）半导体数码管　（b）液晶数码管

（c）荧光数码管　（d）辉光数码管

9. 下列器件属于 CMOS 集成电路的是（　）。

（a）CD4511　（b）CD4017　（c）74LS373　（d）74HC373

三、判断题（用√表示正确，用×表示错误）

1. 优先编码器的编码信号是相互排斥的，不允许多个编码信号同时有效。（　）

2. 编码与译码是互逆的过程。（　）

3. 二进制译码器相当于是一个最小项发生器，便于实现组合逻辑电路。（　）

4. 液晶显示器的优点是功耗极小、工作电压低。（　）

5. 液晶显示器可以在完全黑暗的工作环境中显示数字。（　）

6. 半导体数码显示器的工作电流大，约 10 mA 左右，因此，需要考虑电流驱动能力问题。（　）

7. 共阴接法发光二极管数码显示器需选用有效输出为高电平的七段显示译码器来驱动。（　）

8. 要扩展得到 1 个 6 线-64 线译码器，需要 9 个 74HC138。（　）

9. 编码是译码的逆过程，是将输入特定含义的二进制代码“翻译”成对应的输出信号。（　）

10. 74HC138 译码器有 8 个输入端和 3 个输出端。（　）

基础训练 2　触发器及应用电路分析

相关知识

一、时序逻辑电路概述

前面我们介绍了组合逻辑电路，它在任何时刻输出信号的稳态值，仅决定于该时刻各个输入信号的取值组合。而在时序逻辑电路中，任何时刻的输出信号不仅取决于当时的输入信号，而且还取决于电路原来的状态，即电路的输出与以前的输入和输出信号也有关系。这就是时序逻辑电路的逻辑功能特点。下面将要介绍的触发器、计数器、寄存器都是属于时序逻辑电路。

时序逻辑电路在电路结构上有两个特点：

① 时序逻辑电路包含组合逻辑电路和存储电路两部分，由于它要记忆以前的输入信号和输出信号，所以存储电路是必不可少的。

② 组合电路至少有一个输出反馈到存储电路的输入端，存储电路的输出至少有一个作为组合电路的输入，与输入信号共同决定电路的输出。

时序逻辑电路的组成方框图如图 2.19 所示。

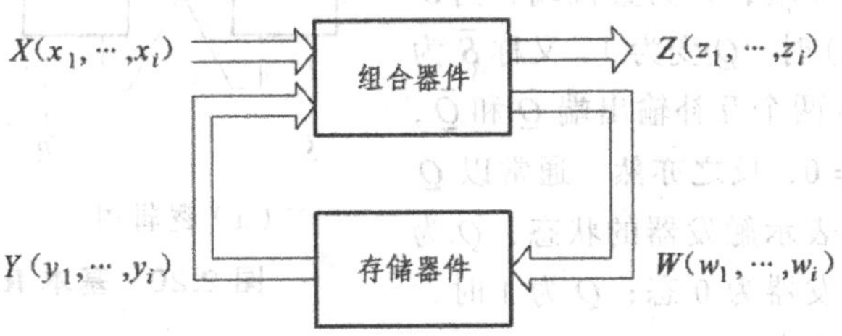

图 2.19　时序逻辑电路的组成方框图

图中，$X(x_1,\ \cdots,\ x_i)$ 代表当前的输入信号；$Z(z_1,\ \cdots,\ z_i)$ 代表网络当前的输出

信号；$W(w_1, \cdots, w_i)$ 代表存储电路当前的输入信号，也就是存储电路的驱动信号；$Y(y_1, \cdots, y_i)$ 代表存储电路的输出，也是组合网络的部分输入。其中存储电路是由具有记忆功能的触发器构成的。

二、触发器的基本功能和分类

在数字系统中，不但要对数字信号进行算术运算和逻辑运算，而且还需要将运算的结果保存起来，这就需要具有记忆功能的逻辑单元。触发器（flip flop，简写为 FF）是具有记忆功能的单元电路，由门电路构成，专门用来接收、存储并输出 0、1 代码。触发器有双稳态、单稳态和无稳态（多谐振荡器）几种。这里主要是指双稳态触发器，其输出有两个稳定状态，即 0 和 1。只有输入触发信号有效时，输出状态才有可能转换；否则，输出将保持不变。

根据触发器电路结构的不同，可以把触发器分为基本 RS 触发器、同步触发器、边沿触发器。

根据触发器输入信号及逻辑功能的不同，又可以将触发器分为 RS 触发器、JK 触发器、D 触发器、T 和 T′ 触发器。

根据触发器触发工作方式的不同，可以分为高电平、低电平触发器和上升沿、下降沿触发器。

三、基本 RS 触发器

基本 RS 触发器又称为锁存器，在各种触发器中，它的结构最简单，但却是各种复杂结构触发器的基本组成部分。

1. 电路组成

基本 RS 触发器由两个“与非”门（或者“或非”门）的输入和输出交叉连接而成，如图 2.20 所示，有两个输入端 $\overline{R}$ 和 $\overline{S}$（又称触发信号端）：$\overline{R}$ 为复位端，当 $\overline{R}$ 有效（低电平）时，Q 变为 0，故也称 $\overline{R}$ 为置 0 端；$\overline{S}$ 为置位端，当 $\overline{S}$ 有效（低电平）时，Q 变为 1，又称 $\overline{S}$ 为置“1”端；还有两个互补输出端 Q 和 $\overline{Q}$，当 $Q=1$，$\overline{Q}=0$，反之亦然。通常以 Q 输出端的状态表示触发器的状态，Q 为 0 时，就称触发器为 0 态；Q 为 1 时，就称触发器为 1 态。

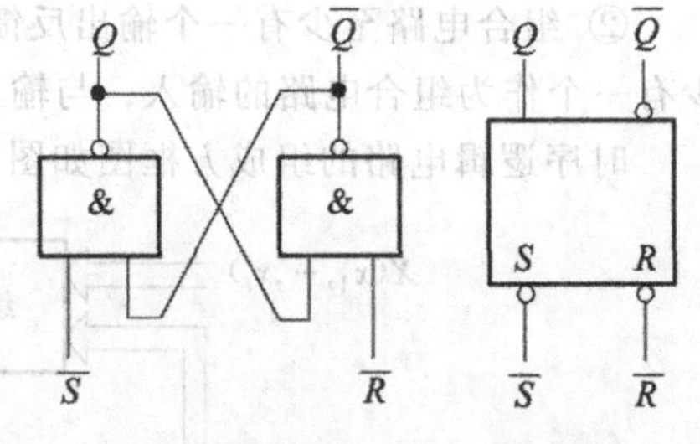

（a）逻辑图　　（b）逻辑符号

图 2.20　基本 RS 触发器

2. 逻辑功能

一般来说，以 Q^n 表示触发器的原状态（现态），即触发信号输入前的状态；

Q^{n+1}表示触发器的新状态（次态），即触发信号输入后的状态。

分析图 2.20 所示电路，我们得出表 2.10 所示的基本 RS 触发器的状态表。

表 2.10 基本 RS 触发器的状态表

输入		输出		逻辑功能
$\bar{R}$	$\bar{S}$	Q^n	Q^{n+1}	
0	0	0	X	不定
		1	X	
0	1	0	0	置 0
		1	0	
1	0	0	1	置 1
		1	1	
1	1	0	0	不变
		1	1	

由状态表可以得出基本 RS 触发器的逻辑功能表（见表 2.11）和特征方程：

$$Q^{n+1} = S + \bar{R}Q^n$$
$$R \cdot S = 0$$

表 2.11 基本 RS 触发器的逻辑功能表

$\bar{R}$	$\bar{S}$	Q^{n+1}	功能
0	0	×	不定
0	1	0	置 0
1	0	1	置 1
1	1	Q^n	不变

3. 基本 RS 触发器的应用——开关去抖电路

实际应用中，有时需要产生一个单脉冲作为开关输入信号，如抢答器中的抢答信号、键盘输入信号、中断请求信号等。若采用机械式的开关，电路会产生抖动现象，并由此引起错误信息，运用基本 RS 触发器，可以消除机械开关振动引起的干扰脉冲。图 2.21（a）所示为用基本 RS 触发器构成的单脉冲去抖电路。设开关 S 的初始位置打在 B 点，此时，触发器被置 0，输出端 $Q=0$；当开关 S 由 B 点打到 A 点后，触发器被置 1，输出端 $Q=1$；当开关 S 由 A 点再打回到 B 点后，触发器的输出又变回原来的状态 $Q=0$，于是在触发器的 Q 端产生一个正脉冲。虽然在开关 S 由 B 到 A 或由 A 到 B 的运动过程中会出现与 A、B 两点都不接触的中间状态，但此时触发器输入端均为高电平状态，根据基本 RS 触发器的特性可知，触发器的输出状态将继续保持原来状态不变，直到开关 S 到达 A 或 B 点为止。同理，当开关 S 在 A 点附近或 B 点附近发生抖动时，也不会影响触发器的输出状态，即触发器同样会保持原状态不变。

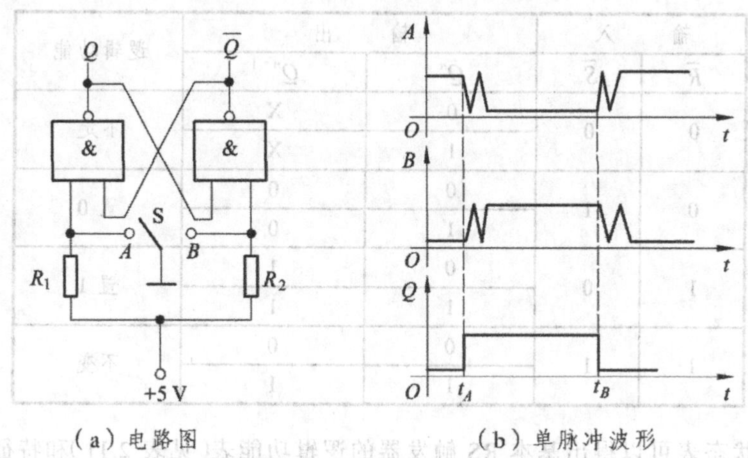

（a）电路图　　　　（b）单脉冲波形

图 2.21　单脉冲去抖电路

由此可见，该电路能在输入开关的作用下产生一个理想的单脉冲信号，消除了抖动现象。其脉冲波形如图 2.21（b）所示。图中，t_A 为 S 第一次打到 A 点的时刻，t_B 为 S 第一次打到 B 点的时刻。

四、触发器各种触发方式的实现

基本 RS 触发器的输入端一直影响触发器输出端的状态，按其控制类型，它属于非时钟控制触发器。其基本特点是：电路结构简单，可存储一位二进制代码，是构成各种时序逻辑电路的基础。其缺点是：① 输出状态一直受输入信号的控制，当输入信号出现扰动时，输出状态将发生变化；② 不能实现时序控制，即不能在要求的时间或时刻由输入信号控制输出信号，也不便于多个触发器同时工作；③ 与输入端连接的数据线不能再用来传送其他信号，否则在传送其他信号时将改变存储器的输出数据。

为了克服非时钟控制触发器的上述不足，可给触发器增加时钟控制端 CP。对 CP 的要求决定了触发器的触发方式。触发方式是使用触发器必须掌握的重要内容。下面简单介绍实现各种触发方式的基本原理。

1. 电平控制触发

实现电平控制的方法很简单。如图 2.22（a）所示，在上述基本 RS 触发器的输入端各串接一个“与非”门，便得到电平控制的 RS 触发器。只有当控制输入端 CP = 1 时，输入信号 S、R 才起作用（置位或复位），否则输入信号 R、S 无效，触发器输出端将保持原状态不变。

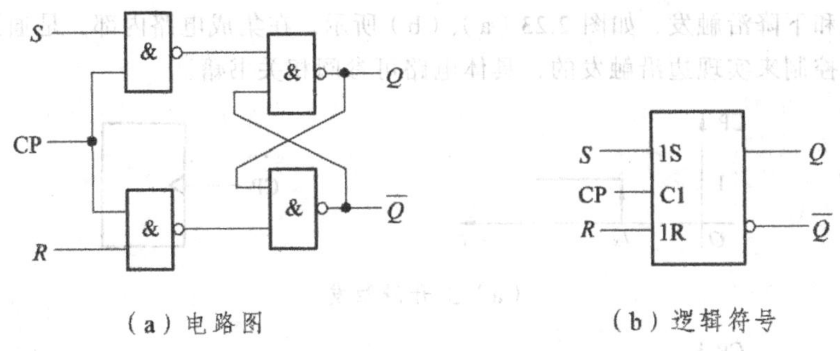

（a）电路图　　（b）逻辑符号

图 2.22　电平控制 RS 触发器

电平控制 RS 触发器的真值表如表 2.12 所示。在 CP = 1 时，接受 RS 输入信号，其逻辑功能与基本 RS 触发器相同，有相同的特征方程。在 CP=0 时，其输出状态将保持不变。

表 2.12　电平控制 RS 触发器的真值表

CP	S	R	Q^{n+1}
0	0	0	Q^n
0	0	1	Q^n
0	1	0	Q^n
0	1	1	Q^n
1	0	0	Q^n
1	0	1	0
1	1	0	1
1	1	1	不定

电平控制触发器克服了非时钟控制触发器对输出状态直接控制的缺点，采用选通控制，即只有当时钟控制端 CP 有效时触发器才接收输入数据，否则输入数据将被禁止。多个这样的触发器可以在同一时钟脉冲控制下同步工作，这给用户的使用带来了方便，而且由于这种触发器只在 CP=1 时工作，CP=0 时被禁止，所以其抗干扰能力比基本 RS 触发器强。

电平控制有高电平触发与低电平触发两种类型。

2. 边沿控制触发

电平控制触发器在时钟控制电平有效期间，仍存在干扰信息直接影响输出状态的问题。时钟边沿控制触发器是在控制脉冲的上升沿或下降沿到来时触发器才接收输入信号触发，与电平控制触发器相比可增强抗干扰能力，因为仅当输入端的干扰信号恰好在控制脉冲翻转瞬间出现时才可能导致输出信号的偏差，而在该时刻（时钟沿）的前后，干扰信号对输出信号均无影响。边沿触发又可分为上升沿触发和下降沿触发，如图 2.23（a）、（b）所示。在集成电路内部，是通过电路的反馈控制来实现边沿触发的，具体电路可参阅相关书籍。

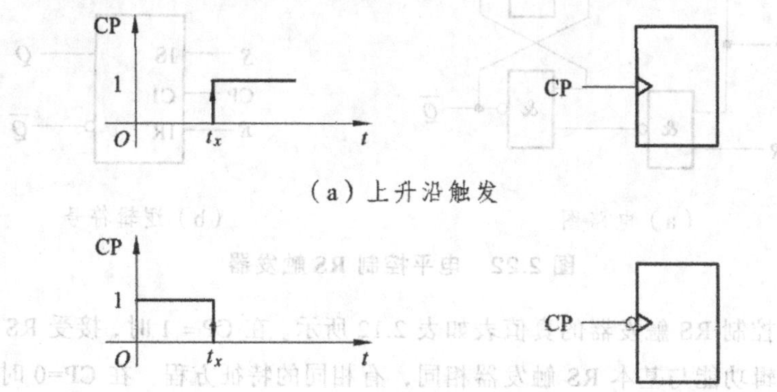

图 2.23 脉冲沿及表示符号

五、集成触发器

集成触发器的种类较多，下面以集成 JK 触发器和 D 触发器为例说明其逻辑功能及应用。

1. 集成 JK 触发器

边沿 JK 触发器 74HC112 内含两个下降沿 JK 触发器，触发器的置位端、复位端和时钟输入端各自独立。其管脚图和逻辑符号如图 2.24 所示，逻辑功能如表 2.13 所示。

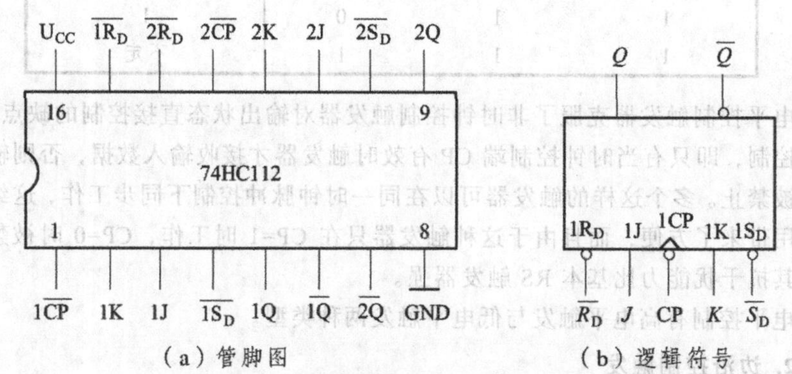

图 2.24 74HC112 JK 触发器的管脚图和逻辑符号

表 2.13 JK 触发器的逻辑功能表

CP	$\overline{S_D}$	$\overline{R_D}$	J	K	Q^n	Q^{n+1}	功能
×	0	1	×	×	×	1	直接置 1
×	1	0	×	×	×	0	直接置 0
↓	1	1	0 0	0 0	0 1	0 1 } Q^n	保持
↓	1	1	0 0	1 1	0 1	0 0 } 0	置 0
↓	1	1	1 1	0 0	0 1	1 1 } 1	置 1
↓	1	1	1 1	1 1	0 1	1 0 } $\overline{Q^n}$	翻转

在表 2.13 中，通常 $\overline{S_D}$ 、$\overline{R_D}$ 称为异步输入端，是不受时钟脉冲 CP 控制的；J、K 称为同步输入端，它们是受时钟脉冲 CP 控制的输入端。

JK 触发器的逻辑功能也可用特征方程和时序图来表示。根据逻辑功能表，得出其特征方程为：

$$Q^{n+1} = J\overline{Q}^n + \overline{K}Q^n \quad \text{（CP 为下降沿时有效）}$$

JK 触发器的时序图如图 2.25 所示。（触发器初始状态为 0）

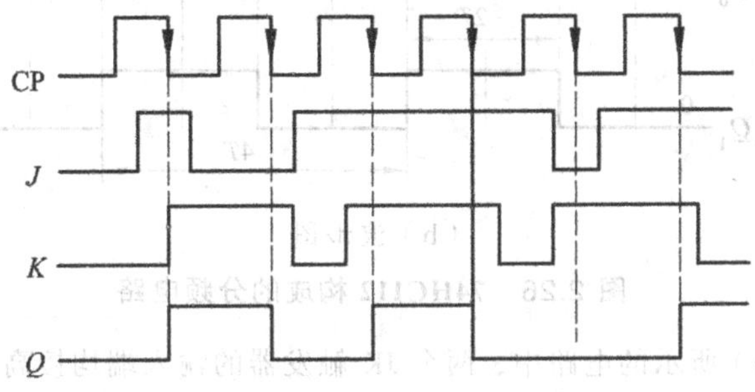

图 2.25 下降沿控制的 JK 触发器的时序图

集成 JK 触发器的种类很多，除下降沿触发控制的 JK 触发器外，也有上升沿控制的 JK 触发器，读者可参阅相关书籍。

从表 2.13 所示的功能表中可看出 JK 触发器具有“置 0、置 1、保持、翻转”四个功能。如果将 JK 触发器的 J、K 接在一起，作为输入端 T，可构成 T 触发器，$T=0$ 时实现保持功能，$T=1$ 时实现翻转功能。若 T 始终为 1，称为 T′ 触发器，T′ 触发器只有翻转功能，即输入一个时钟脉冲下降沿，其输出状态就翻转一次，可用于实现计数。

由 JK 触发器可以构成计数器、分频器等。图 2.26（a）所示为利用 74HC112 组成的分频（frequeney divider）电路。所谓分频，是指电路输出信号的频率是输入信号频率的 1/N（N 为整数），即其周期是输入信号周期的 N 倍。

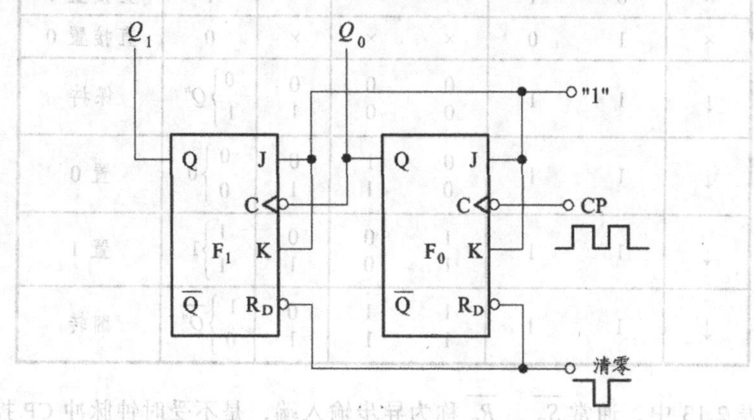

（a）电路图

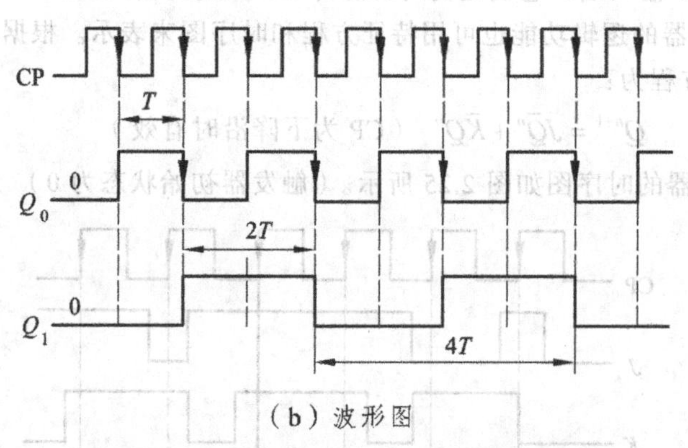

（b）波形图

图 2.26 74HC112 构成的分频电路

图 2.26（a）所示的电路中，两个 JK 触发器的输入端均接高电平 1（相当于 T′ 触发器），由 JK 触发器的功能表可知，各级触发器在相应的时钟脉冲下降沿到来时均翻转到其对立状态。这里，F_0 触发器的时钟端输入时钟脉冲信号 CP，其输出端 Q_0 接 F_1 触发器的时钟端，作为 F_1 的时钟信号，因此，F_1 只有在 Q_0 的下降沿才翻转。在假定初始状态为 0 的情况下，其工作波形如图 2.26（b）所示。

从波形图 2.26（b）可见，当不断输入 CP 时，可以从 Q_0、Q_1 端分别得到相对于 CP 频率的 2 分频和 4 分频信号输出，因此，由触发器可以构成分频器。

2. 集成 D 触发器

74HC74 内含两个上升沿 D 触发器，触发器的置位端、复位端和时钟输入端各自独立。图 2.27 所示为其管脚图和逻辑符号图。逻辑功能如表 2.14 所示。

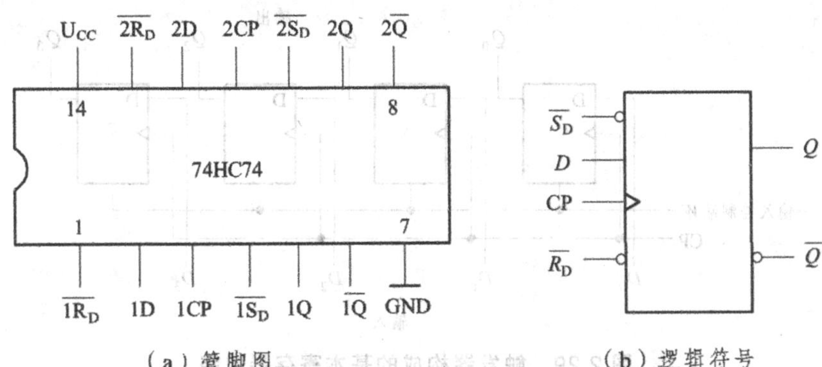

（a）管脚图　　（b）逻辑符号

图 2.27　集成 D 触发器 74HC74 的管脚图和逻辑符号图

表 2.14　D 触发器的逻辑功能表

CP	$\overline{S_D}$	$\overline{R_D}$	D	Q^n	Q^{n+1}	功能
×	0	1	×	×	1	直接置 1
×	1	0	×	×	0	直接置 0
↑	1	1	0	0	0 } 0	置 0
↑	1	1	0	1	0	
↑	1	1	1	0	1 } 1	置 1
↑	1	1	1	1	1	

D 触发器的逻辑功能也可用特征方程和时序图来表示，根据逻辑功能表，得出其特征方程为：

$$Q^{n+1}=D \quad （CP 为上升沿时有效）$$

D 触发器的时序图如图 2.28 所示。（触发器初始状态为 0）

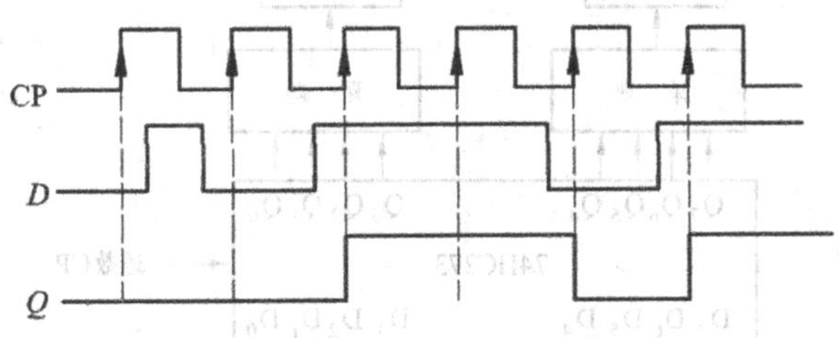

图 2.28　上升沿控制的 D 触发器的时序图

3. 触发器构成的寄存器

（1）基本寄存器（或锁存器）

每个触发器都能寄存 1 位二进制信息，因此触发器可用来构成寄存器。图

2.29 所示为 4 个 D 触发器构成的四位基本寄存器。

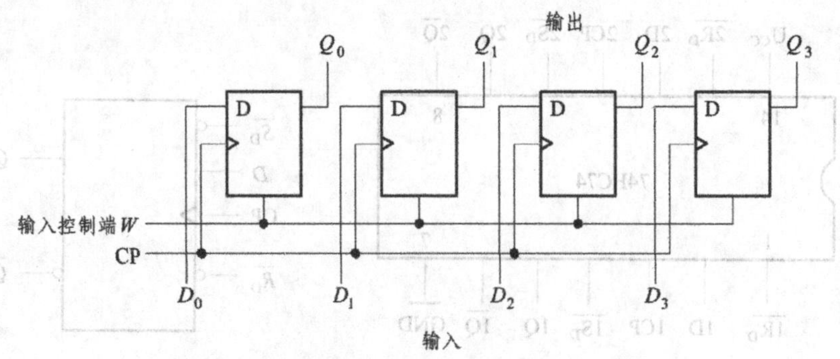

图 2.29　触发器构成的基本寄存器电路

若输入控制端 W 允许输入数据（$W=1$），当时钟脉冲到来时，4 位输入的二进制数将被同时存入 4 个触发器中，其输出端可接至输出控制电路（图中未画出）；若输入控制端 W 不允许输入数据（$W=0$），则寄存器不能接收数据，寄存器输出状态保持不变，直到 W 端允许，且有时钟脉冲到来时，才能更新寄存数据。

基本寄存器实现的数据是并行输入和并行输出的，所谓并行输入、输出就是数据是一并输入、输出的意思，其输入、输出的速度快。

74HC273 就是由 8 个上升沿触发 D 触发器构成的集成数据锁存器，其典型应用如图 2.30 所示。在该电路中，74HC273 的 8 个输入端 $D_0 \sim D_7$ 接 BCD 码计数器的输出，当 CP 的上升沿到来时，将计数器的计数状态锁存于 74HC273 中，并经译码器译码后，在数码管中显示出该计数值的大小。

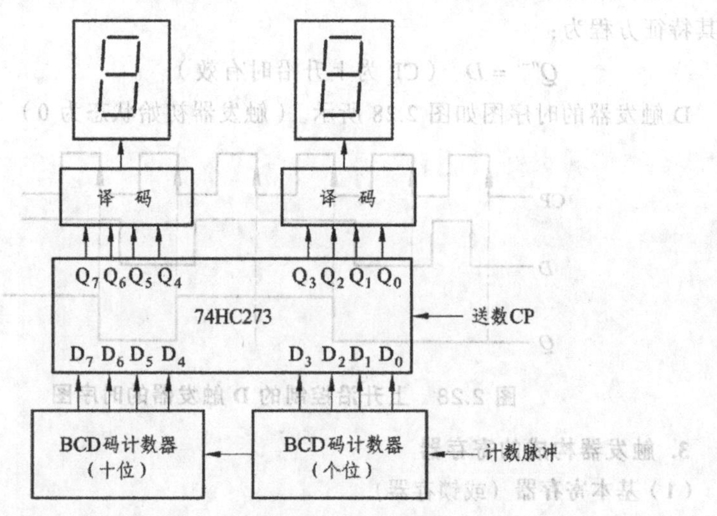

图 2.30　74HC273 的应用电路

（2）移位寄存器

移位寄存器可将寄存器有效的二进制数进行左移或右移。输入的数据或代码，既可以并行输入、并行输出，也可以串行输入、串行输出，还可以并行输入、串行输出，串行输入、并行输出，十分灵活，通途也很广泛。用触发器构成的移位寄存器如图 2.31 所示，它将各触发器的输入与输出之间串行连接。各触发器的时钟控制端连在一起采用同步控制。这里假设所有触发器的初始状态都处于 0 状态（$Q=0$，$\bar{Q}=1$）。

在控制时钟的连续作用下，被存储的二进制数（0101B）一位接一位地从左向右移动，根据 D 触发器的特点，当时钟脉冲沿到来时，输出端的状态与输入端的状态相同，$Q^{n+1}=D$。所以时钟端 CP 每来一个脉冲都会引起所有触发器状态向右移动一位，若到来 4 个时钟脉冲，移位寄存器就存储了 4 位二进制信息 $Q_0Q_1Q_2Q_3=0101B$。

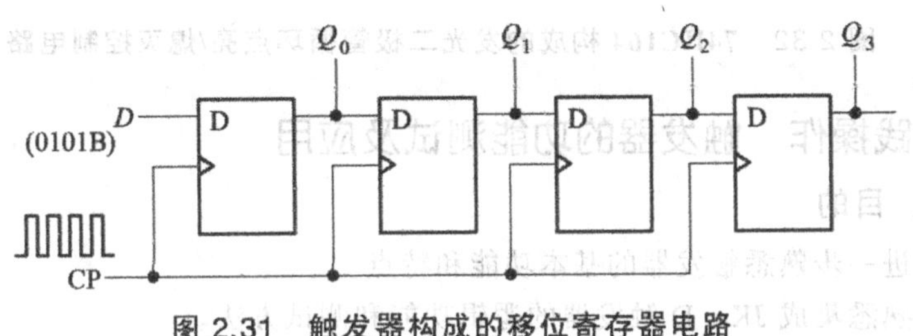

图 2.31　触发器构成的移位寄存器电路

被存储的信息可由各触发器的输出端读出，称为并行输出；也可逐位向右移出，称为串行，全部输出必须再经过 4 个时钟控制脉冲。

移位寄存器既能实现数据的串行输入、输出，也可以实现数据的并行输入、输出，因此，移位寄存器可以作串、并行数据传输的转换电路。

集成移位寄存器 74HC164 为串行输入/并行输出 8 位移位寄存器。查相关器件手册可知，它有两个可控制的串行数据输入端 A 和 B，当 A 或 B 任意一个为低电平时，则禁止另一个输入串行数据，且在时钟端 CP 脉冲上升沿作用下 Q_0^{n+1} 为低电平；当 A 或 B 中有一个为高电平时，则允许另一个输入串行数据，并在 CP 上升沿作用下决定 Q_0^{n+1} 的状态。

图 2.32 所示为利用 74HC164 构成的发光二极管循环点亮/熄灭控制电路。在该电路中，Q_7 经反相器与串行输入端 A 相连，B 接高电平；R、C 构成微分电路，用于上电复位。电路接通后，$Q_7\sim Q_0$ 均为低电平，发光二极管 $LED_1\sim LED_8$ 不亮，这时 A 为高电平。当第一个脉冲 CP 上升沿到来后，Q_0 变为高电平，LED_1 被点亮；第二个脉冲 CP 上升沿到来后，Q_1 也变为高电平，LED_2 被点亮；这样依次进行下去，经过 8 个 CP 上升沿后，$Q_0\sim Q_7$ 均变为高电平，$LED_1\sim LED_8$ 均

被点亮，这时 A 为低电平。同理，再来 8 个 CP 后，$Q_0 \sim Q_7$ 又依次变为低电平，$LED_1 \sim LED_8$ 又依次熄灭。

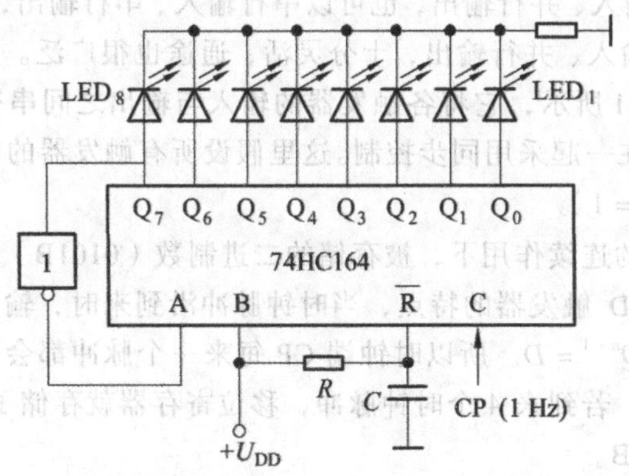

图 2.32 74HC164 构成的发光二极管循环点亮/熄灭控制电路

实践操作 触发器的功能测试及应用

一、目的

① 进一步熟悉触发器的基本功能和特点。

② 熟悉集成 JK、D 触发器的逻辑功能和测试方法。

③ 掌握触发器应用电路的分析方法。

二、器材

① 万用表 1 块，实验箱、示波器、低频信号发生器各 1 台。

② 74HC112（1 块）、74HC74（2 块）、74HC164（1 块）、74HC04（1 块）。

三、操作步骤

① 查阅集成电路手册，确定 74HC112、74HC74、74HC164 的逻辑功能及引脚。

② 按 74HC112 功能表，测试 74HC112 集成 JK 触发器的逻辑功能（测试表格自理），并由 74HC112 构成一个 4 分频电路，画出分频电路，通过示波器观察和测试其输出的 2 分频、4 分频信号。

③ 按 74HC74 功能表，测试 74HC74 集成 D 触发器的逻辑功能（测试表格自理），再由 74HC74 构成一个 4 位数据寄存器，画出寄存器电路图，并进行实验测试。

④ 测试 74HC164 移位寄存器的逻辑功能，再由 74HC164 构成发光二极管循环点亮/熄灭控制电路，画出控制电路，并进行实验测试。

课外练习

一、单选题

1. 两个“与非”门构成的基本RS触发器，$Q=1$、$\bar{Q}=0$时，两个输入信号$\bar{R}=1$和$\bar{S}=1$。触发器的输出Q会______。

（a）变为0　（b）保持1不变　（c）保持0不变　（d）无法确定

2. 基本RS触发器的输入直接控制其输出状态，所以它不能被称为______触发器。

（a）直接置1、清0　（b）直接置位、复位

（c）同步　（d）异步

3. 如果把D触发器的输出$\bar{Q}$反馈连接到输入D，则输出Q的脉冲波形的频率为CP脉冲频率f的______。

（a）二倍频　（b）不变　（c）四分频　（d）二分频

4. 要使JK触发器的输出Q从1变成0，它的输入信号JK应为________。

（a）00　（b）01　（c）10　（d）无法确定

5. 如果把触发器的JK输入端接到一起，该触发器就转换成______触发器。

（a）D　（b）T　（c）RS　（d）T′

6. 欲把串行数据转换成并行数据，可用______。

（a）计数器　（b）分频器　（c）移位寄存器　（d）脉冲发生器

7. 若JK触发器的原状态为0，欲在CP作用后仍保持为0状态，则激励函数JK的值应是__________。

（a）$J=1$，$K=1$　（b）$J=0$，$K=0$

（c）$J=0$，$K=1$　（d）$J=1$，$K=0$

8. 用8级触发器可以记忆______种不同的状态。

（a）8　（b）16　（c）128　（d）256

9. 存在约束条件的触发器是________。

（a）基本RS触发器　（b）D锁存器

（c）JK触发器　（d）D触发器

10. 一个4位移位寄存器原来的状态为0000，如果串行输入始终为1，则经过4个移位脉冲后寄存器的内容为________。

（a）0001　（b）0111　（c）0110　（d）1111

11. 可以用来实现并/串转换和串/并转换的器件是______。

（a）计数器　（b）移位寄存器　（c）存储器　（d）全加器

12. 8位移位寄存器，串行输入时经________个脉冲后，8位数码全部移入寄存器中。

（a）1　（b）2　（c）4　（d）8

13. JK 触发器的输入 $J=1$，$K=1$，在时钟脉冲输入后，触发器的输出端______。

（a）状态发生翻转　（b）处于不定状态

（c）置 1　（d）处于保持状态

14. JK 触发器在时钟脉冲作用下，触发器置 1，其输入信号为______。

（a）$J=1$，$K=1$　（b）$J=0$，$K=0$

（c）$J=1$，$K=0$　（d）$J=0$，$K=1$

15. D 触发器的输入 $D=1$，在时钟脉冲作用下，输出端 Q______。

（a）翻转　（b）保持原状态　（c）置 1　（d）置 0

16. 寄存器主要用于______。

（a）存储数码和信息　（b）永久存储二进制数码

（c）存储十进制数码　（d）暂存数码和信息

二、多选题

1. 欲使 JK 触发器按 $Q^{n+1}=Q^n$ 工作，可使 JK 触发器的输入端（　）。

（a）$J=K=0$　（b）$J=Q$，$K=1$

（c）$J=0$，$K=Q$　（d）$J=Q$，$K=0$

2. 欲使 JK 触发器按 $Q^{n+1}=0$ 工作，可使 JK 触发器的输入端（　）。

（a）$J=K=1$　（b）$J=Q$，$K=Q$

（c）$J=Q$，$K=1$　（d）$J=0$，$K=1$

3. 下面对触发器基本特点的描述正确的是（　）。

（a）具有两个能自行保持的稳定状态

（b）有三个稳定状态

（c）根据不同的输入信号可以置成 1 或 0 状态

（d）没有记忆功能

4. 基本 RS 触发器具有（　）。

（a）置 0　（b）置 1　（c）保持记忆　（d）状态不定

5. 基本 RS 触发器可用于（　）。

（a）键盘输入　（b）开关消噪　（c）防抖动　（d）数据运算

6. 触发器是构成记忆功能部件的基本器件，它具有（　）的特点.

（a）有 2 个稳定状态，即 0 态和 1 态

（b）触发器除了可以置 0 和置 1 外，还可以置为高阻态

（c）在外加输入信号的触发下，触发器可以改变原来的状态，具有置 0 和置 1 功能

（d）没有外加信号作用时，触发器可以保持原来的状态不变

7. 可以用来暂时存放数据的器件是（ ）。

（a）数码寄存器 （b）计数器

（c）移位寄存器 （d）序列信号检查器

8. 移位寄存器的工作方式主要有（ ）。

（a）串行输入，并行输出 （b）串行输入，串行输出

（c）并行输入，并行输出 （d）并行输入，串行输出

9. 下列器件属于移位寄存器的是（ ）。

（a）74LS00 （b）74LS160 （c）74HC164 （d）74LS194

10. 边沿触发器具有共同的动作特点，即触发器的次态仅取决于 CP（ ）时的输入逻辑状态。

（a）高电平 （b）上升沿 （c）下降沿 （d）低电平

三、判断题（用√表示正确，用×表示错误）

1. RS 触发器的约束条件 $RS=00$，表示不允许出现 $R=S=1$ 的输入。（ ）

2. 对边沿 JK 触发器，在 CP 为高电平期间，当 $J=K=1$ 时，状态会翻转一次。（ ）

3. 存储 8 位二进制信息要 4 个触发器。（ ）

4. 一个基本 RS 触发器在正常工作时，它的约束条件是 $\overline{R}+\overline{S}=1$。（ ）

5. 触发器状态指的是 $\overline{Q}$ 端的状态。（ ）

6. 一个触发器可以寄存一位二进制信息。（ ）

7. 寄存器按照功能不同可分为两类，即数码寄存器和移位寄存器。（ ）

8. 74HC164 是常见的移位寄存器。（ ）

9. 利用移位寄存器可以实现串/并转换。（ ）

10. 触发器的现态是指触发器翻转后的状态，次态是指翻转前的状态。（ ）

11. 触发器的触发方式有电平触发和边沿触发两种。（ ）

基础训练 3 555 定时器及应用电路的分析与测试

相关知识

一、555 定时器概述

555 定时器又称时基电路，是一种用途很广泛的单片集成电路。若在其外部

配上少许阻容元件，便能构成各种不同用途的脉冲电路，如振荡器、单稳态触发器及施密特触发器等，同时，由于它的性能优良，使用灵活方便，在工业自动控制、家用电器、防盗报警和电子玩具等许多领域得到广泛的应用。

555 定时器的产品有双极型和 CMOS 型，无论哪种类型，均有单定时器电路或双定时器电路，双极型产品型号为 555（单）和 556（双）；CMOS 型产品型号是 7555（单）和 7556（双）。双极型定时器的电源电压在 4.5 ~ 18 V 之间，输出电流较大（200 mA），能直接驱动继电器等负载，并能提供 TTL、CMOS 电路相容的逻辑电平；而 CMOS 型定时器则功耗低，适用电源电压范围宽（通常在 3 ~ 18 V），定时元件的选择范围大，输出电流比双极型小。但二者的逻辑功能与外部引脚排列完全相同。下面我们以双极性 5G555 集成电路为例介绍 555 定时器的结构、工作原理及应用。

1. 5G555 定时器的电路组成

5G555 定时器的内部电路如图 2.33 所示，一般由分压器、比较器、触发器和开关及输出几部分组成。

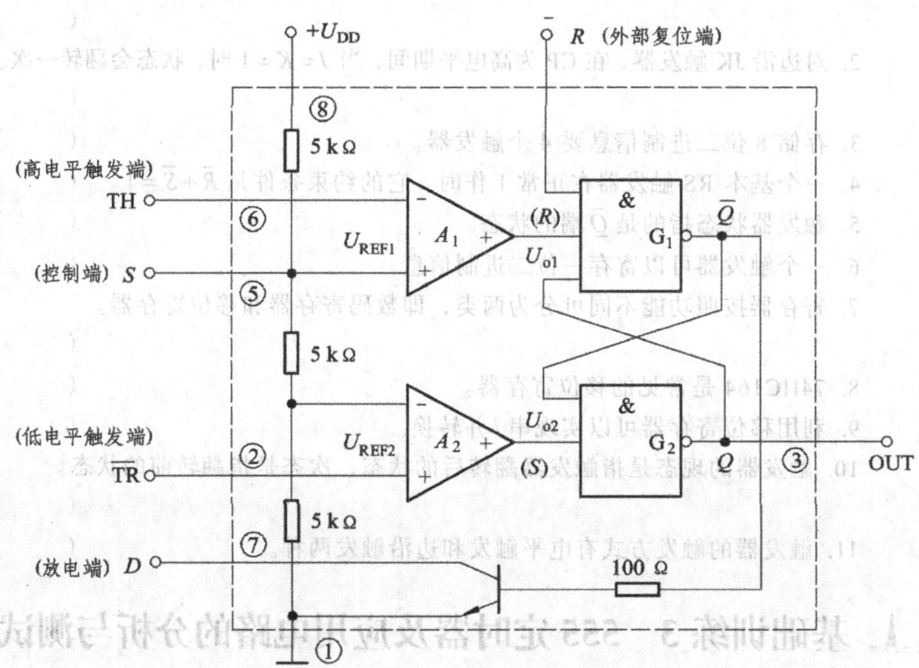

图 2.33 5G555 集成电路的结构图

（1）分压器

分压器由三个等值的电阻串联而成，将电源电压 U_{DD} 分为三等份，其作用是为比较器提供两个参考电压 U_{REF1}、U_{REF2}，若控制端 S 悬空或通过 0.01 μF 电容接地，则：

$$U_{REF2}=\frac{1}{3}U_{DD}, \quad U_{REF1}=\frac{2}{3}U_{DD}$$

控制端 S 不用时，一般通过电容（0.01 μF）接地，以旁路高频信号的干扰，保障控制端电压稳定在 $(2/3)U_{DD}$ 上。

若控制端 S 外加控制电压 U_S，则：

$$U_{REF1}=U_S, \quad U_{REF2}=\frac{1}{2}U_S$$

（2）比较器

比较器是由两个结构相同的集成运放 A_1、A_2 构成。A_1 用来比较参考电压 U_{REF1} 和高电平触发端电压 U_{TH}：$U_{TH}>U_{REF1}$，集成运放 A_1 输出 $U_{o1}=0$；$U_{TH}<U_{REF1}$，集成运放 A_1 输出 $U_{o1}=1$。A_2 用来比较参考电压 U_{REF2} 和低电平触发端电压 $U_{\overline{TR}}$：当 $U_{\overline{TR}}>U_{REF2}$，集成运放 A_2 输出 $U_{o2}=1$；当 $U_{\overline{TR}}<U_{REF2}$，集成运放 A_2 输出 $U_{o2}=0$。

（3）基本 RS 触发器

当 $RS=01$ 时，$Q=0$，$\bar{Q}=1$；当 $RS=10$ 时，$Q=1$，$\bar{Q}=0$。

（4）开关及输出

放电开关由一个晶体三极管组成，其基极受基本 RS 触发器输出端 $\bar{Q}$ 控制。当 $\bar{Q}=1$ 时，三极管导通，放电端 D 通过导通的三极管为外电路提供放电的通路；当 $\bar{Q}=0$，三极管截止，放电通路被截断。

2. 555 定时器的逻辑功能

通过分析，我们得出 555 定时器的逻辑功能如表 2.15 所示。

表 2.15 555 定时器的逻辑功能表

输入			输出	
直接复位 $\bar{R}$	高电平触发端 TH	低电平触发端 $\overline{TR}$	Q	放电管
0	×	×	0	导通
1	$>(2/3)U_{DD}$	$>(1/3)U_{DD}$	0	导通
1	$<(2/3)U_{DD}$	$>(1/3)U_{DD}$	不变	不变
1	$<(2/3)U_{DD}$	$<(1/3)U_{DD}$	1	截止

二、由 555 定时器构成的施密特触发器

1. 施密特触发器的特点

施密特触发器是数字电路中常用的电路之一，它可以把十分缓慢的不规则的脉冲信号变换为数字电路所需的矩形脉冲信号。它具有以下特点：

① 它有两个稳定状态——“0”态和“1”态。

② 对于正向和负向增长的输入信号，电路有不同的转换电平，具有回差电压。因此，电路抗干扰的能力强。

2. 施密特触发器的结构和工作原理

由 555 定时器构成的施密特触发器如图 2.34（a）所示，定时器外接直流电源和地，高电平触发端 TH 和低电平触发端 $\overline{TR}$ 直接连接，作为信号输入端；外部复位端 $\overline{R}$ 接直流电源 U_{DD}（即 $\overline{R}$ 接高电平），控制端 S 通过滤波电容接地。若输入 u_i 为正弦波，则施密特触发器的输出波形如图 2.34（b）所示。

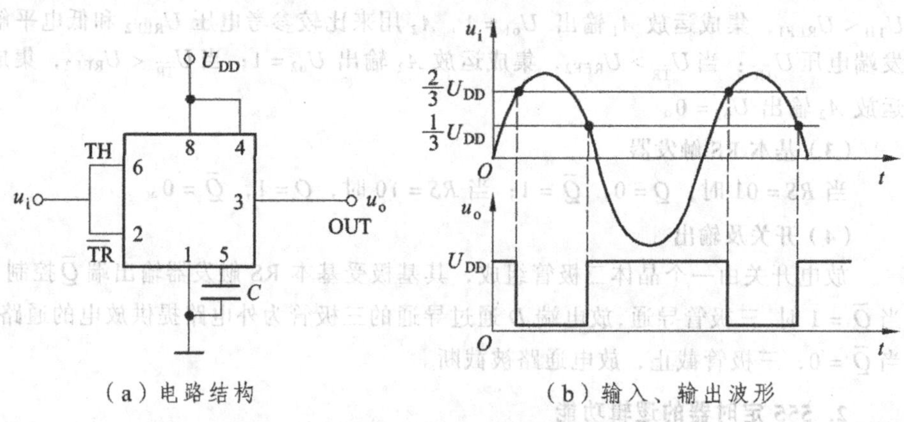

（a）电路结构　　（b）输入、输出波形

图 2.34　施密特触发器的电路结构和工作波形

① 当 u_i 处于 $0 < u_i < \frac{1}{3}U_{DD}$ 上升区间时，根据 555 定时器功能表可知，OUT = “1”。

② 当 u_i 处于 $\frac{1}{3}U_{DD} < u_i < \frac{2}{3}U_{DD}$ 上升区间时，根据 555 定时器功能表可知，OUT 仍保持原状态“1”不变。

③ 当 u_i 一旦处于 $U_{DD} > u_i \geqslant \frac{2}{3}U_{DD}$ 区间时，根据 555 定时器功能表可知，OUT 将由“1”状态变为“0”状态，此刻对应的 U_i 值称为复位电平或上限阈值电压。

④ 当 u_i 处于 $\frac{1}{3}U_{DD} < u_i < \frac{2}{3}U_{DD}$ 下降区间时，根据 555 定时器功能表可知，OUT 保持原来状态“0”不变。

⑤ 当 u_i 一旦处于 $0 < u_i \leqslant \frac{1}{3}U_{DD}$ 区间时，根据 555 定时器功能表可知，OUT 又将“0”状态变为“1”状态，此时对应的 u_i 值称为置位电平或下限阈值电压。

我们把上限阈值电压与下限阈值电压之间的差值称为回差电压，用 ΔU_T 表示。在控制端悬空或通过电容接地时，回差电压为：

$$\Delta U_T = \frac{2}{3}U_{DD} - \frac{1}{3}U_{DD} = \frac{1}{3}U_{DD}$$

3. 施密特触发器的典型应用

施密特触发器的一个重要特点，就是能够把变化缓慢的输入脉冲波形，整形成为适合于数字电路需要的矩形脉冲，而且由于具有滞回特性，所以抗干扰能力很强。因此在脉冲产生与整形电路中得以广泛应用。

① 波形变换：将任何符合特定条件的输入信号变为对应的矩形波输出信号，如图 2.34（b）所示。

② 幅度鉴别：如图 2.35 所示。

③ 脉冲整形：如图 2.36 所示。

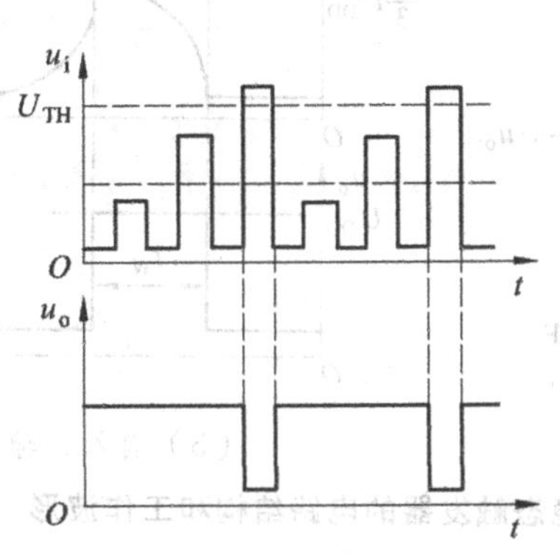

图 2.35　利用施密特触发器进行幅度鉴别

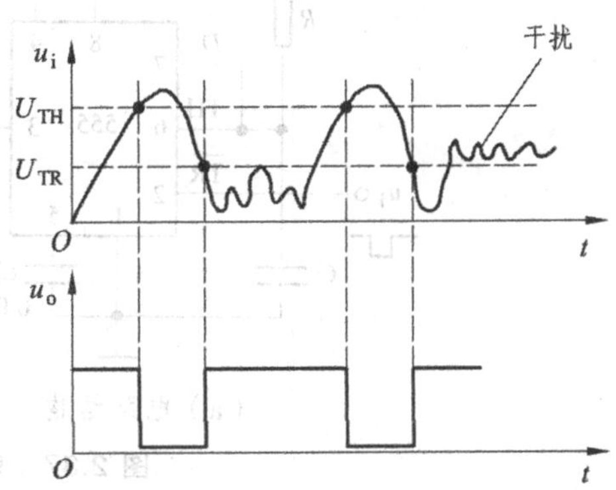

图 2.36　利用施密特触发器进行脉冲整形

三、由 555 定时器构成的单稳态触发器

1. 单稳态触发器的特点

单稳态触发器也有两个状态：一个是稳定状态，另一个是暂稳定状态。当无触发脉冲输入时，单稳态触发器处于稳定状态；当有触发脉冲时，单稳态触发器

将从稳定状态变为暂稳定状态，暂稳定状态在保持一定时间后，能够自动返稳定状态。

2. 单稳态触发器的结构和工作原理

单稳态触发器构成的电路有多种，这里介绍由 555 定时器构成的单稳态器，其电路构成如图 2.37（a）所示。

① 当单稳态触发器无触发脉冲信号时，输入端 U_i = "1"，当直流电 U_{DD} 接通，电路经过一段过渡时间后，OUT 端最后稳定输出"0"，放电通过导通的三极管接地，电容 C 两端电压为零。因高电平触发端 TH 和端 D 直接连接，所以高电平触发端 TH 接地，即 U_{TH} = "0" $< \frac{2}{3}U_{DD}$，而 $= U_i$ = "1" $> \frac{1}{3}U_{DD}$，根据 555 定时器的功能可知，此时电路保持原态不变，这种状态即是单稳态触发器的稳定状态，如图 2.37（b）所示。

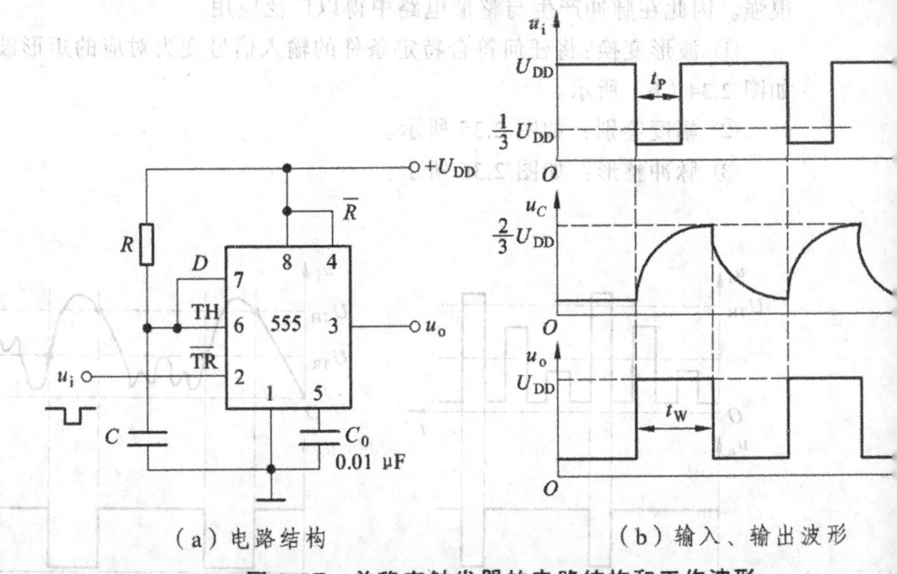

（a）电路结构　　　　（b）输入、输出波形

图 2.37　单稳态触发器的电路结构和工作波形

② 当单稳态触发器有触发脉冲信号（即 U_i = "0" $< \frac{1}{3}U_{DD}$）时，由于 U_i = "0" $< \frac{1}{3}U_{DD}$，并且 U_{TH} = "0" $< \frac{2}{3}U_{DD}$，则触发器输出由"0"变为三极管由导通变为截止，放电端 D 与地断开；直流电源 $+U_{DD}$ 通过电阻电容 C 充电，电容两端电压按指数规律从零开始增加(充电时间常数 $\tau =$

经过一个脉冲宽度时间，负脉冲消失，输入端 U_i 恢复为“1”，即 $U_{\overline{TR}}=U_i=$“1”$>\frac{1}{3}U_{DD}$，由于电容两端电压 $U_C<\frac{2}{3}U_{DD}$，而 $U_{TH}=U_C<\frac{2}{3}U_{DD}$，所以输出保持原状态“1”不变，这种状态即是单稳态触发器的暂稳定状态。

③ 当电容两端电压 $U_C\geqslant\frac{2}{3}U_{DD}$ 时，$U_{TH}=U_C\geqslant\frac{2}{3}U_{DD}$，又有 $U_{\overline{TR}}>\frac{1}{3}U_{DD}$，那么输出就由暂稳定状态“1”自动返回稳定状态“0”。如果继续有触发脉冲输入，就会重复上面的过程，如图 2.37（b）所示。

暂稳定状态持续的时间又称为输出脉冲宽度，用 t_W 表示。它由电路中电容两端的电压来决定，可以用三要素法求得 $t_W\approx1.1RC$，因此，暂稳态持续时间是由外接的阻容元件参数值所决定。

当一个触发脉冲使单稳态触发器进入暂稳定状态以后，t_W 时间内的其他触发脉冲对触发器就不起作用；只有当单稳态触发器处于稳定状态时，输入的触发脉冲才起作用。

值得注意的是，电路中输入触发信号 U_i 的脉冲宽度，必须小于电路输出 U_o 的脉冲宽度，否则电路将不能正常工作。

3. 单稳态触发器的典型应用

（1）定时和延时

单稳态触发器可以构成定时电路；与继电器或驱动放大电路配合，可以实现自动控制、定时开关的功能。图 2.38 所示为楼梯照明触摸开关定时电路，当人手触及开关时，灯亮；人走后，过一段时间灯自动熄灭。

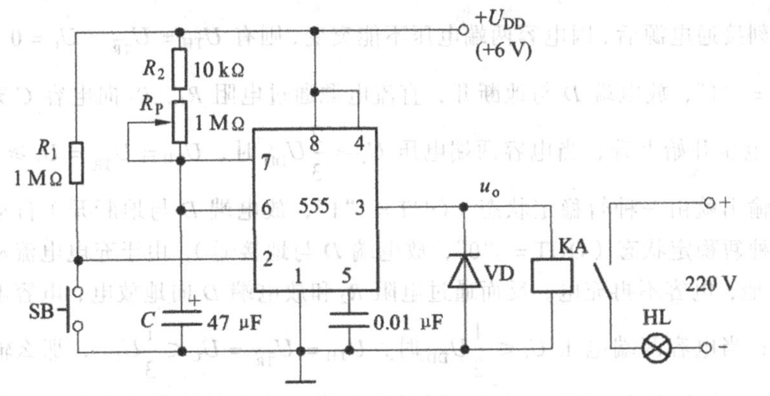

图 2.38 单稳态触发器构成的定时电路

（2）分频

当一个触发脉冲使单稳态触发器进入暂稳定状态，在此脉冲以后的时间 t_W

内，如果再输入其他触发脉冲，则对触发器的状态不再起作用；只有当触发器处于稳定状态时，输入的触发脉冲才起作用。分频电路正是利用这个特性将高频率信号变换为低频率信号，电路如图 2.39 所示。

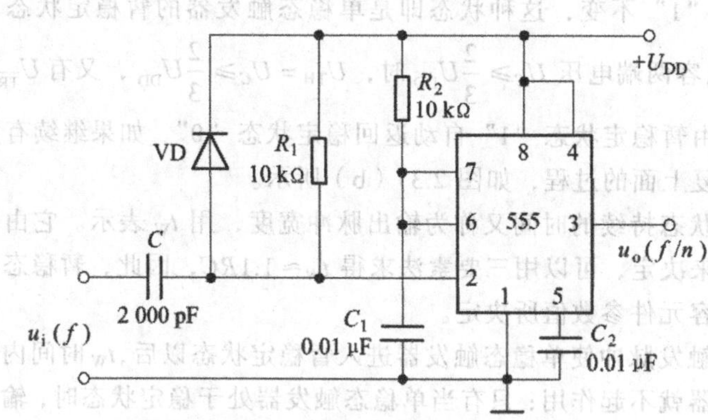

图 2.39　单稳态触发器构成的分频电路

四、由 555 定时器构成的多谐振荡器

1. 多谐振荡器的特点

多谐振荡器的功能是在无输入信号作用下就能产生一定频率和一定幅度的矩形波信号。其输出状态不断在“1”和“0”之间变换，所以又称它为无稳态电路。

2. 多谐振荡器的结构和工作原理

多谐振荡器的构成电路如图 2.40（a）所示。假定零时刻电容初始电压为零，零时刻接通电源后，因电容两端电压不能突变，则有 $U_{TH}=U_{\overline{TR}}=U_C=0<\frac{1}{3}U_{DD}$，OUT＝“1”，放电端 D 与地断开，直流电源通过电阻 R_1、R_2 向电容 C 充电，电容 C 电压开始上升；当电容两端电压 $U_C\geqslant\frac{2}{3}U_{DD}$ 时，$U_{TH}=U_{\overline{TR}}=U_C\geqslant\frac{2}{3}U_{DD}$，那么输出就由一种暂稳定状态（OUT＝“1”，放电端 D 与地断开）自动返回到另一种暂稳定状态（OUT＝“0”，放电端 D 与地接通），由于充电电流从放电端 D 入地，电容不再充电，反而通过电阻 R_2 和放电端 D 向地放电，电容电压开始下降；当电容两端电压 $U_C\leqslant\frac{1}{3}U_{DD}$ 时，$U_{TH}=U_{\overline{TR}}=U_C\leqslant\frac{1}{3}U_{DD}$，那么输出就由 OUT＝“0”变为 OUT＝“1”，同时放电端 D 由与地接通变为与地断开，电源通过 R_1、R_2 重新向 C 充电。重复上述过程，于是在输出端就得到一定频率的矩形波，如图 2.40（b）所示。

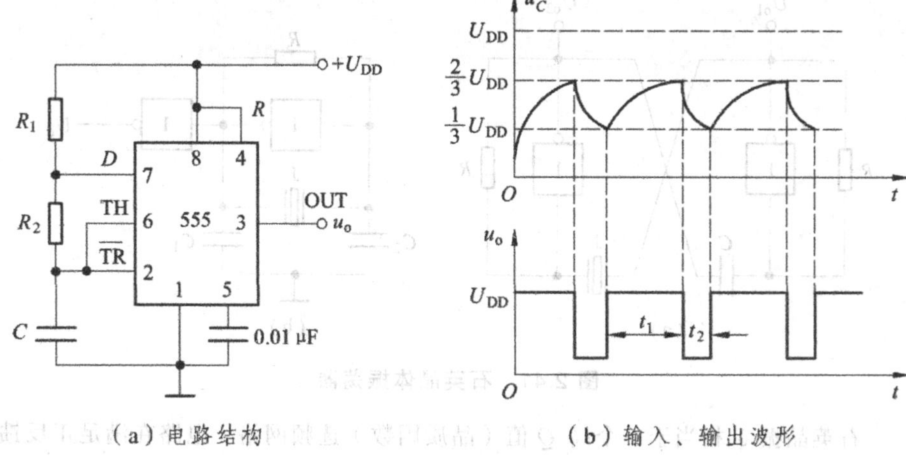

（a）电路结构　　　　　　　　　　　（b）输入、输出波形

图 2.40　多谐振荡器的电路结构和工作波形

振荡周期 $T=t_1+t_2$。其中，t_1 代表充电时间（电容两端电压从 $\frac{1}{3}U_{DD}$ 上升到 $\frac{2}{3}U_{DD}$ 所需的时间），$t_1\approx 0.7(R_1+R_2)C$；t_2 代表放电时间（电容两端电压从 $\frac{2}{3}U_{DD}$ 下降到 $\frac{1}{3}U_{DD}$ 所需的时间），$t_2\approx 0.7R_2C$。因而有：

$$T=t_1+t_2\approx 0.7(R_1+2R_2)C$$

因此，改变 R_1、R_2 和 C 值，产生振荡信号的周期或频率就会改变，通常情况下，通过改变电容器 C 值实现频率的粗调（频率段的选择），而改变 R_1 阻值实现频率的细调。

对于矩形波，除了用幅度、周期来衡量以外，还存在一个占空比参数 q，q 等于脉宽 T_P/周期 T。T_P 是指输出一个周期内高电平所占的时间。图 2.40（a）所示电路输出矩形的占空比为：

$$q=\frac{t_1}{T}=\frac{t_1}{t_1+t_2}=\frac{R_1+R_2}{R_1+2R_2}$$

3. 石英晶体振荡器简介

555 定时器构成的多谐振荡器，其振荡频率不仅取决于时间常数 RC，而且还取决于阈值电平，由于其极易受温度、电源电压等外界条件的影响，因而频率稳定性较差，在频率稳定性要求较高的场合不大适用。

为了得到频率稳定性很高的脉冲信号，可采用图 2.41（a）、（b）所示的石英晶体振荡器，简称晶振。例如，计算机中的时钟脉冲即由晶振产生。

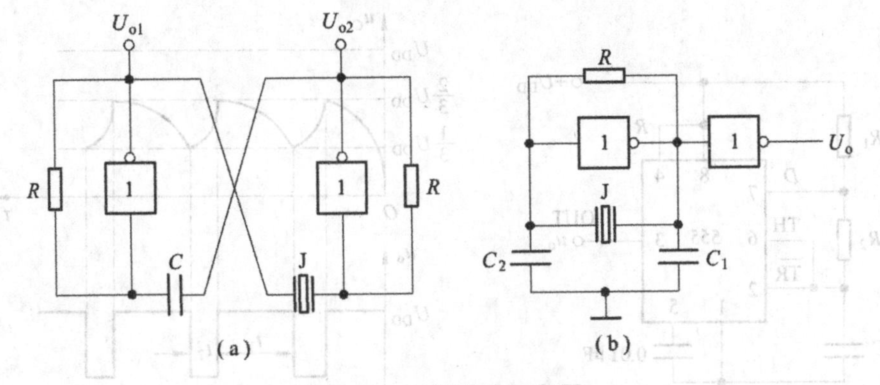

图 2.41 石英晶体振荡器

石英晶振 J 相当于一个高 Q 值（品质因数）选频网络。电路在满足正反馈条件的自激振荡过程中，石英晶振只允许与其谐振频率 f_0 相等的信号顺利通过，而 $f \neq f_0$ 的其他信号则被大大衰减，因而该电路的振荡频率主要取决于石英晶振的谐振频率 f_0，而与 R、C 的取值关系不大。R 主要用来使反相器工作在线性放大区，R 的阻值对于 TTL 门通常在 0.7 ~ 2 kΩ之间，而对于 CMOS 门则常在 10 ~ 100 MΩ 之间。图 2.41（b）所示的晶振电路输出的频率为 32 768 Hz，经若干级二分频器后，可以为数字电路提供时钟脉冲。电路中，电容 C_1 用于两个反相器之间的耦合，而 C_2 的作用则是抑制高次谐波，以保证稳定的频率输出。

4. 多谐振荡器的典型应用

（1）产生秒脉冲

多谐振荡器可以构成计数器中所需的秒脉冲发生器。图 2.42 所示为由 CMOS 石英晶体多谐振荡器产生的秒脉冲逻辑电路。CMOS 石英晶体多谐振荡器产生 $f = 32\ 768$ Hz 的基准信号，经由 T′ 触发器构成的 15 级异步计数器分频后，便可得到稳定度极高的秒信号，作为各种计时系统的基准信号源。

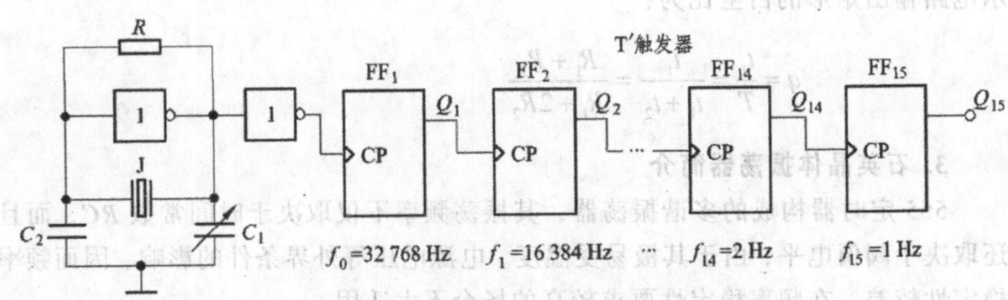

图 2.42 石英晶振构成的秒脉冲发生器

图 2.43 所示为 555 定时器构成的秒脉冲产生电路。

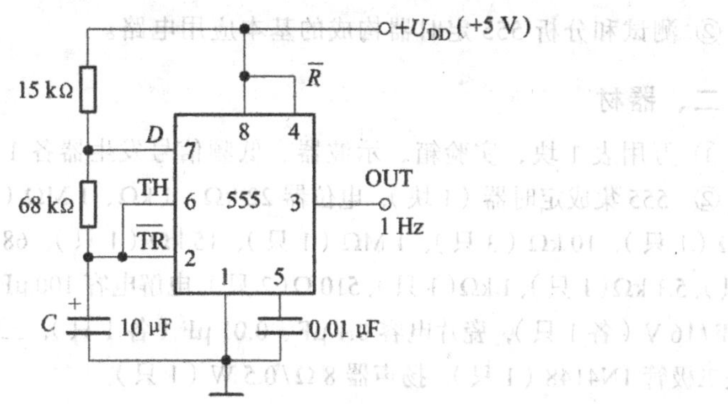

图 2.43　555 定时器构成的秒脉冲发生器

图 2.43 所示电路产生脉冲信号的周期为：

$$T = 0.7\times(15+2\times68)\times10^3\times10\times10^{-6} = 1.06\approx1 \quad (s)$$

故输出信号的频率为 1 Hz，可作为频率稳定性要求不高时的基准信号源。

（2）构成报警电路

由 555 定时器和二极管构成的报警电路如图 2.44 所示。其中，555 构成多谐振荡器的振荡频率 $f_0=\dfrac{1}{0.7\times(R_1+2R_2)C}\approx1\text{ kHz}$，其输出信号经二极管推动扬声器发声。PR 为控制信号，当 PR 为高电平时，多谐振荡器工作；PR 为低电平时，电路停振，扬声器停止发声。此电路可作为抢答器的报警电路。

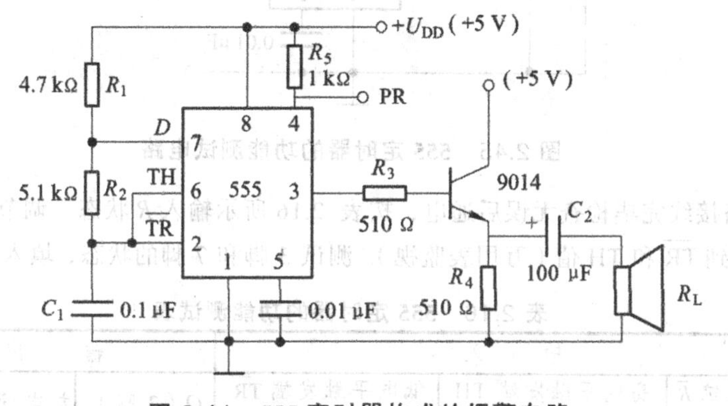

图 2.44　555 定时器构成的报警电路

实践操作　555 定时器应用电路的分析与测试

一、目的

① 进一步熟悉 555 定时器的基本功能和特点。

② 测试和分析 555 定时器构成的基本应用电路。

二、器材

① 万用表 1 块，实验箱、示波器、低频信号发生器各 1 台。

② 555 集成定时器（1 块），电位器 22 kΩ、1 kΩ、1 MΩ（各 1 只），电阻元件 2 kΩ（1 只）、10 kΩ（3 只）、1 MΩ（1 只）、15 kΩ（1 只）、68 kΩ（1 只）、4.7 kΩ（1 只）、5.1 kΩ（1 只）、1 kΩ（1 只）、510 Ω（2 只），电解电容 100 μF / 16 V、10 μF / 16 V、47 μF / 16 V（各 1 只），瓷片电容 0.1 μF、0.01 μF（各 1 只），三极管 9014（1 只），开关二极管 1N4148（1 只），扬声器 8 Ω/0.5 W（1 只）。

三、操作步骤

1. 555 定时器基本功能的测试

按图 2.45 接线，将 555 定时器插入实验箱，通过实验箱上的可调电位器、电阻元件、电容元件组成电路，4 脚接逻辑电平开关，3 脚和 7 脚接 LED 电平指示。

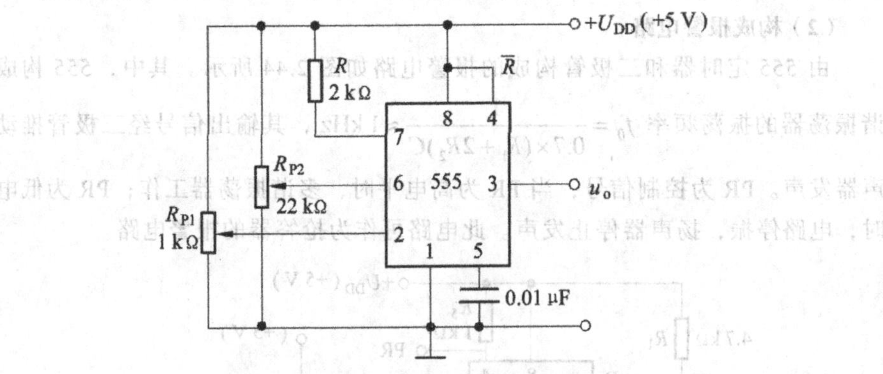

图 2.45　555 定时器的功能测试电路

电路接线完毕检查无误后通电，按表 2.16 所示输入 $\overline{R}$ 状态，调节电位器 R_{P1} 和 R_{P2} 得到 $\overline{TR}$ 和 TH 值（万用表监视），测试 3 脚和 7 脚的状态，填入表 2.16 中。

表 2.16　555 定时器的功能测试表

输入			输出	
直接复位 $\overline{R}$（4 脚）	高电平触发端 TH（6 脚）	低电平触发端 $\overline{TR}$（2 脚）	Q（3 脚）	放电管（7 脚）
0	×	×		
1	$>(2/3)U_{DD}$	$>(1/3)U_{DD}$		
1	$<(2/3)U_{DD}$	$>(1/3)U_{DD}$		
1	$<(2/3)U_{DD}$	$<(1/3)U_{DD}$		

2. 由555定时器构成施密特触发器进行波形的整形

将555定时器按图2.34（a）所示接线，输入端加入1 kHz的正弦波，通过示波器观察和测试输出波形，并画出输入、输出波形，进行比较。

3. 555定时器构成的楼梯照明延时开关电路的测试

将555定时器按图2.38所示的楼梯照明触摸开关定时电路进行接线，在检查无误的情况下通电，按下开关SB，观察照明灯什么时候熄灭。改变R_P，观察照明灯熄灭的时间变化。

4. 秒脉冲产生电路及抢答报警电路的测试

将555定时器按图2.43所示接线，在检查无误的情况下接通电源，用示波器观察和测试输出端的波形及频率，检查是否满足产生秒脉冲。

利用555定时器和三极管9014构成抢答报警电路，按图2.44所示接线，报警控制端接逻辑电平，改变控制端电平，用示波器观察555定时器输出端（3脚）波形，并观察扬声器的发声情况。

5. 写出实践操作总结报告

① 按操作要求整理测试数据。

② 写出各电路的测试结果，画出相关的波形。

③ 总结555定时器的特点、使用方法及基本应用。

课外练习

一、单选题

1. 数字系统中，常用______电路将输入缓变信号变为矩形脉冲信号。

（a）施密特触发器　　（b）单稳态触发器

（c）多谐振荡器　　（d）集成定时器

2. 数字系统中，常用_____电路将输入脉冲信号变为等幅、等宽的脉冲信号。

（a）施密特触发器　　（b）单稳态触发器

（c）多谐振荡器　　（d）集成定时器

3. 数字系统中，能自行产生矩形波的电路是______。

（a）施密特触发器　　（b）单稳态触发器

（c）多谐振荡器　　（d）集成定时器

4. 数字系统中，能实现较精确定时的电路是________。

（a）施密特触发器　　（b）单稳态触发器

（c）多谐振荡器　　（d）集成定时器

5. 若将输入脉冲信号延迟一段时间后输出，应用________电路。

（a）施密特触发器　　（b）单稳态触发器

（c）多谐振荡器　　　　　　（d）集成定时器

6. 欲在一串幅度不等的脉冲信号中剔除幅度不够大的脉冲，可用______电路。

（a）施密特触发器　　　　　（b）单稳态触发器

（c）多谐振荡器　　　　　　（d）集成定时器

7. 在对频率稳定性要求高的场合，普遍采用______振荡器。

（a）双门 RC　（b）三门 RC 环形　（c）555 构成的　（d）石英晶体

8. 555 集成定时器构成的施密特触发器，当电源电压为 15 V 时，其回差电压 ΔU_T 值为______。

（a）15 V　（b）10 V　（c）5 V　（d）2.5 V

9. 555 集成定时器构成的单稳态触发器，其暂态时间 t_W = ______。

（a）0.7RC　（b）RC　（c）1.1RC　（d）1.4RC

10. 改变______之值不会影响 555 构成单稳态触发器的定时时间 t_W。

（a）电阻 R　（b）电容 C　（c）电容电压 U_C　（d）电源 U_{CC}

11. 改变______值，不会改变 555 构成的多谐振荡器电路的振荡频率。

（a）电源 U_{CC}　（b）电阻 R_1　（c）电阻 R_2　（d）电容 C

12. 欲得到频率稳定度高的矩形波，应选______电路。

（a）RC 振荡器　　　　　　（b）石英振荡器

（c）单稳态触发器　　　　　（d）施密特触发器

13. 用 555 定时器构成的施密特触发器，若电源电压为 U_{CC}，控制端不外接固定电压，则其下限阈值电压为______。

（a）(1/3)U_{CC}　（b）(2/3)U_{CC}　（c）U_{CC}　（d）(1/2)U_{CC}

14. 用 555 定时器组成施密特触发器，当输入控制端 CO 外接 10 V 电压时，回差电压为______。

（a）3.33 V　（b）5 V　（c）6.66 V　（d）10 V

15. 555 定时器不可以组成______。

（a）多谐振荡器　　　　　　（b）单稳态触发器

（c）施密特触发器　　　　　（d）JK 触发器

16. 双极性型 555 定时器的驱动电流可达______。

（a）200 μA　（b）20 mA　（c）200 mA　（d）20 A

17. 下列电路，______是无稳态电路。

（a）施密特触发器　　　　　（b）多谐振荡器

（c）单稳态触发器　　　　　（d）555 定时器

18. 多谐振荡器一旦起振，电路所处状态是______。

（a）具有两个稳态　　　　　（b）仅有一个稳态

（c）仅有两个暂稳态　（d）有一个稳态，有一个暂稳态

19. 施密特触发器输出矩形脉冲的频率__________。

（a）高于输入信号频率　（b）低于输入信号频率

（c）与输入信号频率无关　（d）等于输入信号频率

20. 施密特触发器属于__________。

（a）双稳态电路　（b）无稳态电路

（c）单稳态电路　（d）多谐振荡电路

二、多选题

1. 下面对 555 电路内部结构描述正确的是（　　）。

（a）有 3 个 500 Ω 电阻构成的分压器

（b）有两个电压比较器

（c）有一个基本 RS 触发器

（d）一个驱动器和一个放电管

2. 脉冲单元电路主要有（　　）。

（a）施密特触发器　（b）单稳态触发器

（c）移位寄存器　（d）多谐振荡器

3. 脉冲整形电路有（　　）。

（a）多谐振荡器　（b）单稳态触发器

（c）施密特触发器　（d）555 定时器

4. 多谐振荡器不可产生（　　）。

（a）正弦波　（b）矩形脉冲　（c）三角波　（d）锯齿波

5. 555 定时器可以组成（　　）。

（a）多谐振荡器　（b）单稳态触发器

（c）施密特触发器　（d）JK 触发器

6. 以下各电路中，（　　）是无稳态电路。

（a）多谐振荡器　（b）单稳态触发器

（c）施密特触发器　（d）石英晶体多谐振荡

7. 下列波形属于脉冲信号的是（　　）。

（a）正弦波　（b）矩形波　（c）锯齿波　（d）尖脉冲

8. 下面对石英晶体多谐振荡器的优点叙述不正确的是（　　）。

（a）电路结构复杂　（b）振荡频率低

（c）频率稳定度低　（d）抗干扰性强

9. 单稳态触发器可用来（　　）。

（a）产生矩形波　（b）产生延迟作用

（c）实现定时功能　　　　　　　（d）把缓慢信号变成矩形波

10. 对 555 时基电路的描述正确的是（　）。

（a）555 在电路结构上是由模拟电路和数字电路组合而成的

（b）555 时基电路采用双电源供电

（c）555 可独立构成一个定时电路，且定时精度高

（d）555 的最大输出电流达 200 mA，带负载能力强

11. 当 555 定时器 2 脚和 6 脚输入端的电压都在 (1/3)U_{CC} 和 (2/3)U_{CC} 之间时，555 输出（　　）。

（a）高电平　　　　　　　　　　（b）低电平

（c）高、低电平都有可能　　　　（d）无法确定

12. 双极型 555 和 CMOS 型 555 的制作工艺和流程不同，虽然它们的性能指标是有差异的，但它们具有（　　）的共同点。

（a）功能相同，外形和管脚排列一致

（b）都使用单电源供电

（c）输出为 (2/3)U_{CC} 电平

（d）电源电压变化对振荡频率和定时精度无影响。

13. 施密特触发器是一种特殊的双稳态触发器，与一般触发器相比较，它具有（　　）两个明显的特点。

（a）具有两个稳定状态

（b）触发方式为电平触发，适用于变化缓慢的信号

（c）具有一个稳态和一个暂稳态

（d）对正向和负向增长的输入信号，电路有不同的阈值电平

14. 目前常用的施密特触发器是（　　）。

（a）TTL 集成施密特触发器

（b）用分立元件构成的施密特触发器

（c）CMOS 集成施密特触发器

（d）555 定时器构成的施密特触发器

15. 施密特触发器可用于（　　）。

（a）脉冲展宽电路　　　　　　　（b）脉冲幅度鉴别

（c）脉冲整形与变换　　　　　　（d）脉冲产生

16. 单稳态触发器具有的显著特点是（　　）。

（a）它有稳态和暂稳态两个不同的状态

（b）在外界触发脉冲作用下，能从稳态翻转到暂稳态，在暂稳态维持一段时间后，再自动返回稳态

（c）暂稳态维持时间的长短取决于电路中阻容元件的参数。

（d）正常工作的单稳态触发器中，触发脉冲的宽度应小于产生脉冲的宽度

17. 利用单稳态触发器在触发信号作用下由稳态进入暂稳态，暂稳态维持一定时间后自动返回稳态的特点，可做（　　）等方面的应用。

（a）脉冲整形　（b）定时　（c）延时　（d）高、低通滤波

18. 矩形脉冲是典型的数字信号，下列电路能够输出矩形脉冲的是（　　）。

（a）多谐振荡器　　（b）施密特触发器

（c）单稳态触发器　　（d）石英晶体多谐振荡器

19. 施密特触发器的固有性能指标是（　　）。

（a）输出电压　　（b）上限阈值电压

（c）下限阈值电压　　（d）回差电压

20. 单稳态触发器是脉冲整形电路，下面对单稳态触发器的描述正确的是（　　）。

（a）单稳态触发器有一个稳态和一个暂稳态

（b）没有外加触发信号时，电路处于稳态

（c）没有外加触发信号时，电路处于暂稳态

（d）有触发信号时，电路进入暂稳态，经过一段时间后电路自动返回稳态。

三、判断题（用√表示正确，用×表示错误）

1. 施密特触发器可用于将三角波变换成正弦波。（　　）
2. 施密特触发器有两个稳态。（　　）
3. 多谐振荡器的输出信号的周期与阻容元件的参数成正比。（　　）
4. 石英晶体多谐振荡器的振荡频率与电路中的 R、C 值成正比。（　　）
5. 单稳态触发器的暂稳态时间与输入触发脉冲宽度成正比。（　　）
6. 单稳态触发器的暂稳态维持时间用 t_W 表示，与电路中的 RC 值成正比。（　　）
7. 施密特触发器的正向阈值电压一定大于负向阈值电压。（　　）
8. 多谐振荡器是常见的脉冲产生电路。（　　）
9. 单稳态触发器和施密特触发器都是脉冲整形电路。（　　）
10. 石英晶体振荡器的频率稳定度比较低。（　　）
11. 单稳态触发器受到外触发时进入暂稳态。（　　）
12. 施密特触发器具有正向和负向两个不同的触发器电平，因此它具有回差特性。（　　）
13. 用555定时器可以构成单稳态触发器和施密特触发器，但不可以构成多谐振荡器。（　　）
14. TTL型555集成定时器的电源适用范围为5～15 V。（　　）

15. 555 定时器构成的应用电路中，控制端不用时，通常对地接 0.01 μF 的电容器，其作用是防止干扰。 ( )

基础训练 4 数显定时器电路的分析与测试

相关知识

一、计数器概述

1. 计数器的功能

计数器的基本功能就是计算输入脉冲的个数。计数器是数字系统中应用最广泛的时序逻辑部件之一，除了计数以外，还可以用作定时、分频、信号产生和执行数字运算等，是数字设备和数字系统中不可缺少的组成部分。

2. 计数器的分类

计数器的种类很多，分类方法也不相同。

① 根据计数脉冲的输入方式不同，可分为同步计数器和异步计数器。计数器是由若干个基本逻辑单元——触发器和相应的逻辑门组成。如果计数器的全部触发器共用同一个时钟脉冲，而且这个脉冲就是计数输入脉冲时，这种计数器就是同步计数器。如果计数器中只有部分触发器的时钟是计数输入脉冲，另一部分触发器的时钟脉冲是由其他触发器的输出信号提供的，则这种计数器就是异步计数器。

② 根据计数器进制不同，分为二进制、十进制、任意进制计数器。各计数器按各自的计数进制规律进行计数。

③ 根据计数过程中计数的增或减，又分为加法计数器、减法计数器和可逆计数器。对输入脉冲进行递增计数的计数器叫做加法计数器，进行递减计数的计数器叫做减法计数器。如果在控制信号作用下，既可以进行加法计数又可以进行减法计数的计数器，则叫做可逆计数器。

3. 计数器的工作原理

从前面触发器的学习可知，JK 触发器构成的 T′ 触发器是翻转型触发器，即输入一个 CP 脉冲，该触发器的状态就翻转一次。如果 T′ 触发器的初始状态为 0，在逐个输入 CP 脉冲时，其输出状态就会由 0→1→0→1 不断变化，此时称触发器工作在计数状态，即由触发器输出状态的变化，可以确定输入 CP 脉冲的个数。一个触发器能表示一位二进制数的两种状态，两个触发器能表示两位二进制数的 4 种状态，n 个触发器能表示 n 位二进制的 2^n 种状态，即能计 2^n 个数，以此类推。

图 2.46（a）所示为由 3 个 JK 触发器构成的三位二进制计数器。其中，F_0 为最低位，F_2 为最高位，计数器输出用 Q_2、Q_1、Q_0 表示。3 个触发器的同步数据输入端（J、K 端）的输入恒为“1”，因此均工作在计数状态。而 $CP_0 = CP$（外加计数脉冲），$CP_1 = Q_0$，$CP_2 = Q_1$，设计数器初始状态为 $Q_2Q_1Q_0 = 000$。第 1 个 CP 作用后，F_0 翻转，Q_0 由“0”→“1”，计数器 $Q_2Q_1Q_0$ 由 000→001；第 2 个 CP 脉冲作用后，F_0 翻转，Q_0 由“1”→“0”，由于 Q_0 下降沿的作用，Q_1 由“0”→“1”，计数器 $Q_2Q_1Q_0$ 状态由 001→010。以此类推，逐个输入 CP 脉冲时，计数器的状态按 $Q_2Q_1Q_0 = 000 \to 001 \to 010 \to 011 \to 100 \to 101 \to 110 \to 111$ 的规律变化。当输入第 8 个 CP 脉冲时，Q_0 由“1”→“0”，其下降沿使 Q_1 由“1”→“0”，Q_1 的下降沿使 Q_2 由“1”→“0”，计数器状态由 111→000，完成一个计数周期，由于三位二进制计数器最多能计八个数，又称为八进制计数器。计数器的状态图和时序图如图 2.46（b）、（c）所示。

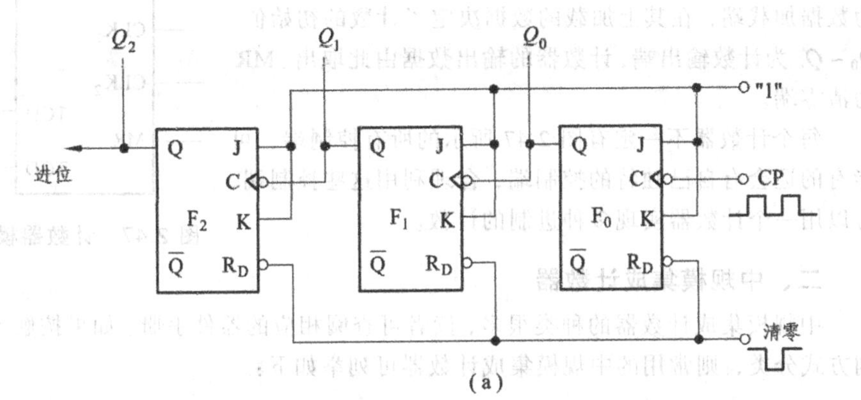

（a）

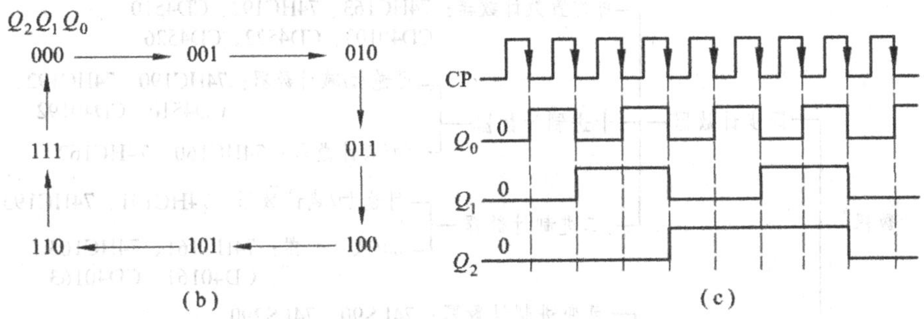

（b）　（c）

图 2.46　三位异步二进制计数器的电路、状态图和时序图

上述计数器中，各个触发器的翻转不是受同一个 CP 脉冲控制的，故称为异步计数器。有时为使计数器按一定规律进行计数，各触发器的同步数据输入端还要输入一定的控制信号。

异步计数器的电路结构简单，对计数脉冲 CP 的负载能力要求低，但因逐级延时，所以它的工作速度较低，而且反馈和译码较困难。

同步计数器的各触发器在同一个 CP 脉冲作用下同时翻转，工作速度高，但控制电路复杂。由于 CP 作用于计数器的全部触发器，所以 CP 的负载较重。

上述是小规模集成触发器组成的计数器，它在数字技术发展的初期应用比较广泛。但随着电子技术的不断发展，规格多样、功能完善的单片中规模集成计数器已被大量产生和使用。以下主要介绍中规模集成计数器。

4. 计数器的一般模型

计数器的一般模型如图 2.47 所示。CLK_1、CLK_2 分别为加法计数脉冲输入端和减法计数脉冲输入端。TCU、TCD 分别为加法计数进位端和减法计数借位端。$D_0 \sim D_n$ 为数据加载端，在其上加载的数据决定了计数的初始值。$Q_0 \sim Q_n$ 为计数输出端，计数器的输出数据由此取出。MR 为清零端。

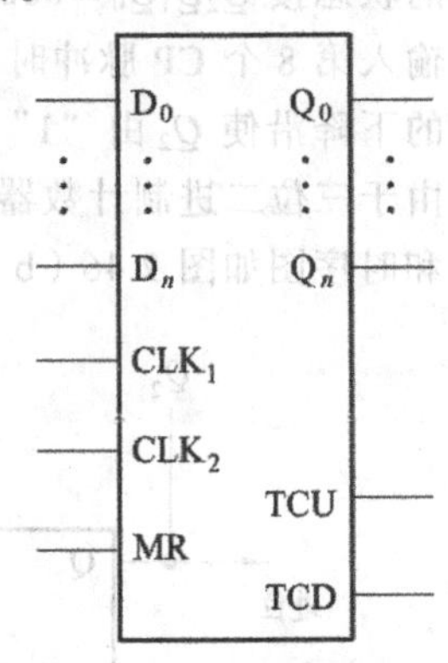

图 2.47　计数器模型

每个计数器不一定有图 2.47 所示的所有控制端，可能有的还会有自己独特的控制端，合理利用这些控制端，可以用一个计数器实现多种进制的计数。

二、中规模集成计数器

中规模集成计数器的种类很多，读者可查阅相应的器件手册。如果按触发控制方式分类，则常用的中规模集成计数器可列举如下：

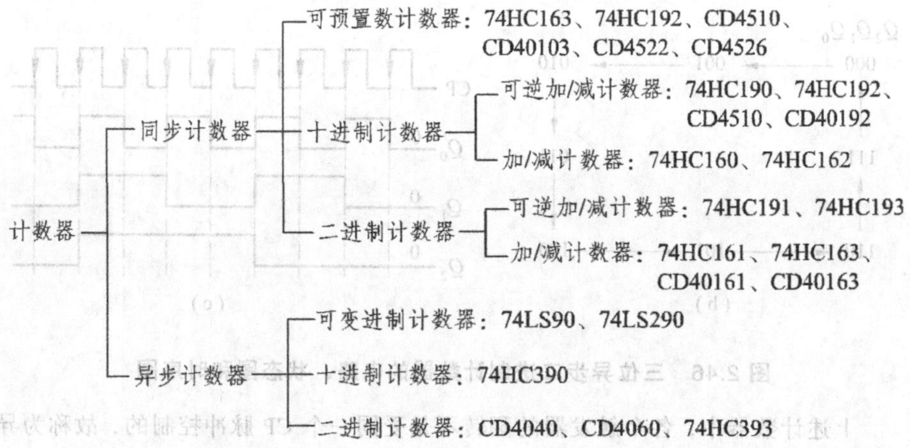

1. 74HC160～74HC163计数器的逻辑功能及特点

74HC160～74HC163是一组可预置的同步计数器，在计数脉冲上升沿作用下进行加法计数，它们的逻辑功能比较如表2.17所示，逻辑符号可查阅器件手册。下面以74HC161为例说明其功能和特点。

表2.17 74HC160～74HC163的逻辑功能比较

型号 \ 功能	进制	清零	预置数
74HC160	十进制	低电平异步	低电平同步
74HC161	二进制	低电平异步	低电平同步
74HC162	十进制	低电平同步	低电平同步
74HC163	二进制	低电平同步	低电平同步

图2.48所示为74HC161的引脚和逻辑符号。各引脚功能和符号说明如下：

P_0～P_3——并行数据输入端。

Q_0～Q_3——数据输出端。

CET、CEP——计数控制端。

CLK——时钟输入端，即CP端（上升沿有效）。

TC——进位输出端（高电平有效）。

$\overline{MR}$——异步清除输入端（低电平有效）。

$\overline{PE}$——同步并行置数控制端（低电平有效）。

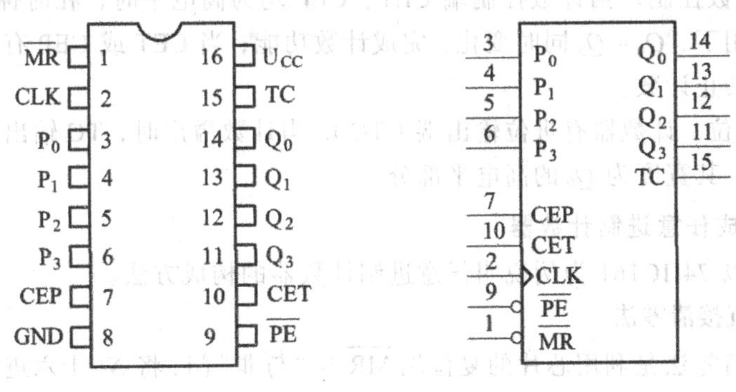

图2.48 74HC161的引脚图和逻辑图

74HC161是4位二进制同步计数器，其逻辑功能见表2.18。

表 2.18 74HC161 的逻辑功能

输入									输出			
$\overline{MR}$	$\overline{PE}$	CET	CEP	CLK	P_3	P_2	P_1	P_0	Q_3	Q_2	Q_1	Q_0
0	×	×	×	×	×	×	×	×	0	0	0	0
1	0	×	×	↑	D_3	D_2	D_1	D_0	D_3	D_2	D_1	D_0
1	1	1	1	↑	×	×	×	×	计数			
1	1	0	×	×	×	×	×	×	保持			
1	1	×	0	×	×	×	×	×	保持			

从功能表 2.18 中可见，74HC161 的功能和特点如下：

① 预置并行数据输入。在实际工作中，有时在开始计数前，需要将某一设定数据预先写入计数器中，然后在计数脉冲 CP 的作用下，从该数值开始作加法或减法计数，这种过程称为预置。当预置控制端（$\overline{PE}$）为低电平时，在计数脉冲 CP 的上升沿作用下，将放置在预置并行输入端（$P_0 \sim P_3$）的数据置入计数器，这种预置方式称为同步预置，即在满足计数脉冲条件下才能预置数；当 $\overline{PE}$ 为高电平时，则禁止预置数。

② 异步清零。当清零端（$\overline{MR}$）为低电平时，不管时钟脉冲的状态如何，即可完成清零功能，这种清零方式称为异步清零（74HC160、74HC161）。当清零端（$\overline{MR}$）为低电平时，在时钟脉冲的上升沿作用下，才能完成清零功能，这种清零方式称为同步清零（74HC162、74HC163）。

③ 计数控制。当计数控制端 CET、CEP 均为高电平时，在时钟脉冲 CP 的上升沿作用下，$Q_0 \sim Q_3$ 同时变化，完成计数功能；当 CET 或 CEP 有一个为低电平时，则禁止计数。

④ 进位。计数器有进位输出端（TC），当计数溢出时，TC 输出一个高电平进位脉冲，其宽度为 Q_0 的高电平部分。

2. 构成任意进制计数器

下面以 74HC161 为例说明任意进制计数器的构成方法。

（1）直接清零法

直接清零法是利用芯片的复位端 $\overline{MR}$ 和“与非”门，将 N（十六进制以内的 ）进制计数器的 N 所对应的输出二进制代码中等于“1”的输出端，通过“与非”门反馈到集成芯片的复位端 $\overline{MR}$，使输出回零，构成 N 进制计数器。

例如，用 74LS161 芯片构成十进制计数器，令 $\overline{PE}$ = CET = CEP = “1”，因为 $N = 10$，其对应的二进制代码为 1010，将输出端 Q_3 和 Q_1 通过“与非”门接

至 74LS161 的复位端 $\overline{MR}$，电路如图 2.49 所示，实现 N 值反馈清零法。由于 $\overline{MR}$ 是异步复位，所以“1010”是构成计数器的一个暂态。

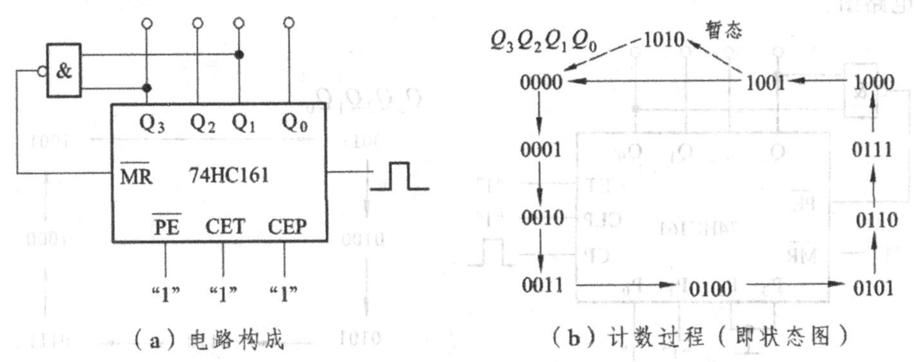

（a）电路构成 （b）计数过程（即状态图）

图 2.49 直接清零法（74HC161 构成十进制计数器）

（2）预置数法

预置数法是利用芯片的预置控制端 PE 和预置输入端 $P_3P_2P_1P_0$，因 $\overline{PE}$ 是同步预置数端，如果计数器是从 0000 开始计数的话，只能采用 N 进制计数器中的 $N-1$ 值反馈法。

例如，用 74HC161 芯片构成七进制计数器，令 $\overline{MR}$ = CET = CEP = “1”，因为 $N=7$，其对应 $N-1$ 的二进制代码为 0110，将输出端 Q_2 和 Q_1 通过“与非”门接至 74HC161 的复位端 $\overline{PE}$，实现 $N-1$ 值预置数法。图 2.50 所示为预置数法构成七进制计数器（计数状态为 0000~0110）的电路图。

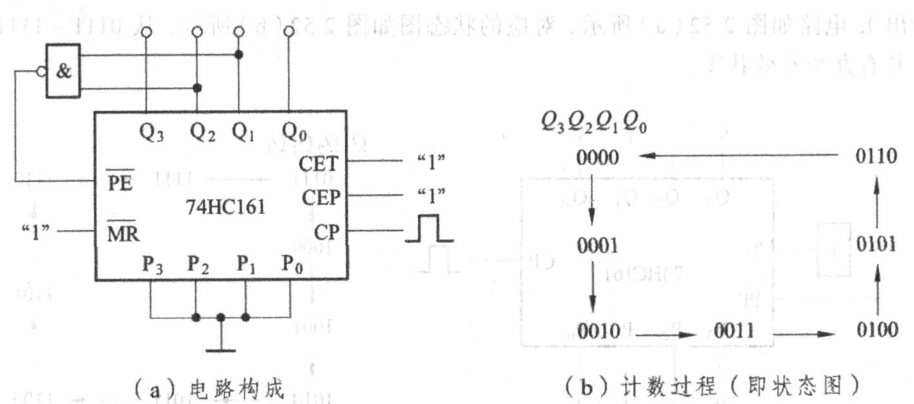

（a）电路构成 （b）计数过程（即状态图）

图 2.50 预置数法构成七进制计数器（同步预置）（一）

利用反馈预置数法，使计数器的计数状态也可以不从 0000 开始计数。例如，假设七进制计数器所取有效状态为 0011～1001，则反馈状态就取 1001，而四个

数据线 $P_3P_2P_1P_0$ 取 0011，这样也可以构成七进制计数器，只是所取的有效状态不同。图 2.51 所示也为预置数法构成的七进制计数器（计数状态 0011~1001）的电路图。

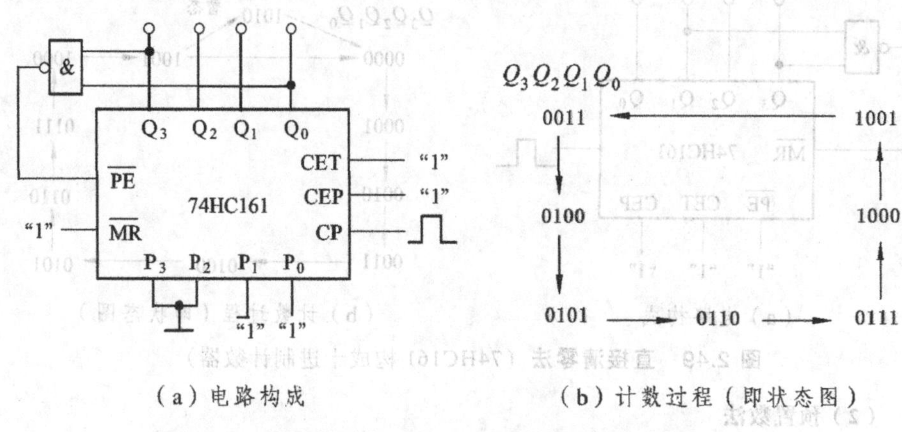

（a）电路构成　　　　（b）计数过程（即状态图）

图 2.51　预置数法构成七进制计数器（同步预置）（二）

（3）进位输出置最小数法

进位输出置最小数法是利用芯片的预置控制端 $\overline{PE}$ 和进位输出端 TC，将 TC 端输出经"非"门送到 $\overline{PE}$ 端，令预置输入端 $P_3P_2P_1P_0$ 输入最小数 M 对应的二进制数，最小数 $M = 2^4 - N$。

例如，九进制计数器 $N = 9$，对应的最小数 $M = 2^4 - 9 = 7$，$(7)_{10} = (0111)_2$，相应的预置输入端 $P_3P_2P_1P_0 = 0111$，并且令 $\overline{MR}$ = CET = CEP = "1"（图中未画出），电路如图 2.52（a）所示，对应的状态图如图 2.52（b）所示，从 0111 ~ 1111 共有九个有效状态。

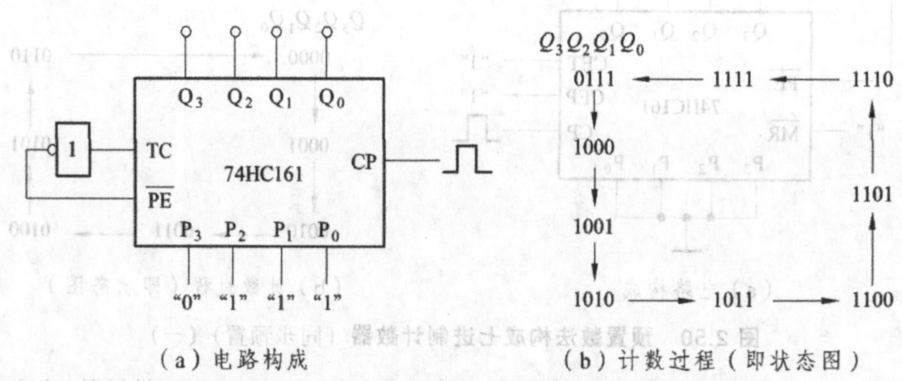

（a）电路构成　　　　（b）计数过程（即状态图）

图 2.52　进位输出置最小数法构成九进制计数器（同步预置）

（4）级联法

一片 74HC161 可构成从二进制到十六进制之间任意进制的计数器。利用两片 74HC161，就可构成从二进制到二百五十六进制之间任意进制的计数器。以此类推，可根据计数需要选取芯片数量。

当计数器容量需要采用两块或更多的集成计数器芯片时，可以采用级联方法：将低位芯片的进位输出端 TC 端和高位芯片的计数控制端 CET 或 CEP 直接连接，外部计数脉冲同时从每片芯片的 CP 端输入，再根据要求选取上述三种实现任意进制的方法之一，完成对应电路。

图 2.53 所示为两片 74HC161 构成的二十四进制计数器。

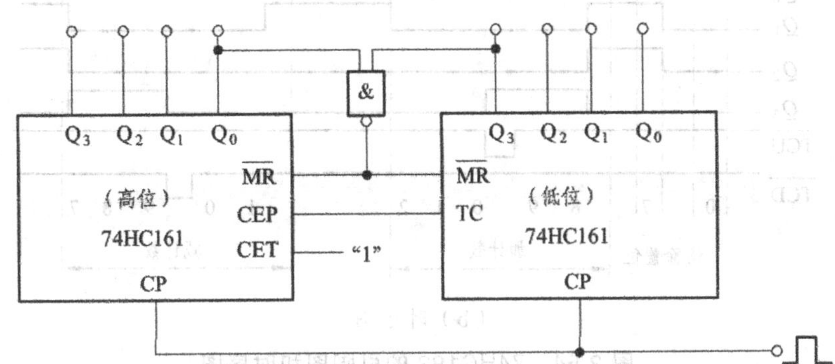

图 2.53　用两片 74HC161 芯片构成二十四进制计数器

3. 74HC192（74HC193）集成计数器

74HC192 为可预置 8421BCD 码十进制同步加/减可逆计数器。74HC192 的引脚图和时序图如图 2.54 所示。它采用双时钟的逻辑结构，加计数和减计数具有各自的时钟通道，计数方向由时钟脉冲进入的通道来决定。当从 CU 输入时，进行加法计数；从 CD 输入时，进行减法计数。它有进位和借位输出，可进行多位串接计数，它还有独立的置"0"输入端，并且可以单独对加法或减法计数进行预置数。

（a）引脚图

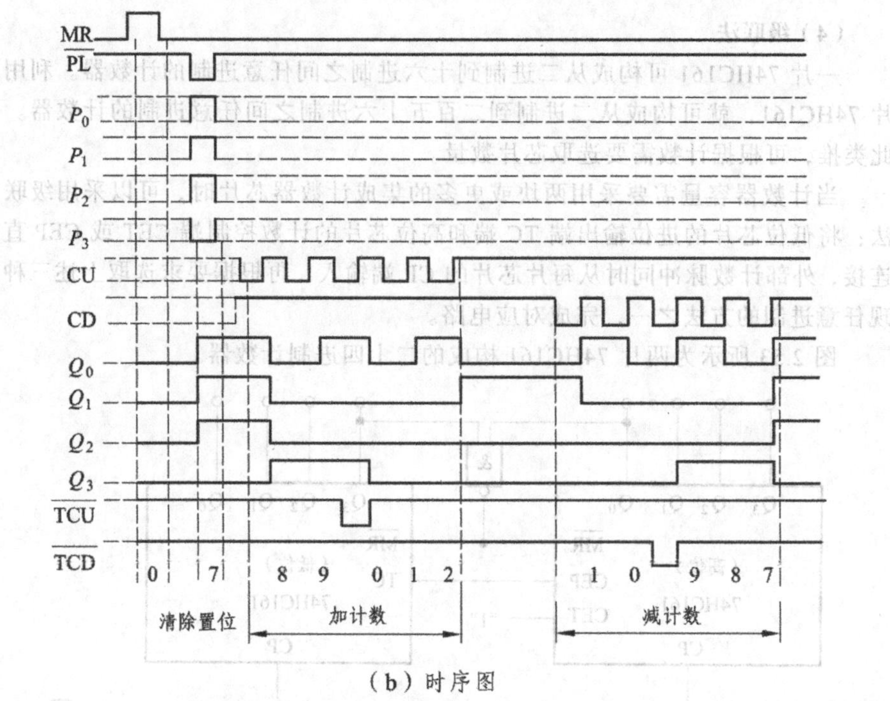

（b）时序图

图 2.54 74HC192 的引脚图和时序图

74HC192 的逻辑功能如表 2.19 所示。

表 2.19 74HC192 的逻辑功能

输入								输出			
$\overline{PL}$	MR	CU	CD	P_0	P_1	P_2	P_3	Q_3	Q_2	Q_1	Q_0
0	0	×	×	D_0	D_1	D_2	D_3	D_3	D_2	D_1	D_0
1	0	↑	1	×	×	×	×	加计数			
1	0	1	↑	×	×	×	×	减计数			
1	0	1	1	×	×	×	×	保持			
×	1	×	×	×	×	×	×	0	0	0	0

从功能表 2.19 可得出 74HC192 的功能特点如下：

① 置“0”。74HC192 有异步置零端 MR（高电平有效），不管计数器的其他输入端是什么状态，只要在 MR 端加高电平，则所有触发器均被置“0”，计数器复位。

② 预置数码。74HC192 预置数是异步的。当 MR 端和置入控制端 $\overline{PL}$ 为低电平时，不管时钟脉冲端的状态如何，输出端 $Q_3 \sim Q_0$ 可预置成与数据端 $P_3 \sim P_0$ 相一致的状态。预置好计数值以后，就以预置数值为起点顺序进行计数。

③ 加法计数和减法计数。加法计数时 MR 为低电平，$\overline{PL}$ 和 CD 为高电平，计数脉冲从 CU 端输入。当计数脉冲的上升沿到来时，计数器的状态按 8421BCD 码递增进行加法计数；减法计数时 MR 为低电平，$\overline{PL}$ 和 CU 为高电平，计数脉冲从 CD 端输入。当计数脉冲的上升沿到来时，计数器的状态按 8421BCD 码递减进行减法计数。

④ 进位输出。计数器进行十进制加法计数时，在 CU 端第 9 个输入脉冲上升沿作用后，计数状态为 1001，当其下降沿到来时，进位输出端 $\overline{TCU}$ 产生一个负的进位脉冲。第 10 个脉冲上升沿作用后，计数器复位。若将进位输出端 $\overline{TCU}$ 与后一级的 CU 相连，可实现多位计数器级联。当 $\overline{TCU}$ 反馈到 $\overline{PL}$ 输入端，并在并行数据输入端 $P_3 \sim P_0$ 输入一定的预置数，则可实现 10 以内任意进制的加法计数。

⑤ 借位输出。计数器作减法计数时，设初始状态为 1001。在 CD 端第 9 个输入脉冲上升沿作用后，计数状态为 0000，当其下降沿到来时，借位输出端 $\overline{TCD}$ 产生一个负的进位脉冲。第 10 个脉冲上升沿作用后，计数器恢复到 1001。同样，将借位输出端 $\overline{TCD}$ 与后一级的 CD 相连，可实现多位计数器级联。通过 $\overline{TCD}$ 对 $\overline{PL}$ 的反馈实现 10 以内任意进制的减法计数。

例如，用两个 74HC192 可以组成 100 进制计数器，其连接方式如图 2.55 所示。计数开始时，先在 MR 端输入一个正脉冲，此时两个计数器均被置为“0”状态。此后在 $\overline{PL}$ 端输入“1”，MR 端输入“0”，则计数器处于计数状态。在个位的 74HC192 的 CU 端逐个输入计数脉冲 CP，个位的 74HC192 开始进行加法计数。在第 10 个 CP 脉冲上升沿到来后，个位 74HC192 的状态为 1001→0000，同时其进位输出端 $\overline{TCU}$ 为 0→1，此上升沿使十位 72HC192 从 0000 开始计数，直到第 100 个 CP 脉冲作用后，计数器状态由 1001 1001 恢复为 0000 0000，完成一次计数循环。

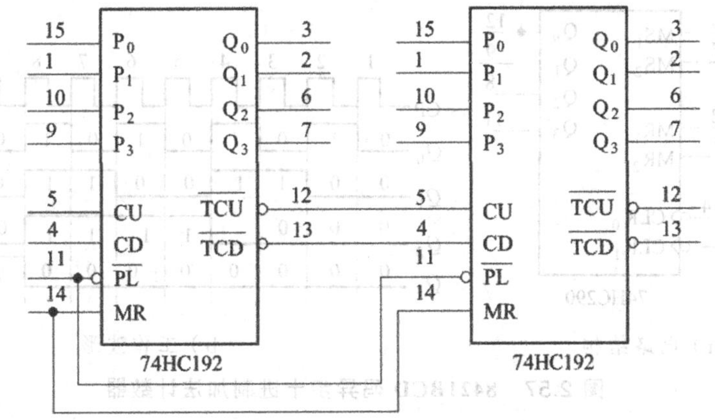

图 2.55 用两个 74HC192 构成 100 进制计数器

74HC193 与 74HC192 的管脚排列和管脚功能完全相同，不同是 74HC192 是集成同步可逆十进制计数器（0000~1001），而 74HC193 是集成同步可逆十六进制计数器（0000~1111）。

4. 74LS90 计数器

74LS90 是二-五-十进制计数器，其逻辑电路如图 2.56 所示。图中 FF_0 构成一位二进制计数器，FF_1、FF_2、FF_3 构成异步五进制加法计数器。

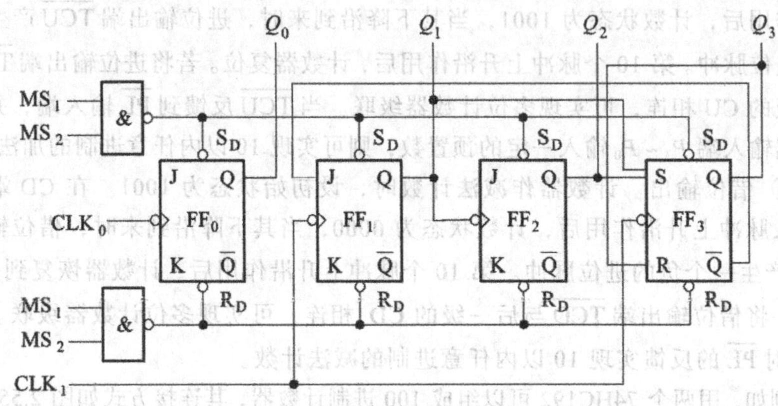

图 2.56 二-五-十进制加法计数器 74LS290

若将输入时钟脉冲 CP 接于 CLK_0 端，并将 CLK_1 端与 Q_0 端相连，便构成 8421BCD 码异步十进制加法计数器。若将输入时钟 CP 接于 CLK_1 端，将 CLK_0 与 Q_3 端相连，则构成 5421BCD 码异步十进制加法计数器。图 2.57（a）所示为 8421BCD 码异步十进制加法计数器的连接电路，图 2.57（b）是其波形图。

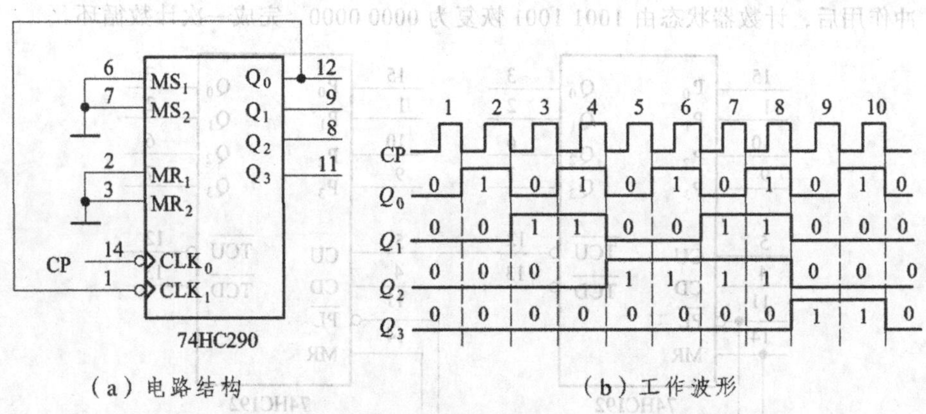

（a）电路结构　　（b）工作波形

图 2.57 8421BCD 码异步十进制加法计数器

74LS90 集成计数器具有置“0”和置“9”功能，其逻辑功能如表 2.20 所示。

表 2.20　74LS90 的逻辑功能

复位/置位输入				输　出			
MR_1	MR_2	MS_1	MS_2	Q_3	Q_2	Q_1	Q_0
1	1	0	×	0	0	0	0
1	1	×	0	0	0	0	0
×	0	1	1	1	0	0	1
0	×	1	1	1	0	0	1
×	0	0	×	计　数			
0	×	×	0	计　数			
×	0	×	0	计　数			
0	×	0	×	计　数			

从功能表 2.20 可知，74LS90 有如下特点：

① 当 MS_1、MS_2 不全为 1，MR_1、MR_2 全为 1 时，不论其他输入端状态如何，计数器输出 $Q_3Q_2Q_1Q_0 = 0000$，故又称此功能为异步清零功能或复位功能。

② 当 MR_1、MR_2 不全为 1，MS_1、MS_2 全为 1 时，不论其他输入端状态如何，计数器输出 $Q_3Q_2Q_1Q_0 = 1001$，故又称此功能为异步置“9”功能。

③ 当 MS_1 和 MS_2 不全为 1，并且 MR_1 和 MR_2 不全为 1，输入计数脉冲 CP 时，计数器开始计数。

可以采用直接清零法，利用一片 74LS90 集成计数器芯片构成十进制以内的其他进制计数器。图 2.58 所示为 74LS90 构成的六进制计数器。

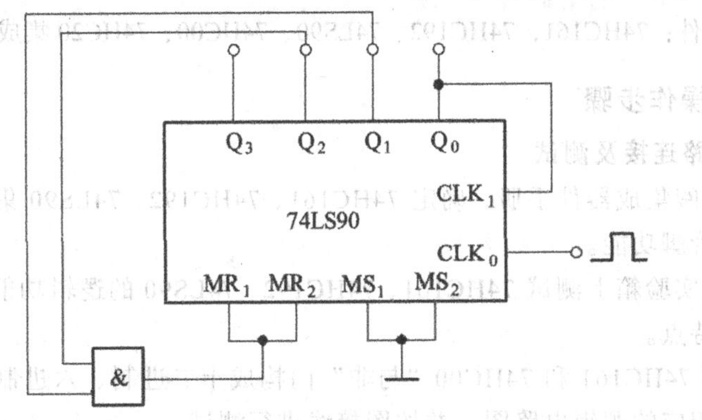

图 2.58　直接清零法（74LS90 构成的六进制计数器）

构成计数器的进制数应与需要使用的芯片片数相适应。例如，用 74LS90 芯片构成二十四进制计数器，$N = 24$，就需要两片 74LS90：先将每块 74HC290

均连接成 8421BCD 码十进制计数器，将低位芯片输出端和高位芯片输入端相连，采用直接清零法实现二十四进制。需要注意的是，其中“与”门的输出要同时送到每块芯片的置“0”端 MR_1、MR_2，实现电路如图 2.59 所示。

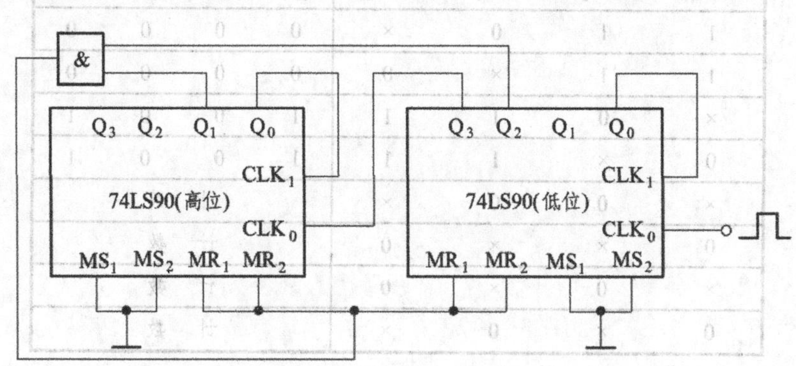

图 2.59　8421 BCD 码二十四进制计数器

实践操作 1　集成计数器功能测试及任意进制计数器的构成

一、目的

① 进一步熟悉常用集成计数器的基本功能和特点。

② 掌握任意进制计数器的构成方法，学会分析与测试它们的功能。

二、器材

① 万用表 1 块、实验箱 1 台。

② 器件：74HC161，74HC192、74LS90、74HC00、74HC20 集成器件各 1 块。

三、操作步骤

1. 电路连接及测试

① 查阅集成器件手册，确定 74HC161、74HC192、74LS90 集成计数器的管脚排列及管脚功能。

② 在实验箱上测试 74HC161、74HC192、74LS90 的逻辑功能，通过测试说明其功能特点。

③ 用 74HC161 和 74HC00“与非”门构成十二进制、六进制、七进制计数器，画出相应的逻辑电路图，并按图接线进行测试。

④ 由两片 74HC192 组成一个从 30 递减的减法计数器（利用预置数法），画出相应的逻辑电路图，并按图接线进行测试。

⑤ 用 74LS90 按 8421BCD 码组成八进制、四进制计数器及二十四进制计数

器，画出相应的逻辑电路图，并按图接线进行测试。

2. 写出实践操作总结报告

① 整理测试数据，说明相应集成计数器的功能特点。

② 画出用相应集成计数器构成的任意进制计数器的逻辑电路图，列出测试结果，总结任意进制计数器构成的方法。

实践操作2 数显定时器电路的测试

一、目的

① 进一步熟悉常用集成计数器、555定时器、译码显示器的使用方法。

② 掌握数显定时器电路的组成，学会分析与测试其功能的方法。

二、器材

① 万用表1块，实验箱、示波器各1台。

② 74HC193（1块），CD4511（1块），BS201共阴数码管（1只），NE555（1块），电位器100 kΩ（1只），电阻1 kΩ、60 Ω（各1只），470 Ω电阻（7只），电解电容器10 μF/16 V（1只）、1 μF/16 V（2只），二极管1N4001（2只）。

三、操作步骤

本实践操作要求根据电路原理图装配与调试数显定时器电路，通过调节电位器使电路延时9 s，且数码管能从9到0递减计数显示。

1. 熟悉电路组成

数显定时器电路主要由时基脉冲发生器、脉冲计数器、译码驱动器和数码显示器组成。电路如图2.60所示。

（1）时基脉冲发生器

时基脉冲由NE555集成电路组成的多谐振荡器产生，调节电位器R_P可得到1 s的时基脉冲（示波器监视调节）。

（2）脉冲计数器

脉冲计数器由1只可预置数二进制同步可逆计数器74HC193组成，它能对输入的时基脉冲进行加、减计数，并在输出端$Q_0 \sim Q_3$输出4位二进制数。在本电路中，74HC193接成减法计数器。接通电源后，由R、C形成的微分脉冲通过预置数控制端$\overline{PE}$将计数器预置为9（P_1、P_4接高电平，P_2、P_3接低电平，等于二进制数1001）。由555定时器产生的时基脉冲作为74HC193计数器的时钟脉冲，因此，随着时基脉冲发生器产生的时基脉冲的输入，计数器作减法计数，从9递减，每输入一个时钟脉冲，计数器减1，直到计数器减到为“0”，定时结束。定时结束后，74HC193的借位输出端$\overline{BO}$输出负脉冲（可根据需要加装执行驱动电路进行定时控制）。

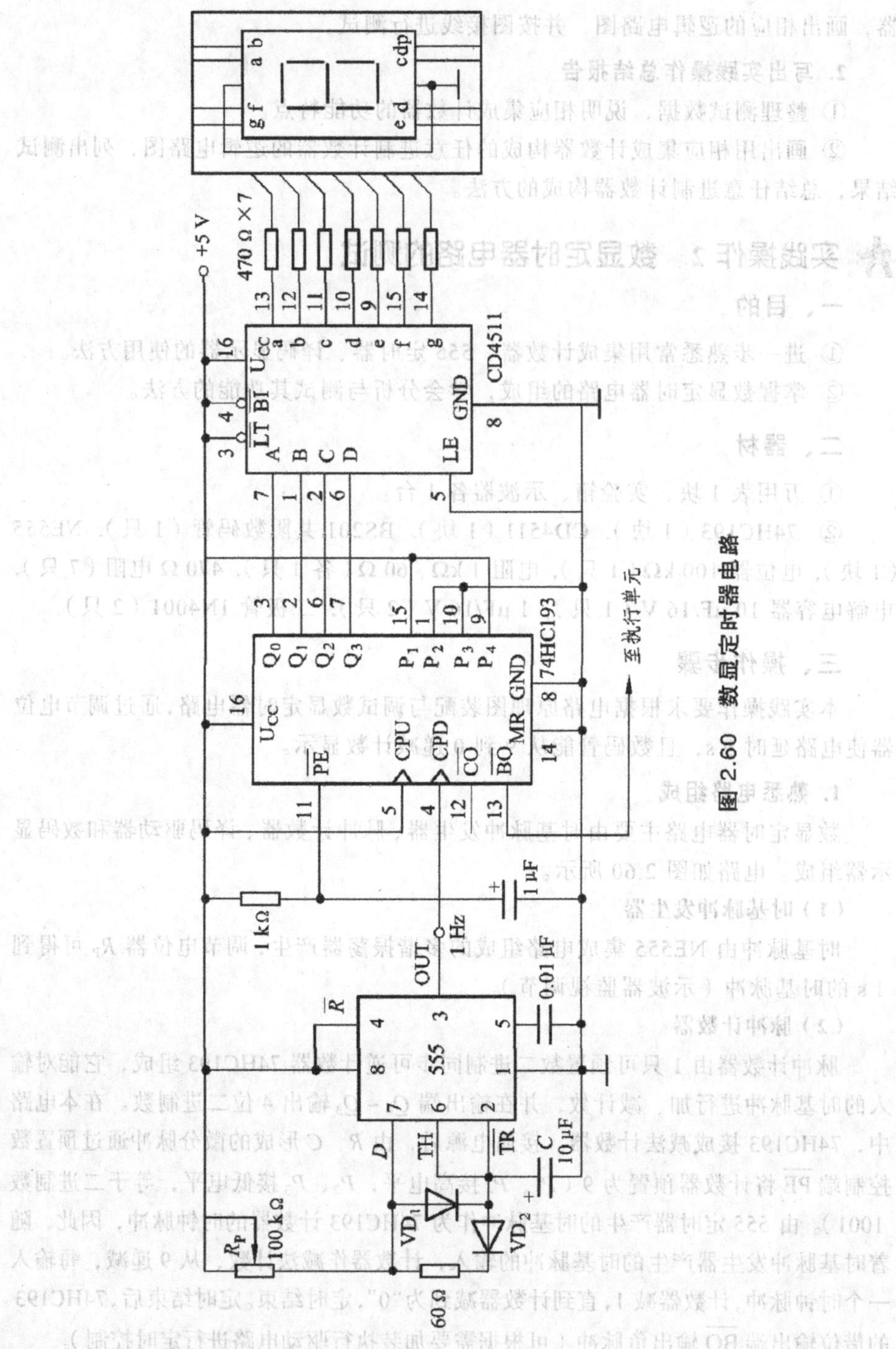

图2.60 数显定时器电路

（3）译码驱动和显示

译码驱动和显示器采用 7 段译码显示电路 CD4511 实现，它将 74HC193 输出的 4 位 BCD 码译码后通过数码管显示出来。

2. 进行电路装配

按电路装配的工艺流程进行装配，其工艺流程为：准备→熟悉工艺要求→核对元器件数量、规格、型号→元器件检测→元器件预加工→通用电路板的布局→电路的装配、焊接→自检。

（1）元器件的布局原则

在装配电路时，元器件放在什么位置，它们之间有什么关系，等等，都是布局时需要考虑的问题。

元器件布局的原则为：

① 应保证电气性能，尽量减小分布参数、寄生反馈、脉冲信号的畸变等。因此，元器件布设的位置直接决定了连线的长短和敷设路径，布线长度和走向不合理会增加分布参数和产生寄生耦合，而且不合理的走线还会给装配工艺带来麻烦。

② 元器件布局时，应考虑排列的美观，尽管导线纵横交叉，长短不一，但外观要力求平直、整洁、对称，使电路层次分明，信号的进出、电源的供给、主要元器件和回路的安排顺序妥当，使众多的元器件排列得繁而不乱、杂而有章。

③ 元器件的布局应有利于电路装配的方便和使用维修时的方便，便于电路的调整、观察、更换元器件等。

元器件位置的排列方法，因电路的要求不同而结构设计各异，一般的晶体管电路、集成电路按电路原理图组成的顺序（即信号的放大、变换的传递顺序）进行按级直线布置。

（2）电路的装配工艺

① 电阻器、二极管（发光二极管除外）均采用水平安装，并紧贴电路板，色环电阻的标志顺序方向应一致。

② 电容器采用垂直安装，高度要求为电解电容器的底部离电路板小于 4 mm，其他电容器的底部离电路板（6 ± 2）mm。

③ 微调电位器应紧贴电路板安装。

④ 集成电路采用插脚座安装，插脚座紧贴电路板。

⑤ 焊接完成后剪去多余引脚，留头在焊面上 1 mm。

3. 进行电路的调试、测试

在电路装配完成、检查无误的情况下，接通电源，将 R_P 调至最大和最小位置，用示波器测试 NE555 集成电路引脚输出信号的波形及周期（或频率）；然后调节 R_P，使脉冲周期为 1 s，观察数码管的显示，看数码管是否在 0 ~ 9 之间按递减顺序显示。如果数码管不显示，则应检查 555 时基电路和计数显示电路，直到排除故障为止。

4. 写出实践操作总结报告

① 画出数显定时器电路原理图，并分析电路功能。

② 设计数据表格，将实测数据（时基电路）与理论计算值进行比较，分析产生误差的原因。

③ 针对实训内容，总结 NE555 定时器、集成计数器、驱动显示器等的使用。

④ 总结装配、调试过程中遇到的问题，并提出解决的方法。

课外练习

一、单选题

1. 每过 10 个 CP 脉冲状态循环一次的计数电路，知其有效状态中的最大数为 1100，则欠妥的描述是______。

（a）模 10 计数器　　（b）计数容量为 10

（c）十进制计数器　　（d）十二进制计数器

2. 用集成计数器设计 n 进制计数器时，不宜采用______方法。

（a）置最小数　（b）反馈复位　（c）反馈预置　（d）时钟禁止

3. 程序控制中，常用______电路作定时器。

（a）计数器　（b）比较器　（c）译码器　（d）编码器

4. 两模数分别为 M_1 和 M_2 的计数器串接而构成的计数器，其总模数为______。

（a）M_1+M_2　（b）$M_1 \cdot M_2$　（c）M_1-M_2　（d）M_1/M_2

5. 构成模值为 256 的二进制计数器，需要______级触发器。

（a）2　（b）128　（c）8　（d）256

6. 同步计数器是指______的计数器。

（a）由同类型的触发器构成

（b）各触发器时钟端连在一起，统一由系统时钟控制

（c）可用前级的输出作后级触发器的时钟

（d）可用后级的输出作前级触发器的时钟

7. 由 10 级触发器构成的二进制计数器，其模值为______。

（a）10　（b）20　（c）1000　（d）1024

8. 同步 4 位二进制计数器的借位方程是 $B=\overline{Q_1}\,\overline{Q_2}\,\overline{Q_3}\,\overline{Q_4}$，则可知 B 的周期和正脉冲宽度为______。

（a）16 个 CP 周期和 2 个 CP 周期

（b）16 个 CP 周期和 1 个 CP 周期

（c）8 个 CP 周期和 8 个 CP 周期

（d）8 个 CP 周期和 4 个 CP 周期

9. 若 4 位同步二进制加法计数器当前的状态是 0111，下一个输入时钟脉冲后，其内容为______。

（a）0111　（b）0110　（c）1000　（d）0011

10. 若 4 位同步二进制加法计数器正常工作时，由 0000 状态开始计数，则经过 43 个输入计数脉冲后，计数器的状态应是______。

（a）0011　（b）1011　（c）1101　（d）1110

11. 设计一个能存放 8 位二进制代码的寄存器，需要______个触发器。

（a）8　（b）4　（c）3　（d）2

12. 一个 4 位移位寄存器原来的状态为 0000，如果串行输入始终为 1，则经过 4 个移位脉冲后寄存器的内容为______。

（a）0001　（b）0111　（c）0110　（d）1111

13. 用触发器设计一个同步十七进制计数器所需要的触发器数目是______。

（a）2　（b）3　（c）4　（d）5

14. 用反馈复位法来改变由 8 位二进制加法计数器的模值，可以实现______模值范围的计数器。

（a）1 ~ 15　（b）1 ~ 16　（c）1 ~ 32　（d）1 ~ 256

15. 同步计数器和异步计数器比较，同步计数器的显著优点是______。

（a）工作速度高　（b）触发器利用率高

（c）电路简单　（d）不受时钟 CP 控制

16. 把一个五进制计数器与一个四进制计数器串联可得到______进制计数器。

（a）4　（b）5　（c）9　（d）20

17. 某电视机水平—垂直扫描发生器需要一个分频器将 31 500 Hz 的脉冲转换为 60 Hz 的脉冲，欲构成此分频器至少需要______个触发器。

（a）10　（b）60　（c）525　（d）31500

18. N 个触发器可以构成最大计数长度（进制数）为______的计数器。

（a）N　（b）$2N$　（c）N^2　（d）2^N

二、多选题

1. 根据计数器中各触发器状态更新的情况不同，将计数器分为（　　）两种类型。

（a）可逆计数器　（b）循环计数器

（c）同步计数器　（d）异步计数器

2. 计数器的种类繁多，按编码可分为（　　）。

（a）加法计数器　（b）二进制计数器

（c）十进制计数器　　　　　　（d）N进制计数器

3. 74LS160是（　　）。

（a）同步计数器　　　　　　　（b）异步计数器

（c）十进制计数器　　　　　　（d）二进制计数器

4. 每经过10个CP脉冲状态循环一次的计数电路，知其有效状态中的最大数为1100，则正确的描述是（　　）。

（a）模10计数器　　　　　　　（b）计数器容量为10

（c）十进制计数器　　　　　　（d）十二进制计数器

5. 用集成计数器设计n进制计数器时，一般采用（　　）。

（a）置最小数法　　　　　　　（b）反馈复位法

（c）反馈预置　　　　　　　　（d）时钟禁止

三、判断题（用√表示正确，用×表示错误）

1. 计数器的模是指构成计数器的触发器的个数。（　）

2. 计数器的模是指对输入的计数脉冲的个数。（　）

3. 把1个五进制计数器与1个十进制计数器串联可得到十五进制计数器。（　）

4. 同步二进制计数器的电路比异步二进制计数器复杂，所以实际应用中较少使用同步二进制计数器。（　）

5. 利用反馈归零法获得N进制计数器时，若为异步置零方式，则状态S_N只是短暂的过渡状态，不能稳定而是立刻变为0状态。（　）

6. 计数器按计数增减可分为加法计数器、减法计数器和加-减计数器三种。（　）

7. 计数器的基本功能是计数和分频。（　）

8. 数字电路按照是否有记忆功能，通常可分为三类,即组合逻辑电路、触发器、时序逻辑电路。（　）

9. 时序逻辑电路的输出不仅和输入有关，而且还与电路原来的状态有关。（　）

10. 计数器、寄存器和译码器都是常见的时序逻辑电路。（　）

任务实施　数字定时抢答器的分析与制作

一、信息搜集

① 搜集能实现数字定时抢答器的电路组成。

② 在完成15秒8路定时抢答器电路的基础上查阅集成电路手册，搜集能

满足电路要求的中规模集成电路、器件的技术参数、使用说明等相关资料。

③ 搜集布局、装配电路的工艺流程和工艺规范资料。

④ 搜集电路调试的工艺规范资料。

二、实施方案

1. 设计电路

（1）确定数字定时抢答器的技术要求

① 抢答器为8位参赛选手抢答，提供8个抢答按钮，分别编号S_0、S_1、S_2、S_3、S_4、S_5、S_6、S_7。

② 主持人可以控制系统的清零与抢答开始。

③ 抢答器要有数据锁存与显示的功能。抢答开始后，若有任何一名选手按动抢答按钮，则要显示其编号至系统直到被主持人清零，同时其他人再按对应按钮无效。

④ 抢答器要有自动定时功能，并且一次抢答时间由主持人任意设定（本项目设定时间为15秒）。当主持人启动"开始"键后，定时器自动减计数，并在显示器上显示。

⑤ 参赛选手只有在设定时间内抢答方为有效抢答。若抢答有效，则定时器停止工作，并且显示抢答开始时间直到系统被清零。

⑥ 若设定时间内无选手进行抢答（按对应按钮），则定时器上显示00，光电报警，并且禁止选手超时抢答。

（2）确定完成15秒8路定时抢答器的电路原理图

定时抢答器的总体框图如图2.61所示。它由主体电路和扩展电路两部分组成。主体电路完成基本的抢答功能，即开始抢答后，当选手按动抢答按键时，能显示选手的编号，同时能封锁输入电路，禁止其他选手抢答。扩展电路完成定时抢答的功能。

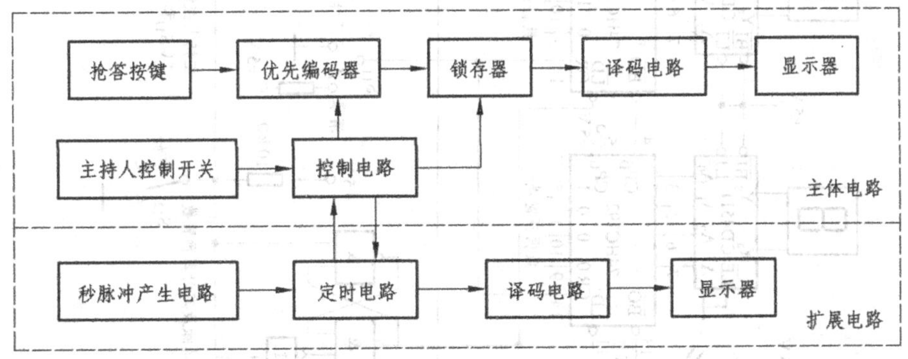

图2.61 定时抢答电路框图

定时抢答器的参考电路如图2.62所示。

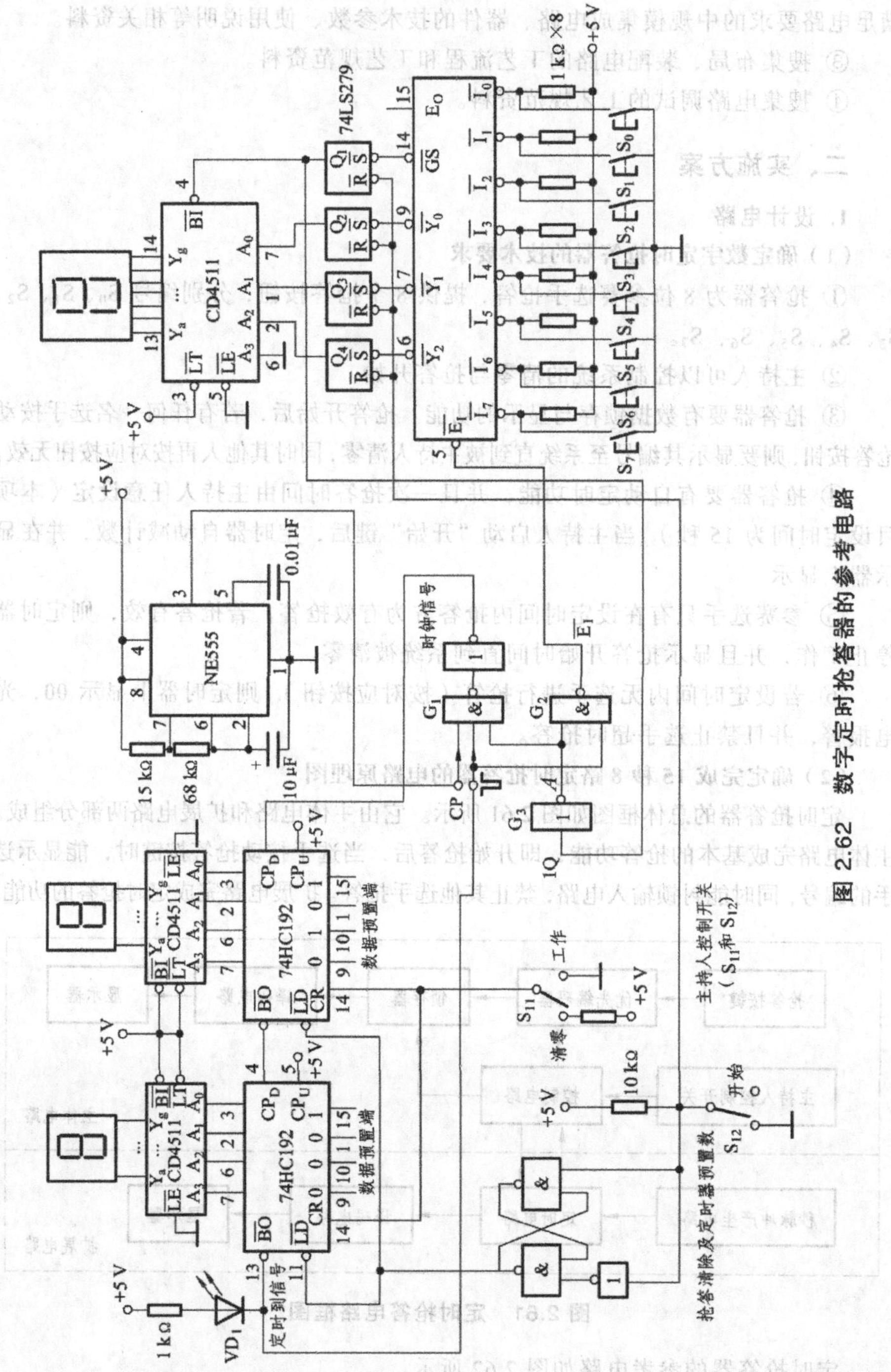

图 2.62 数字定时抢答器的参考电路

（3）分析并了解电路的工作过程

定时抢答器的工作过程如下：

① 定时器的清零。首先是主持人对定时器进行清零处理。主持人通过开关 S_{11} 打到清零位置时，由于两个计数器 74HC192 的清零端 CR 都为高电平，于是两个计数器的输出都为"0"，定时器显示"0"，达到清零的作用。清零后，再将开关打到工作端，使两个计数器处于工作状态。

② 定时器预设抢答时间及抢答编号清除。主持人通过开关 S_{12} 将抢答电路中显示抢答编号的数码管清除使其不显示，同时使定时器预置到定时抢答的时间（15 秒）。当主持人将开关 S_{12} 打到清除位置时，抢答电路中锁存器 74LS279 的四个输出端全为 0，由于 CD4511 的灭零端 $\overline{BI}$ 为低电平，所以编号显示器为空白（灭灯）；由于 G_3 输出为 1，G_2 输出为 0，使 $\overline{E_I}$ 为低电平，于是优先编码器 74HC148 处于工作状态；同时，555 定时器产生的秒脉冲信号进入 74HC192 计数器；另外，在定时电路中，由于 $\overline{LD}$ 为零，两个 74HC192 进行置数，使定时器显示设定时间（15 秒）。

③ 抢答过程。当主持人宣读抢答题目后说一声"抢答开始"，同时将控制开关 S_{12} 拔到"开始"位置时，抢答器处于工作状态，定时器进行倒计时。当定时时间到，却没有选手抢答时，定时器显示 00，借位输出发出一个负脉冲信号，使发光二极管点亮，进行光电报警；同时通过控制门 G_1 和 G_2 封锁定时器（使时钟脉冲封锁）和抢答电路（使 $\overline{E_I}$ 为高电平），于是定时器保持 00，并封锁输入电路，禁止选手超时抢答，即实现定时电路和抢答电路同时停止工作。当选手在定时时间内按动抢答按键时（如按下 S_5），74HC148 的输出 $\overline{Y_2}\overline{Y_1}\overline{Y_0}=010$，$\overline{GS}=0$，经 RS 锁存后，$Q_1=1$，$\overline{BI}=1$，CD4511 处于工作状态，经译码后显示"5"。由于 $Q_1=1$，使 74HC148 的 $\overline{E_I}$ 端为高电平，优先编码器处于封锁状态，封锁了其他选手按键的输入。由于 $\bar{Q}_1=0$，控制门 G_1 封锁了秒脉冲，使定时器停止工作，定时显示器上显示剩余的抢答时间，并保持到主持人将系统清零为止。当选手将问题回答完毕，主持人操作控制开关 S_{11} 使定时器清零后处于工作状态，然后再进行抢答电路的清除和定时器的预置数，以便进行下一轮抢答。

2. 确定元器件、材料及所需的工具

① 电路装配的工具：剥线钳、斜口钳、5 号一字和十字螺丝刀、电烙铁及烙铁架，镊子、剪刀、焊锡丝、松香。

② 测试仪器仪表：万用表、直流稳压电源、示波器、低频信号发生器、逻辑笔。

③ 参考电路元器件清单见表 2.21。

表 2.21　参考电路元器件清单表

名　　称	规　　格	名　　称	规　格
碳膜电阻（1只）	10 kΩ/1/4W	三输入“与非”门（1个）	74HC10
碳膜电阻（1只）	1 kΩ/1/4W	集成计数器（2个）	74HC192
碳膜电阻（1只）	15 kΩ/1/4W	优先编码器（1个）	74HC148
碳膜电阻（1只）	68 kΩ/1/4W	锁存器（1个）	74LS279
碳膜电阻（8只）	1 kΩ/1/4 W（8只）	译码驱动器（3个）	74HC4511
电瓷片电容器（1只）	0.01 μF	数码显示管（共阴）（3个）	BS201
电解电容器（1只）	10 μF/16 V	16Pin、14Pin 集成电路插座（各5个）	
发光二极管（1个）	ϕ3（红色）	8Pin 集成电路插座（1个）	
“非”门集成芯片（1个）	74HC04	ϕ0.8 mm 镀锡铜丝（若干）	
二输入“与非”门（1个）	74HC20	焊料、助焊剂、绝缘胶布（若干）	
集成555定时器（1个）	NE555	万能电路板（1块）	
按键开关（8个）	常开按键开关	紧固件 M4×15（4套） 多股软导线 400 mm	
开关（2个）	单刀双置钮子开关		

④ 元器件的清点、识别、测试。查阅集成电路手册，确定中规模集成电路、器件的技术参数、管脚排列、使用说明等，并通过实验箱测试其逻辑功能，判别其质量。

其它器件可根据元件外形或用万用表测试，确定各实际元件的参数和管脚、质量等。

3. 电路装配

在电路装配时，将整个电路分为四个模块，第1模块为秒脉冲发生电路，第2模块为抢答电路，第3模块为定时电路，第4模块为控制电路。装配时，可分模块组装，每个模块调试正常后，再进行连接总装。因此，电路的布局与布线亦可分模块进行。

（1）电路的焊接与装配

按设计的装配布局图进行电路装配，装配时应注意：

① 电阻器采用水平安装方式，电阻体贴紧电路板，色环电阻的色环标志顺序一致。

② 发光二极管、电容器采用垂直安装方式，底部离电路板 5 mm。

③ 共阴数码管垂直安装，应贴紧电路板安装，不能歪斜。

④ 集成电路采用插座安装，集成块座应贴紧电路板安装，不能歪斜。

（2）电路板的自检

检查电路的布线是否正确，焊接是否可靠，元器件有无装错，有无漏焊、虚焊、短路等现象。

4. 电路的调试与测试

反复检查组装电路，在电路组装无误的情况下，接入电源，观察三个数码管的显示情况。

① 首先用示波器测试由 555 定时器产生的秒脉冲电路是否正常，若不正常，则检查秒脉冲产生电路，直至正常为止。

② 拨动主持人开关 S_{11}，使它处于定时器“清零”位置，观察定时器电路应显示为 00，然后使定时器处于工作状态。

③ 拨动主持人开关 S_{12}，使抢答电路清除和定时器预置数，定时器应显示 15、抢答器电路中的数码管应灭灯，否则应检查定时电路和抢答电路。

④ 拨动主持人开关 S_{12} 到“开始”位置，观察定时器电路的显示应呈递减数字变化。当减到 00 时，定时器停止工作，发光二极管发光，给出抢答时间到的信号，同时按抢答按键无效，禁止抢答。

⑤ 主持人拨动控制开关 S_{12}，使定时抢答器“置数与清除”后再“开始”，定时电路递减变化，同时按下 8 路抢答按键的其中一个，例如按下第 5 个按键，观察定时电路是否停止工作，显示 0 ~ 15 之间的某一数字，抢答电路是否显示 5；此时，再按其他的抢答按键，抢答电路和定时电路都不工作，禁止抢答，否则应检查电路。

5. 电路故障的排查

若在以上的调试、测试过程中，测试电路不正常，应仔细检查电路装配是否正确。检查时可分块检查，例如，先检查秒脉冲产生电路→再检查定时电路→再检查抢答电路→再检查控制电路，这样逐一检查，直到排除故障为止。

三、验收评估

任务实施完成后，按以下标准进行验收与评估。

1. 装配

① 布局合理、紧凑。

② 导线横平竖直，转角成直角，无交叉。

③ 元件间连接与电路原理图一致。

④ 电阻器水平安装，紧贴电路板，色环方向一致。

⑤ 按键开关采用垂直安装方式，紧贴电路板。

⑥ 集成电路采用集成电路插座，采用垂直安装方式，贴紧电路板，方向一致。

⑦ 电容器、发光二极管采用垂直安装，高度符合要求且平整、对称。

⑧ 布线平直，焊点光亮、清洁，焊料适量。

⑨ 无漏焊、虚焊、假焊、搭焊、溅焊等现象。

⑩ 焊接后元件引脚留头长度小于 1 mm。

⑪ 总装符合工艺要求。

⑫ 导线连接正确，绝缘恢复良好。

⑬ 线路若一次装配不成功，需检查电路、排除故障直至电路正常。

2. 调试与测试

① 正确地使用集成电路。

② 秒脉冲输出波形正确。

③ 定时器电路显示正确。

④ 抢答电路显示正确。

⑤ 正确使用万用表、示波器等测试仪器。

3. 故障排除

① 能正确观察出故障现象。

② 能够正确分析故障原因，判断故障范围。

③ 检修故障思路清晰，方法应用得当。

④ 检修结果正确。

⑤ 正确使用测试仪器。

4. 安全、文明生产

① 安全用电，不人为损坏元器件、加工件和设备等。

② 保持实验环境整洁，操作习惯良好。

③ 认真、诚信地工作，能较好地和小组其他人员交流、协作完成工作。

四、资料归档

在任务完成后，需编写技术文档，技术文档中需包含：① 电路的功能说明；② 电路原理图及分析；③ 装配电路的工具、测试仪器仪表、元器件及材料清单；④ 通用电路板上的电路布局图；⑤ 电路制作的工艺流程说明；⑥ 测试结果分析；⑦ 总结。

技术文档必须按国家标准对其进行标准化，经相关人员审核后存入技术档案室进行统一管理。

思考与提高

1. 在图 2.62 所示的数字定时抢答器电路中，若增加扬声器报警电路，即主持人控制开关拨到“开始”位置时，扬声器发声；参赛选手按动抢答按键时，扬声器发声；设定的抢答时间到，无人抢答时，扬声器发声。则电路应如何改进？试画出由 555 定时器构成的报警电路及报警控制电路，并说明其工作原理。

2. 在图 2.62 所示的数字定时抢答器电路中，如何将序号为 0 的组号在数码显示管中显示 8？电路应做何改动？

3. 定时抢答器的扩展功能还有哪些？举例说明，并设计电路。

学习项目3 数字显示温度控制器的分析与制作

项目描述

在日常生活和工业生产的温控设备中，常需要把控制的温度通过温控仪表显示出来。图 3.1 所示为常用的一类温控显示仪外形。本学习项目就是在《模拟电子技术及项目训练》中的学习项目 3 制作的温控开关电路的基础上，学习温控数字显示电路的分析与制作，从而熟悉集成 D/A、A/D 转换器的应用。

图 3.1 温控显示仪

项目要求

1. 工作任务及要求

制作一个能显示 0 °C ~ 200 °C 温度范围的温度控制仪，使其满足以下要求：

① 能进行 0 °C ~ 150 °C 范围内温度的检测。

② 能进行温度控制，控制的温度可根据需要人为设定，而控制的温度通过数字电压表显示出来。

其温控数字显示器的原理框图如图 3.2 所示。

工作任务：

① 确定温控开关电路的原理图和数字电压表的原理图。

② 组装调试温控开关电路和数字电压表电路。

③ 总装数字显示温度控制器，调试使控制温度为 80 °C。

④ 完成产品技术文档的编制和存档。

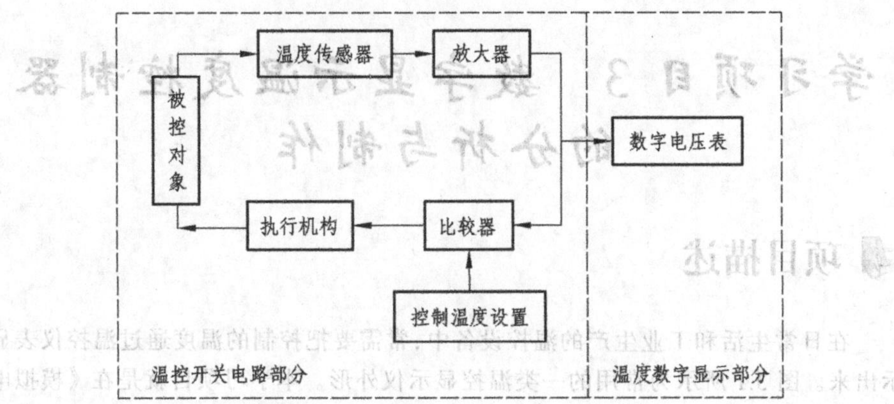

图 3.2　温控数字显示器的原理框图

2. 学习产出

① 技术文档（电路组成结构，电路原理图及分析，电路器件的选用，电路安装布线图，电路装配的工艺流程说明，调整测试记录，测试结果分析等）。

② 制作的产品。

学习目标

1. 了解数字量与模拟量之间的转换过程。

2. 熟悉 D/A、A/D 转换的基本原理及类型、特点。

3. 掌握集成 D/A、A/D 转换器的性能指标及应用。

4. 熟悉常用的 D/A、A/D 转化器集成芯片的特点和应用。

5. 熟悉集成存储器的特点及应用。

6. 复习温度传感器及其使用，复习集成运算放大器的应用。

7. 掌握数字显示温度控制器电路的分析方法。

8. 能根据选定的数字显示温度控制器电路，正确地选择电路器件构成温度控制仪。

9. 能根据实际的器件进行电路的安装、调试和测试，并进行正确的分析。

10. 具有安全生产意识，了解事故预防措施。

11. 能与他人合作、交流完成电路的设计、电路的组装与测试等任务，具有团结协作、敢于创新的精神和解决问题的可迁移的关键能力。

基础训练1 加法计数器D/A转换显示电路的分析与测试

相关知识

一、D/A转换器的工作原理

在过程控制和信息处理中，遇到的大多是连续变化的物理量，如话音、温度、压力、流量等，它们的值都是随时间连续变化的。工程上要求处理这些信号，首先要通过传感器将这些物理量变成电压、电流等电信号模拟量，再经模拟—数字转换器变成数字量后才能送给计算机或数控电路进行处理。处理的结果，又需经过数字—模拟转换器变成电压、电流等模拟量，以实现自动控制。图3.3所示为一个典型的数字控制系统框图。可以看出，A/D转换（模拟/数字转换）和D/A转换（数字/模拟转换）是现代数字化设备中不可缺少的部分，它是数字电路和模拟电路的中间接口电路。

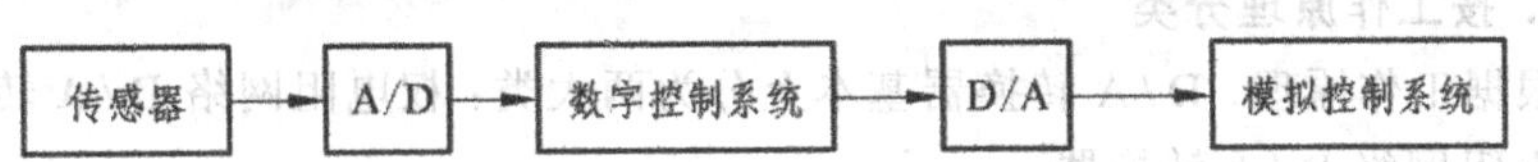

图3.3 典型的数字控制系统

D/A转换器（简称DAC）就是一种将离散的数字量转换为连续变化的模拟量的电路。数字量是用代码表示的，每位代码都有一定的权。为了将数字量转换为模拟量，必须将每一位的代码按其权的大小转换成相应的模拟量，然后将代表每位的模拟量相加，所得的总模拟量就与数字量成正比。这就是D/A转换器的基本指导思想。

图3.4所示为数/模转换的示意图。D/A转换器将输入的二进制数字量转换成相应的模拟电压，经运算放大器A的缓冲，输出模拟电压u_o。

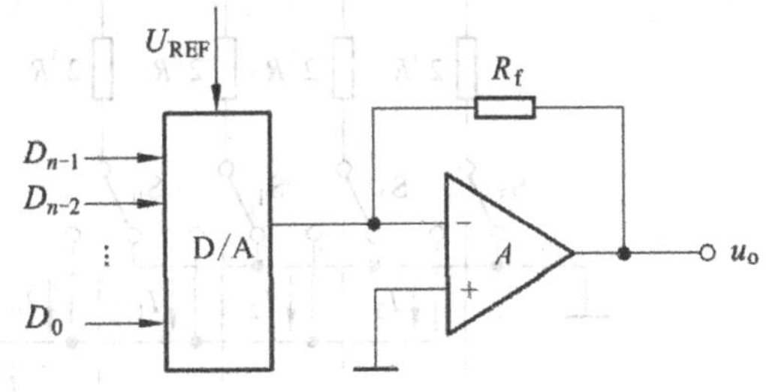

图3.4 数/模转换示意图

图中，$D_0 \sim D_{n-1}$为输入的n位二进制数字量（其十进制最大为2^{n-1}），D_0为最低位（LSB），D_{n-1}为最高位（MSB）；u_o为输出模拟量；U_{REF}为实现转换所需的参考电压（又称基准电压）。三者应满足下列关系式：

$$u_o = X\frac{U_{REF}}{2^n}$$

式中，X 为二进制数字量所代表的十进制数，$X = 2^{n-1}D_{n-1} + 2^{n-2}D_{n-2} + \cdots + 2^1 D_1 + 2^0 D_0$。所以：

$$u_o = \frac{U_{REF}}{2^n}(2^{n-1}D_{n-1} + 2^{n-2}D_{n-2} + \cdots + 2^1 D_1 + 2^0 D_0)$$

例如，当 $n = 3$、参考电压为 10 V 时，D / A 转换器输入二进制数和转换后的输出模拟电压量如表 3.1 所示。

表 3.1　三位二进制数字量对应的模拟量

输入	000	001	010	011	100	101	110	111
u_o / V	0	1.25	2.5	3.75	5	6.25	7.5	8.75

一般来说，D / A 转换器由四部分组成，即电阻译码网络、模拟开关、基准电源（参考电压）和运算放大器。

二、D / A 转换器的主要类型

1. 按工作原理分类

根据工作原理，D / A 转换器基本上分为两大类：权电阻网络 D / A 转换器和 T 型电阻网络 D / A 转换器。

（1）权电阻 D / A 转换器

图 3.5 所示为 4 位二进制权电阻 D / A 转换的电路。由该图可以看出，此类 DAC 由权电阻网络、模拟开关和运算放大器组成。U_{REF} 为基准电压。电阻网络的各电阻值呈二进制权的关系，并与输入二进制数字量对应位的权成比例关系。

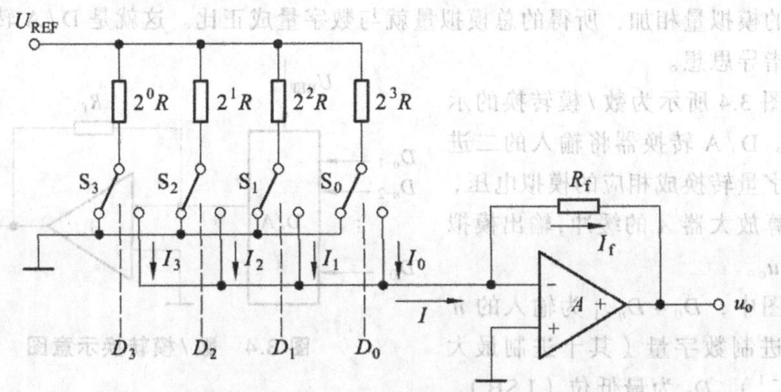

图 3.5　权电阻 D / A 转换电路的原理图

输入数字量 D_3、D_2、D_1 和 D_0 分别控制模拟电子开关 S_3、S_2、S_1 和 S_0 的工作状态。当 D_i 为“1”时，开关 S_i 接通参考电压 U_{REF}；当 D_i 为“0”时，开关 S_i 接地。这样，流过所有电阻的电流之和 I 就与输入的数字量成正比，则求和运算放大器总的输入电流为：

$$\begin{aligned}I&=I_0+I_1+I_2+I_3\\&=\frac{U_{\mathrm{REF}}}{2^3R}D_0+\frac{U_{\mathrm{REF}}}{2^2R}D_1+\frac{U_{\mathrm{REF}}}{2^1R}D_2+\frac{U_{\mathrm{REF}}}{2^0R}D_3\\&=\frac{U_{\mathrm{REF}}}{2^3R}(2^0D_0+2^1D_1+2^2D_2+2^3D_3)\\&=\frac{U_{\mathrm{REF}}}{2^3R}\sum_{i=0}^{3}2^iD_i\end{aligned}$$

若运算放大器的反馈电阻 $R_{\mathrm{f}}=R/2$，由于运算放大器的输入电阻为无穷大，所以，$I_{\mathrm{f}}=I$，则运算放大器的输出电压为：

$$u_{\mathrm{o}}=-I_{\mathrm{f}}R_{\mathrm{f}}=-\frac{R}{2}\times\frac{U_{\mathrm{REF}}}{2^3R}\sum_{i=0}^{3}2^iD_i=-\frac{U_{\mathrm{REF}}}{2^4}\sum_{i=0}^{3}2^iD_i$$

对于 n 位权电阻 D/A 转换器，其输出电压为

$$u_{\mathrm{o}}=-\frac{U_{\mathrm{REF}}}{2^n}\sum_{i=0}^{n-1}2^iD_i$$

由上式可见，二进制权电阻 D/A 转换器的模拟输出电压与输入的数字量成正比关系。当输入数字量全为 0 时，DAC 的输出电压为 0；当输入数字量全为 1 时，DAC 的输出电压为 $-U_{\mathrm{REF}}\left(1-\frac{1}{2^n}\right)$。

权电阻网络 DAC 的优点是：电路结构简单，适用于各种权码。其主要缺点是：构成网络电阻的阻值范围较宽，品种较多。为保证 D/A 转换器的精度，要求电阻的阻值精度高，这给生产带来一定的困难。因此权电阻 DAC 在集成电路中用得较少。

（2）倒 T 型 D/A 转换器

图 3.6 所示为 4 位 R-2R 倒 T 型 D/A 转换器。此 DAC 由 R、$2R$ 两种阻值的电阻构成的倒 T 型电阻网络、模拟开关和运算放大器组成。输入数字量 D_3、D_2、D_1 和 D_0 分别控制模拟电子开关 S_3、S_2、S_1 和 S_0 的工作状态。当 D_i 为“1”时，开关 S_i 接通右边，相应的支路电流流入运算放大器；当 D_i 为“0“时，开关 S_i 接通左边，相应的支路电流流入地。

开关 $S_3\sim S_0$ 是在运算放大器求和点（虚地）与地之间转换，因此不管数字信号 D 如何变化，流过每条支路的电流始终不变，从参考电压 U_{REF} 输入的总电流也是固定不变的。

图 3.6 所示电路从 U_{REF} 向左看，其等效电路如图 3.7 所示，等效电阻为 R，

因此总电流 $I = U/R$。

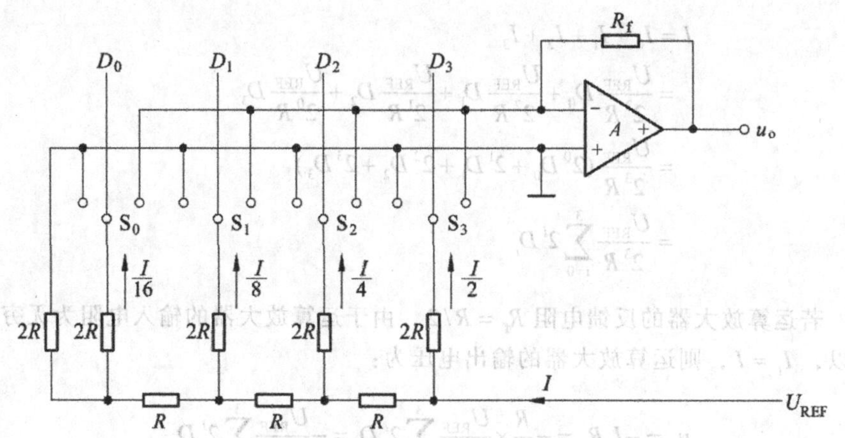

图 3.6 4 位 R-2R 倒 T 型 D / A 转换器

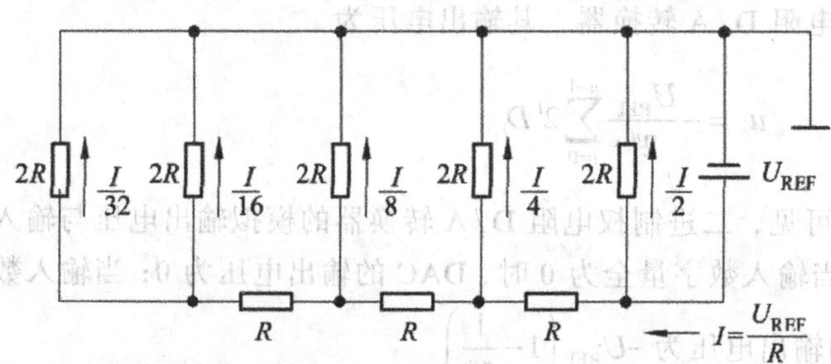

图 3.7 倒 T 型电阻网络的简化等效电路

流入每个 $2R$ 电阻的电流从高位到低位依次为 $I/2$、$I/4$、$I/8$、$I/16$，流入运算放大器反相输入端的电流为

$$I_- = \frac{I}{2}D_3 + \frac{I}{4}D_2 + \frac{I}{8}D_1 + \frac{I}{16}D_0$$

$$= \frac{U_{REF}}{2^4 R}(2^3 D_3 + 2^2 D_2 + 2^1 D_1 + 2^0 D_0)$$

所以运算放大器的输出电压为

$$u_o = -I_- R_f = -\frac{U_{REF} R_f}{2^4 R}(2^3 D_3 + 2^2 D_2 + 2^1 D_1 + 2^0 D_0)$$

若 $R_f = R$，则有

$$u_o = -\frac{U_{REF}}{2^4}(2^3 D_3 + 2^2 D_2 + 2^1 D_1 + 2^0 D_0)$$

推广到 n 位 DAC，则有

$$u_o = -\frac{U_{REF}}{2^n}(2^{n-1}D_{n-1} + 2^{n-2}D_{n-2} + \cdots + 2^1 D_1 + 2^0 D_0)$$

倒T型DAC的特点是：模拟开关不管处于什么位置，流过各支路 $2R$ 的电流总是接近于恒定值；该D/A转换器只采用 R 和 $2R$ 两种电阻，故在集成芯片中应用非常广泛，是目前D/A转换器中速度最快的一种。

2. 按技术参数分类

根据开关选择电流还是电压，输出显示采用电压还是电流，D/A转换器集成芯片大致可以分为以下几类。

（1）电压输出型（如TLC5620）

电压输出型D/A转换器虽有采用直接从电阻阵列输出电压的，但一般采用内置输出放大器以低阻抗输出。直接输出电压的D/A器件仅用于高阻抗负载，由于无输出放大器部分的延迟，故常作为高速D/A转换器使用。

（2）电流输出型（如THS5661A）

电流输出型D/A转换器很少直接利用电流输出，大多外接电流/电压转换电路得到电压输出，后者有两种方法：一是只在输出引脚上接负载电阻而进行电流/电压转换；二是外接运算放大器。用负载电阻进行电流/电压转换的方法，虽可在电流输出引脚上出现电压，但必须在规定的输出电压范围内使用，而且由于输出阻抗高，所以一般外接运算放大器使用。此外，大部分CMOS D/A转换器当输出电压不为零时不能正确动作，所以必须外接运算放大器。当外接运算放大器进行电流/电压转换时，则电路构成基本上与内置放大器的电压输出型相同，这是由于在D/A转换器的电流建立时间上加入了运算放大器的延迟，使响应变慢。此外，这种电路中的运算放大器因输出引脚的内部电容而容易起振，有时必须作相位补偿。

（3）乘算型（如AD7533）

D/A转换器中有使用恒定基准电压的，也有在基准电压输入时加上交流信号的，后者由于能得到数字输入和基准电压输入相乘的结果而输出，因而称为乘算型D/A转换器。乘算型D/A转换器一般不仅可以进行乘法运算，而且可以作为使输入信号数字化地衰减的衰减器及对输入信号进行调制的调制器使用。

（4）一位D/A转换器

一位D/A转换器与前述转换方式全然不同，它将数字值转换为脉冲宽度调制或频率调制的输出，然后用数字滤波器作平均化而得到一般的电压输出（又称位流方式），用于音频等场合。

三、DAC 的主要技术指标

目前市场上的 D/A 转换器集成芯片很多，各大芯片制造公司都有自己的一套产品规格型号，但通常以 DAC 代表数/模转换。以美国国家半导体公司生产的 DAC××××芯片为例：DAC0832 代表它有一个 8 位的输入端；DAC1210 则代表它有一个 12 位的输入端。

1. 分辨率

DAC 的分辨率是说明 DAC 输出最小电压的能力，它是指最小输出电压（对应的输入数字量仅最低位为 1）与最大输出电压（对应的输入数字量各有效位全为 1）之比，即：

$$\text{分辨率} = \frac{1}{2^n - 1}$$

式中，n 表示输入数字量的位数。可见，n 越大，分辨最小输出电压的能力也越强。

例如，$n = 10$，DAC 的分辨率为：

$$\text{分辨率} = \frac{1}{2^n - 1} = \frac{1}{2^{10} - 1} \approx 0.001$$

2. 转换精度

转换精度是指 DAC 实际输出模拟电压值与理论输出模拟电压值之差。显然，这个差值越小，电路的转换精度越高。

转换精度通常用最大误差与满量程输出电压之比的百分数表示。例如，某 D/A 转换器的满量程输出电压为 10 V，如果误差为 1%，就意味着输出电压的最大误差为 ± 0.1 V。转换精度是一个综合指标，它不仅与 D/A 转换器中的元件参数的精度有关，而且还与环境温度、集成运放的温度漂移以及 D/A 转换器的位数有关。主要包含零点误差（也叫偏移误差）、增益误差、非线性误差等。

3. 建立时间（转换速度）

建立时间是指 DAC 从输入数字信号开始到输出模拟电压或电流达到稳定值时所用的时间，又称为转换速度。不同的 DAC 其转换速度也是不相同的，一般约在几微秒到几十微秒的范围内。

四、常用集成 D/A 转换器简介

现在常用的 D/A 转换器均为集成电路构成，从外形上分，主要有直插式和贴片式等几种，如图 3.8 所示。下面介绍比较常用的集成 D/A 转换器。

(a) 贴片封装（SMD）

(b) 贴片封装（SMD）

(c) 双列直插封装（DIP）

图 3.8　常见的 D/A 转换器集成电路芯片的外形

1. DAC0830 系列

DAC0830 系列包括 DAC0830、DAC0831 和 DAC0832，是采用 CMOS Cr-Si 工艺实现的 8 位乘法 DAC，可直接与 8080、8048、Z80 及其他微处理器接口。该电路采用双缓冲寄存器，它能方便地应用于多个 DAC 同时工作的场合。数据输入能以双缓冲、单缓冲或直接通过三种方式工作。DAC0830 系列各电路的原理、结构及功能都相同，参数指标略有不同。下面以 DAC0832 为例进行说明。

DAC0832 的逻辑功能框图和引脚图如图 3.9 所示。它由 8 位输入寄存器、8 位 DAC 寄存器和 8 位乘法 DAC 组成。8 位乘法 DAC 由倒 T 型电阻网络和电子开关组成，其工作原理已在前面的内容中讲述。DAC0832 采用 20 只引脚双列直插封装。

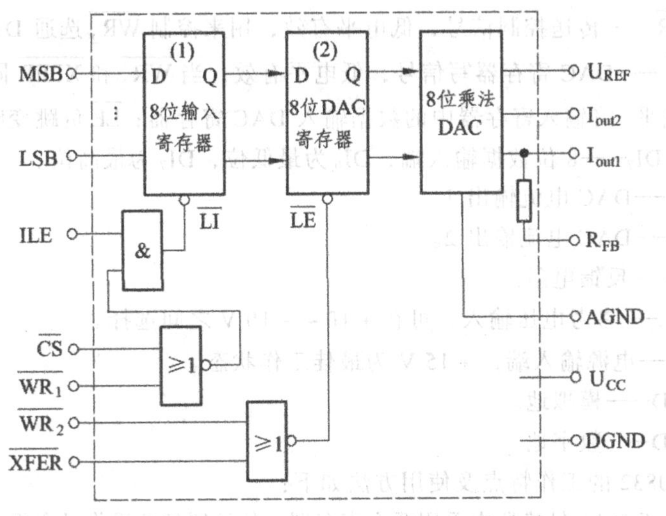

(a) 功能框图

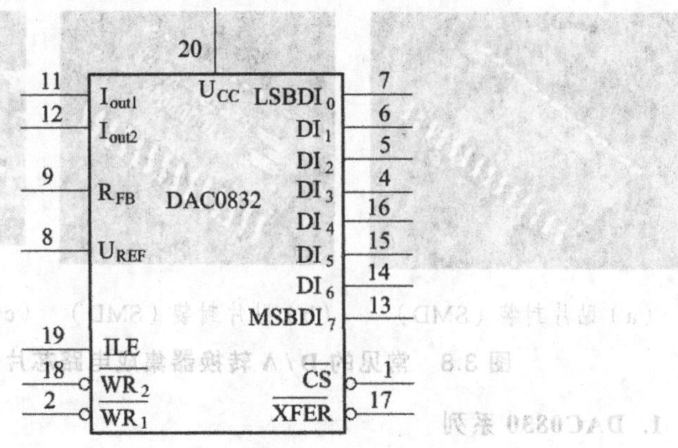

（b）引脚图

图 3.9 DAC0832 的逻辑功能框图和引脚图

DAC0832 芯片各引脚的功能说明如下：

$\overline{CS}$——输入寄存器选通信号，低电平有效，同 $\overline{WR_1}$ 组合选通 ILE。

ILE——输入寄存器锁存信号，高电平有效（当 $\overline{CS}=\overline{WR_1}=0$ 时，只要 ILE = 1，则 8 位输入寄存器将直通数据，即不再锁存）。

$\overline{WR_1}$——输入寄存器写入信号，低电平有效，在 $\overline{CS}$ 和 ILE 都有效且 $\overline{WR_1}$ = 0 时，$\overline{LI}=1$，将数据送入输入寄存器，即为"透明"状态，当 $\overline{WR_1}$ 变高或 ILE 变低时数据锁存。

$\overline{XFER}$——传送控制信号，低电平有效，用来控制 $\overline{WR_2}$ 选通 DAC 寄存器。

$\overline{WR_2}$——DAC 寄存器写信号，低电平有效，当 $\overline{WR_2}$ 和 $\overline{XFER}$ 同时有效时，$\overline{LE}$ 为高电平，将输入寄存器中的数据输入 DAC 寄存器；$\overline{LE}$ 负跳变时锁存数据。

$DI_0 \sim DI_7$——8 位数据输入端，DI_0 为最低位，DI_7 为最高位。

I_{out1}——DAC 电流输出 1。

I_{out2}——DAC 电流输出 2。

R_{FB}——反馈电阻。

U_{REF}——参考电压输入，可在 +10 ~ −10 V 之间选择。

U_{CC}——电源输入端，+15 V 为最佳工作状态。

AGND——模拟地。

DGND——数字地。

DAC0832 的工作特点及使用方法如下：

① 由于 D/A 转换器内采用两个寄存器，使该器件的操作具有很大的灵活性。当它正在输出模拟量时（对应于某一数字信息），便可以采集下一个输入数据。

② 在多片 DAC0832 同时工作时，输入信号可以分时、按顺序输入，但输出却可以是同时的。

③ 当 ILE 有效和 $\overline{CS}$ 有效时，该芯片在 $\overline{WR_1}$ 也有效的时刻才将数据线上的数据送入到输入寄存器中；当 $\overline{WR_2}$ 和 $\overline{XFER}$ 同时有效时，才将输入寄存器中的数据传送至 DAC 寄存器。

④ 由于 DAC0832 中不包含运算放大器，所以使用时需要外接运算放大器才能构成完整的 DAC。

2. AD7533（10 位 CMOS DAC）

AD7533 是单片集成 DAC，与早期产品 AD7530、AD7520 完全兼容。它由一组高稳定性能的倒 R-2R 电阻网络和 10 个 CMOS 开关组成。图 3.10 所示为 AD7533 的引脚图。

AD7533 在使用时需外接参考电压和求和运算放大器，将 DAC 的电流输出转换为电压输出。AD7533 既可作为单极性使用，也可双极性使用。

实际应用中还有很多种的 D/A 转换器，例如 AC1002、DAC1022、DAC1136、DAC1222、DAC1422 等，用户在使用时，可查阅相关的手册。现将常见的 D/A 转换器列于表 3.2 中。

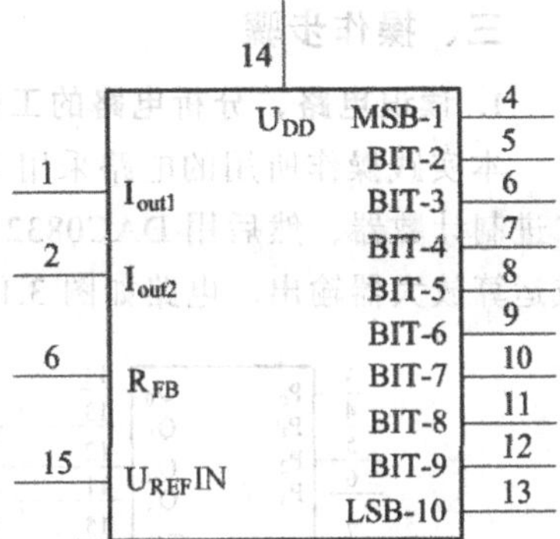

图 3.10　AD7533 和引脚图

表 3.2　常用的 D/A 转换器

型　号	功 能 说 明
DAC0830、DAC0831、DAC0832	8 位 D/A 转换器
DAC1000、DAC1001、DAC1002 DAC1006、DAC1007、DAC1008	10 位 D/A 转换器
DAC1230、DAC1231、DAC1232	12 位 D/A 转换器
DAC700、DAC701、DAC702、 DAC703、DAC712	16 位 D/A 转换器
DAC811、DAC813	12 位 D/A 转换器
AD7224、AD7228、AD7524	8 位 D/A 转换器
AD7533	10 位 D/A 转换器
AD7534、AD7535、AD7538	14 位 D/A 转换器

实践操作 加法计数器 D/A 转换显示电路的测试

一、目的

① 进一步熟悉 74HC161 集成计数器的功能。

② 掌握 D/A 转换器的基本原理和工作过程。

③ 熟悉 DAC0832 的各引脚功能和使用方法。

二、器材

① 万用表、示波器、信号发生器、直流电源、实验箱各 1 台。

② 74HC161（2 块）、运算放大器 741（1 块）、DAC0832（1 块）。

三、操作步骤

1. 读识电路，分析电路的工作原理

本实践操作所用的电路采用 2 块 74HC161 四位二进制加法计数器构成八位二进制计数器，然后用 DAC0832 将八位计数器的数字量转换为模拟电压通过集成运算放大器输出。电路如图 3.11 所示。

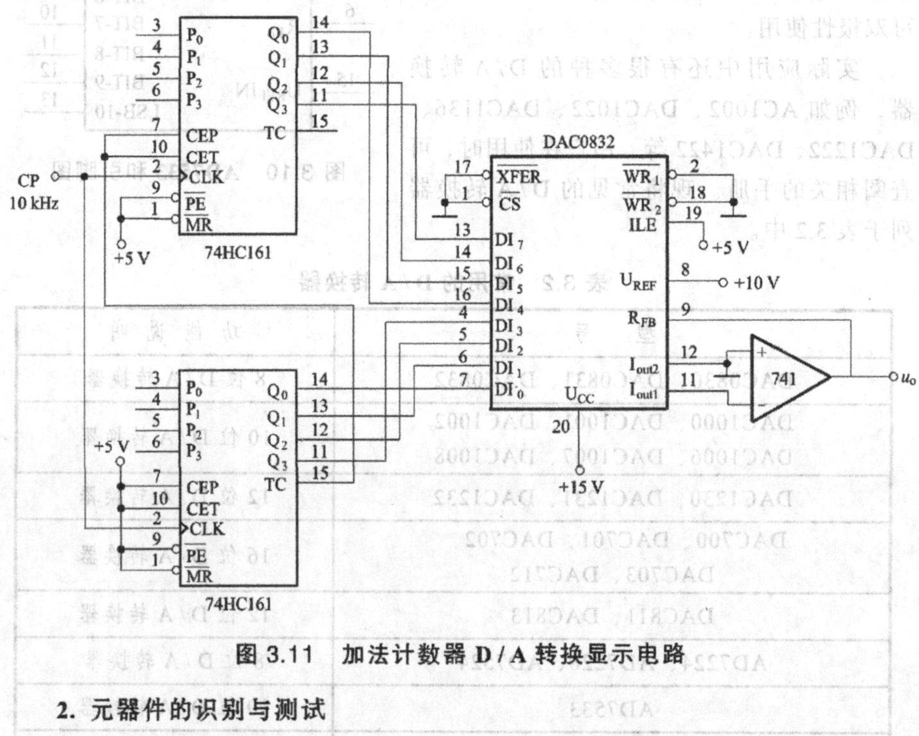

图 3.11 加法计数器 D/A 转换显示电路

2. 元器件的识别与测试

查阅集成电路手册，了解 74HC161、DAC0832 和集成运放 741 的功能，确

定 74HC161、DAC0832、741 的管脚排列，确定各管脚的功能。

3. 连接电路并测试

按图 3.11 所示电路在实验箱或面包板上安装好电路，检查电路连接，确认无误的情况下再接电源。注意不要将引脚接错。

（1）测试八位二进制计数器的工作情况

将脉冲输入端 CP 接信号源，调整信号源的频率到 10 kHz 左右，幅度大小为 2 V。用示波器的一个探头测试 CP 信号，另一个探头依次测量两块 74HC161 的输出波形，即 DAC0832 的 $DI_0 \sim DI_7$ 波形，观察示波器上显示的 CP 信号频率与计数器各输出端的频率关系。DI_0 的信号频率应为 CP 的二分频，DI_1 的频率为 CP 的四分频，DI_2 为 CP 的八分频，以此类推。如果测试正确，说明由两块 74HC161 构成的八位二进制计数器工作正常。

（2）测试 D/A 转换器的工作情况

DAC0832 是实现 D/A 转换的器件。用示波器测量运放 741 的输出信号，记录输出波形的形状、幅值、频率。如果电路正常，其输出应为一个锯齿波，即实现了从数字量到模拟量的转换。

改变输入脉冲 CP 的频率，观察输出波形的频率变化；改变数/模转换器 DAC0832 的参考电压 U_{REF} 的大小，观察输出波形的幅值变化情况，随着参考电压的增大，输出幅值也应跟着增大。

4. 写出实践操作总结报告

写出实践操作的目的、器材，分析图 3.11 所示电路的基本工作过程，整理测试结果，并说明集成计数器和 DAC 的正确使用方法。

课外练习

一、单选题

1. 在 8 位 D/A 转换器中，其分辨率是（　　）。

（a）1/8　　（b）1/256　　（c）1/255　　（d）1/2

2. 在构成 D/A 转换器的电路中，不属于 D/A 转换器组成部分的是（　　）。

（a）数码锁存器　　（b）电子开关　　（c）电阻网络　　（d）译码器

3. 在权电阻网络、倒 T 型等类型的 D/A 转换器中，倒 T 型 D/A 转换器在动态过程输出端的尖峰脉冲（　　）。

（a）最小　　（b）最大　　（c）居中　　（d）偏大

4. 常用的 D/A 转换电路是（　　）。

（a）权电阻 D/A 转换器　　（b）T 型 D/A 转换器

（c）倒 T 型 D/A 转换器　　（d）开关树型 D/A 转换器

5. 3 位十进制（BCD 编码）D/A 转换器的分辨率是（　　）。

（a）1/3　　（b）1/10　　（c）1/999　　（d）1/1000

6. 10 位二进制 D/A 转换器的分辨率是（　　）。

（a）1/10　　（b）1/100　　（c）1/1023　　（d）1/1024

7. 一个倒 T 网络的 10 位 D/A 转换器的最小输出电压为 0.01 V，则当 $D=(1100000100)_2$ 时，对应的输出电压 u_o 为（　　）V。

（a）7.72　　（b）8.56　　（c）3.64　　（d）10.25

8. D/A 转换器可比做（　　）。

（a）计数器　（b）编码器　（c）模拟式电压表　（d）数字式电位器

9. 对于权电阻型 D/A 转换器，以下说法不正确的是（　　）。

（a）输出端需接由运放构成的跟随器

（b）每个权电阻都接在相应的开关上

（c）相邻权电阻的比值都是 2 倍的关系

（d）相邻权电阻的比值都不是 2 倍的关系

10. 数模转换器的分辨率与二进制代码的位数有关，位数越多，转换精度（　）。

（a）越低　　（b）越高　　（c）稳定性越好　　（d）变低

二、多选题

1. 下列信号属于模拟量信号的有（　　）。

（a）温度　（b）压力　（c）流量　（d）速度

2. D/A 转换器由（　　）几部分组成。

（a）数码锁存器　　（b）电子开关

（c）电阻网络　　（d）求和电路

3. 一个无符号 10 位数字输入的 DAC，其输出电平的级数为（　　）。

（a）4　　（b）10　　（c）1024　　（d）2^{10}

4. 根据电路结构的不同，可将 D/A 转换器分为（　　）两种类型。

（a）权电阻网络　　（b）T 型电阻网络

（c）电子开关　　（d）电阻网络

5. 能实现数字量到模拟量转换的器件有（　）。

（a）DAC0832　（b）ADC0832　（c）DAC1210　（d）ICL7107

6. 由于内部 6 个控制信号的不同连接方式，DAC0832 有（　　）三种工作方式。

（a）单级缓冲工作方式　　（b）双级缓冲工作方式

（c）多级缓冲工作方式　　（d）直通工作方式

7. 集成 DAC 常采用（　　）两种类型。

（a）直接比较型　　（b）间接比较型

（c）倒 T 型电阻网络　　（d）权电阻网络

8. D/A 转换器的转换误差包括（　　）。

（a）偏移误差　　（b）增益误差

（c）线性误差　　（d）非线性误差

9. 倒 T 型电阻网络 DAC 的电路中包含（　　）。

（a）电子模拟开关　　（b）运算放大器

（c）数据比较器　　（d）电阻译码网络

三、判断题（用√表示正确，用×表示错误）

1. 权电阻网络 D/A 转换器的电路简单且便于集成工艺制造，因此被广泛使用。（　　）

2. D/A 转换器的最大输出电压的绝对值可达到基准电压 U_{REF}。（　　）

3. D/A 转换器的位数越多，能够分辨的最小输出电压变化量就越小。（　　）

4. D/A 转换器的位数越多，转换精度越高。（　　）

5. 将数字信号转换为模拟信号的器件称为 A/D 转换器。（　　）

6. D/A 转换是将输入的二进制数字量转换成与之成正比的模拟量。（　　）

基础训练 2　数字电压表电路的分析与测试

相关知识

一、A/D 转换器的基本原理

A/D 转换器（简称 ADC）是一种将输入的模拟量转换为数字量的转换器。要实现将连续变化的模拟量变为离散的数字量，通常要经过 4 个步骤：采样、保持、量化和编码。一般前两步由采样保持电路完成，量化和编码由 ADC 来完成。

1. 采样与保持

所谓采样，就是将一个时间上连续变化的模拟量转化为时间上离散变化的数字量。模拟信号的采样过程如图 3.12 所示。其中 $u_i(t)$ 为输入模拟信号，$u_o(t)$ 为输出模拟信号。采样过程的实质就是用周期性的取样脉冲 f_s 对输入信号的幅度定时取出样值，即将连续变化的模拟信号变成一连串的等距而不等幅的脉冲的过程。采样过程要求满足采样定理，即 $f_s \geqslant 2f_{max}$，其中，f_s 为取样频率，f_{max} 为输入模拟信号的最高频率分量的频率。

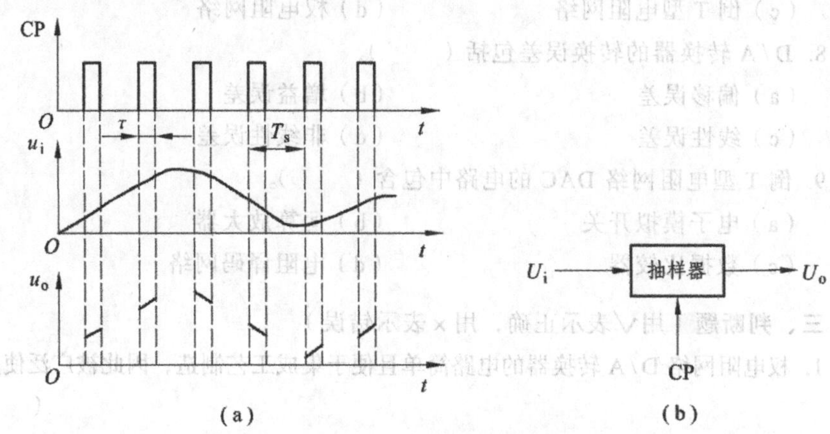

图 3.12 信号的采样过程

采样的宽度往往是很窄的，为了使后续电路能很好地对这个采样结果进行处理，通常需要将采样结果存储起来，直到下次采样，这个过程称为保持。一般来说，采样和保持电路总称为采样保持电路。图 3.13（a）所示为常见的采样保持电路，图 3.13（b）是采样保持过程的示意图。在采样信号 CP 的作用下，开关管 T 导通时，输入模拟量对电容 C 充电，这是采样过程；开关管 T 截止时，电容 C 上的电压保持不变，这是保持过程。

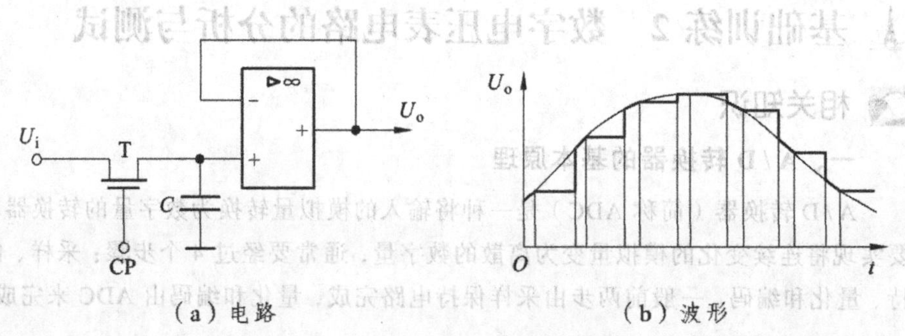

图 3.13 采样保持电路及工作波形

2. 量化与编码

输入的模拟信号经取样—保持后，得到的是阶梯形模拟信号。必须将阶梯形模拟信号的幅度等分成 n 级，每级规定一个基准电平值，然后将阶梯电平分别归并到最邻近的基准电平上。这种将采样电平归化为与之接近的离散数字电平的过程称为量化。量化中的基准电平称为量化电平。取样保持后未量化的电平 U_o 值与量化电平 U_q 值之差称为量化误差 δ，即 $\delta = U_o - U_q$。量化的方法一般有两种：只舍不入法和有舍有入法（或称四舍五入法）。用二进制数码来表示各个量化电平的过程称为编码。图 3.14 所示为两种不同的量化编码方法的结果。

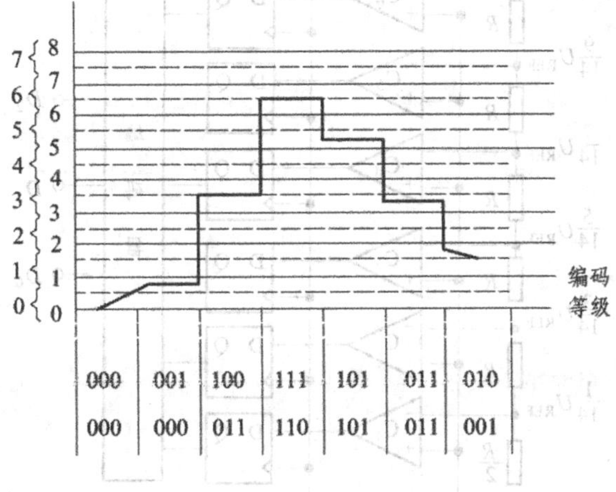

图 3.14　两种量化编码方法的比较

二、A/D 转换器的主要类型

模/数转换电路很多，按其比较原理来分，归根结底只有两种：直接比较型和间接比较型。直接比较型就是将输入模拟信号直接与标准的参考电压比较，从而得到数字量，这种类型常见的有并行 ADC 和逐次比较型 ADC。间接比较型电路中，输入模拟量不是直接与参考电压比较，而是将二者变为中间的某种物理量再进行比较，然后将比较所得的结果进行数字编码，这种类型常见的有双积分式 V/T 转换和电荷平衡式 V/F 转换。

1. 直接 ADC

（1）并行 ADC

图 3.15 所示为输出为 3 位的并行 A/D 转换器的原理电路。8 个电阻将参考电压分成 8 个等级，其中 7 个等级的电压分别作为 7 个比较器的比较电平。输入的模拟电压经采样保持后与这些比较电平进行比较。当模拟电压高于比较器的比较电平时，比较器输出为 1；当低于比较器的比较电平时，比较器输出为 0。比较器的输出状态由 D 触发器存储，并送给编码器，经过编码器编码得到数字输出量。表 3.3 所示为其转换真值表。

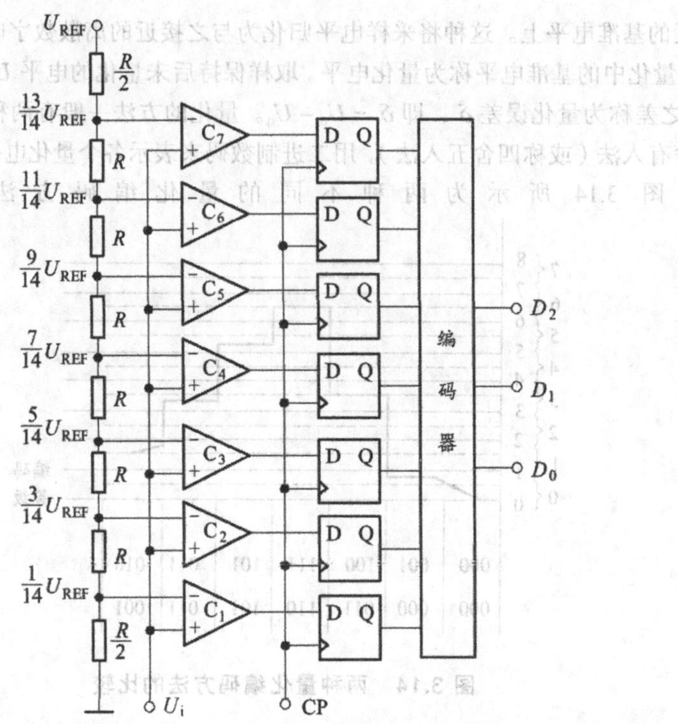

图 3.15 3 位并行 A/D 转换原理电路

表 3.3 3 位并行 ADC 转换真值表

输入模拟信号	比较器输出							数字输出		
	C_7	C_6	C_5	C_4	C_3	C_2	C_1	D_2	D_1	D_0
$0 < u_i < U_{REF}/14$	0	0	0	0	0	0	0	0	0	0
$U_{REF}/14 < u_i < 3U_{REF}/14$	0	0	0	0	0	0	1	0	0	1
$3U_{REF}/14 < u_i < 5U_{REF}/14$	0	0	0	0	0	1	1	0	1	0
$5U_{REF}/14 < u_i < 7U_{REF}/14$	0	0	0	0	1	1	1	0	1	1
$7U_{REF}/14 < u_i < 9U_{REF}/14$	0	0	0	1	1	1	1	1	0	0
$9U_{REF}/14 < u_i < 11U_{REF}/14$	0	0	1	1	1	1	1	1	0	1
$11U_{REF}/14 < u_i < 13U_{REF}/14$	0	1	1	1	1	1	1	1	1	0
$13U_{REF}/14 < u_i < U_{REF}$	1	1	1	1	1	1	1	1	1	1

对于 n 位输出二进制码，并行 ADC 就需要 $2^n - 1$ 个比较器。显然，随着位数的增加，所需要的硬件将迅速增加，当 $n > 4$ 时，并行 ADC 较复杂，一般很少采用。因此，并行 ADC 适用于速度要求很高而输出位数较少的场合。

（2）逐次比较型 ADC

逐次比较型 ADC，又叫逐次逼近 ADC，是目前用得较多的一种 ADC。图 3.16 所示为 4 位逐次比较型 ADC 的原理框图。它由放大器 A、电压输出型 DAC 及逐次比较寄存器（简称 SAR）和控制逻辑组成。

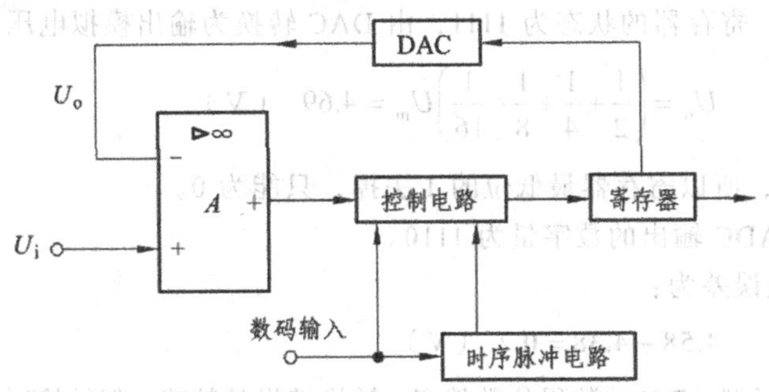

图 3.16　逐次逼近型 ADC 的组成方框图

逐次逼近型 ADC 是将大小不同的参考电压与输入模拟电压逐步进行比较，比较结果以相应的二进制代码表示。转换前先将寄存器清零，转换开始后，控制逻辑将寄存器的最高位置为 1，使其输出为 100…0，这个数码被 D/A 转换器转换成相应的模拟电压 U_o，送到比较器与输入 U_i 进行比较。若 $U_o > U_i$，说明寄存器输出数码过大，故将最高位的 1 变成 0，同时将次高位置 1；若 $U_o \leq U_i$，说明寄存器输出数码还不够大，则应将这一位的 1 保留，以此类推，将下一位置 1 进行比较，直到最低位为止。

例 3.1　一个四位逐次逼近型 ADC 电路，输入满量程电压 U_m 为 5 V，现加入的模拟电压 $U_i = 4.58$ V。求：

① ADC 输出的数字是多少？

② 误差是多少？

解

① 确定 ADC 输出的数字量：

第一步，使寄存器的状态为 1000，送入 DAC，由 DAC 转换为输出模拟电压

$$U_o = \frac{U_m}{2} = \frac{5}{2} = 2.5 \quad (\text{V})$$

因为 $U_o < U_i$，所以寄存器最高位的 1 保留。

第二步，寄存器的状态为 1100，由 DAC 转换为输出模拟电压

$$U_o = \left(\frac{1}{2} + \frac{1}{4}\right) U_m = 3.75 \quad (\text{V})$$

因为 $U_o < U_i$，所以寄存器次高位的 1 也保留。

第三步，寄存器的状态为 1110，由 DAC 转换为输出模拟电压

$$U_o=\left(\frac{1}{2}+\frac{1}{4}+\frac{1}{8}\right)U_m=4.38\quad(\text{V})$$

因为 $U_o<U_i$，所以寄存器第三位的 1 也保留。

第四步，寄存器的状态为 1111，由 DAC 转换为输出模拟电压

$$U_o=\left(\frac{1}{2}+\frac{1}{4}+\frac{1}{8}+\frac{1}{16}\right)U_m=4.69\quad(\text{V})$$

因为 $U_o>U_i$，所以寄存器最低位的 1 去掉，只能为 0。

所以，ADC 输出的数字量为 1110。

② 转换误差为：

$$4.58-4.38=0.2\quad(\text{V})$$

逐次逼近型 ADC 的数码位数越多，转换结果越精确，但转换时间也越长。这种电路完成一次转换所需时间为 $(n+2)T_{CP}$，式中，n 为 ADC 的位数，T_{CP} 为时钟脉冲周期。逐次逼近型 ADC 具有速度较快、转换精度高的优点，目前应用相当广泛。

2. 间接 ADC

（1）双积分型

双积分型 ADC 又称为双斜率 ADC。它的工作原理是：对输入模拟电压和参考电压进行两次积分，变换成和输入电压平均值成正比的时间间隔，并利用计数器测出时间间隔，计数器的输出就是转换后的数字量。

图 3.17 所示为双积分型 ADC 的电路图。该电路由运算放大器 A 构成的积分器、检零比较器 C、时钟输入控制门 G、定时器和计数器等组成。

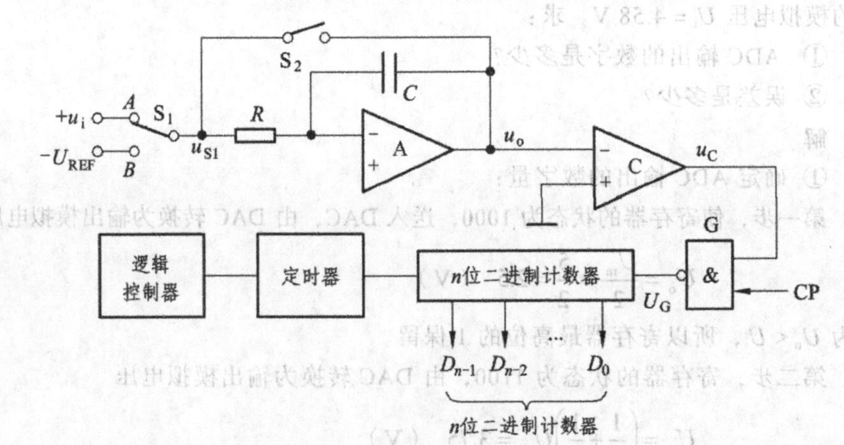

图 3.17 双积分型 ADC 电路图

积分器：由集成运放和 RC 积分环节组成，其输入端接控制开关 S_1。S_1 由定时信号控制，可以将极性相反的输入模拟电压和参考电压分别加在积分器上，进行两次方向相反的积分，其输出接比较器的输入端。

检零比较器：其作用是检查积分器输出电压过零的时刻。当 $u_o > 0$ 时，比较器输出 $u_C = 0$；当 $u_o < 0$ 时，比较器输出 $u_C = 1$。比较器的输出信号接时钟控制门的一个输入端。

时钟输入控制门 G：标准周期为 T_{CP} 的时钟脉冲 CP 接在控制门 G 的一个输入端，另一个输入端由比较器输出 u_C 进行控制。当 $u_C = 1$ 时，允许计数器对输入时钟脉冲的个数进行计数；当 $u_C = 0$ 时，禁止时钟脉冲输入到计数器，计数器停止工作。

定时器、计数器：计数器对时钟脉冲进行计数。当计数器计满（溢出）时，定时器被置 1，发出控制信号使开关 S_1 由 A 接到 B，从而可以开始对 U_{REF} 进行积分。

双积分型 ADC 的工作过程可分为两个阶段，如图 3.18 所示。

第一阶段对模拟输入积分。先将 S_2 闭合，使电容 C 放电为 0，计数器复位，再将 S_2 断开。控制电路使 S_1 接通模拟输入 u_i，积分器 A 开始对 u_i 积分，积分输出为负值，u_C 输出为 1，计数器开始计数。计数器溢出后，控制电路使 S_1 接通参考电压 U_{REF}，积分器结束对 u_i 的积分。这一阶段的积分输出波形为一段负值的线性斜坡。积分时间 $T_1 = 2^n T_{CP}$，n 为计数器的位数。因此，此阶段又称为定时积分。

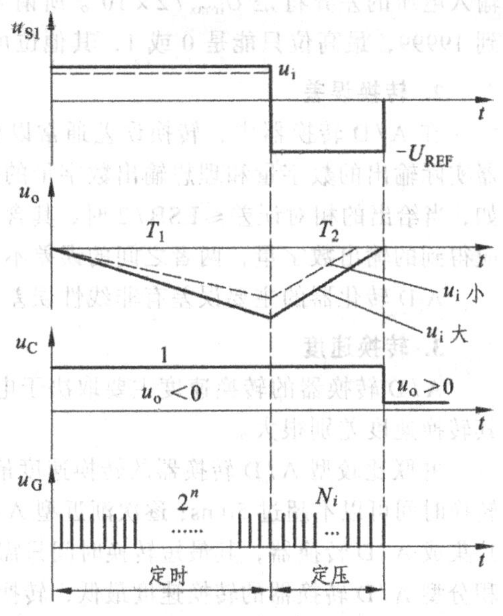

图 3.18 双积分型 ADC 的工作波形

第二阶段对参考电压积分，又称定压积分。因为参考电压与输入电压极性相反，可使积分器的输出以斜率相反的线性斜坡恢复为 0。回 0 后结束对参考电压积分，比较器的输出 u_C 为 0。通过控制门 G 的作用，禁止时钟脉冲输入，计数器停止计数，此时计数器的计数值 $D_0 \sim D_{n-1}$ 就是转换后的数字量。此阶段的积分时间 $T_2 = N_i T_{CP}$，N_i 为此定压积分阶段计数器的计数个数。输入电压 u_i 越大，N_i 越大，因此，输出的数字量与输入的模拟量大小成正比。在积分型 ADC 中，由于在输入端使用了积分器，交流干扰在一个周期中的积分结果趋近于零，所以对交流有很强的抑制能力。双积分型 ADC 的主要缺点是工作速度低，一般用于高分辨率、低速和抗干扰能力强的场合。

（2）电压/频率转换器

电压/频率转换器（VFC）是根据电荷平衡的原理，将输入的模拟电压转换成与之成正比的频率信号输出，把该频率信号送入计数器定时计数，就可以得到与输入模拟电压成正比的二进制数字量。因此，VFC 可以作为 A/D 转换器的前置电路，实现模拟量到数字量的转换，它是一种间接 ADC。

三、集成 ADC 的主要参数

1. 分辨率

在 A/D 转换器中，分辨率用输出二进制或十进制的位数表示，它说明 ADC 对输入模拟电压的分辨能力。输出为 n 位二进制的 A/D 转换器，应能区分输入模拟电压的 2^n 个不同等级。例如，输出是 8 位二进制数，则应能区分输入电压的差异将是 $U_{\mathrm{imax}}/2^8$，如果输出是 4 位半十进制数（8421BCD 码），则应能区分输入电压的差异将是 $U_{\mathrm{imax}}/2\times10^4$。所谓 4 位半，是指输出的十进制数可以从 0 到 19999，最高位只能是 0 或 1，其他位可以为 0～9 中的任何数。

2. 转换误差

在 A/D 转换器中，转换误差通常以相对误差形式给出，它表示 A/D 转换器实际输出的数字量和理想输出数字量的差异，并用最低有效位的倍数表示。例如，当给出的相对误差≤LSB/2 时，其含义是 ADC 实际输出的数字量和理论上应得到的输出数字量，两者之间的误差不大于最低位的 1/2。

A/D 转化器的主要误差有非线性误差、偏移误差、增益误差。

3. 转换速度

A/D 转换器的转换速度主要取决于电路的类型，不同类型的 A/D 转换器，其转换速度差别很大。

并联比较型 A/D 转换器的转换速度最高，8 位输出单片集成 A/D 转换器的转换时间可以不超过 50 ns；逐次渐近型 A/D 转换器的转换速度次之，8 位输出单片集成 A/D 转换器，其最短转换时间只需要 400 ns，多数在 10～50 μs 之间；双积分型 A/D 转换器的转换速度最低，转换时间大都在几十毫秒到数百毫秒之间。

四、常用集成 ADC 简介

实际应用中的 ADC 有很多种，读者可根据需要选择模拟输入量程、数字量输出位数均合适的 A/D 转换器。现将常见的集成 ADC 列于表 3.4 中。

1. ADC0809

ADC0809 是一种逐次比较型 ADC。它是采用 CMOS 工艺制成的 8 位 8 通道 A/D 转换器，采用 28 只引脚的双列直插封装，其原理图和引脚图如图 3.19 所示。

表 3.4　常用的 A/D 转换器

型　号	功能说明
ADC0801、ADC0802、ADC08303 ADC0831、ADC0832、ADC0834、ADC0809	8位 A/D 转换器
ADC10061、ADC10062	10位 A/D 转换器
ADC10731、ADC10734	11位 A/D 转换器
AD7880、AD7883、AD574A	12位 A/D 转换器
AD7884、AD7885	16位 A/D 转换器

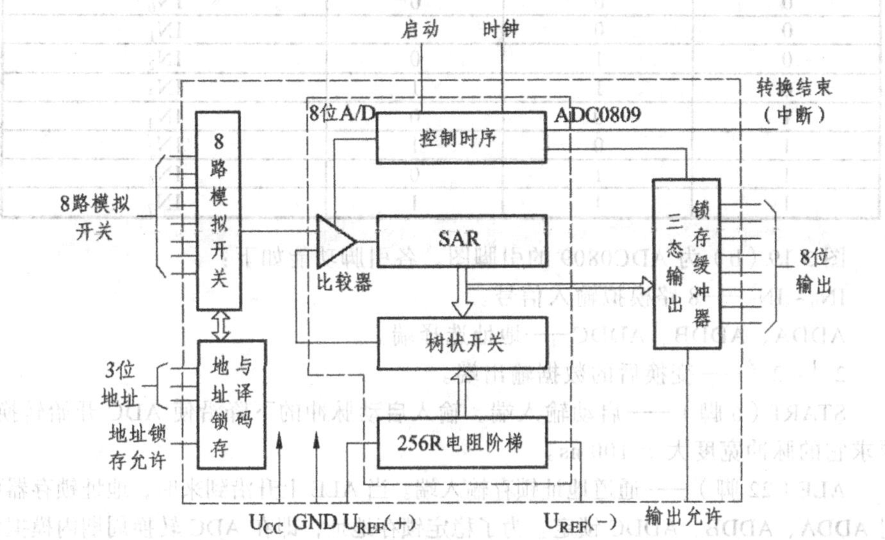

（a）功能框图

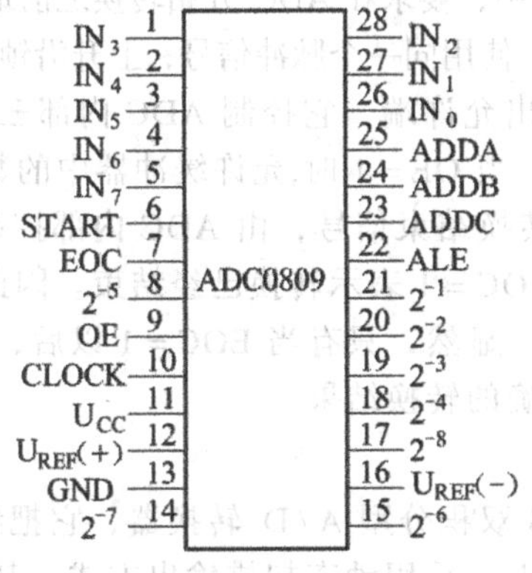

（b）引脚图

图 3.19　ADC0809 的原理框图及引脚图

ADC0809 转换器有 3 个主要组成部分：256 个电阻组成的电阻阶梯及树状开关、逐次比较寄存器 SAR 和比较器。电阻阶梯和树状开关是 ADC0809 的特点。ADC0809 与一般逐次比较 ADC 的另一个不同点是：它含有一个 8 通道单端信号模拟开关和一个地址译码器，地址译码器选择 8 个模拟信号之一送入 ADC 进行 A/D 转换。因此，ADC0809 适用于数据采集系统。表 3.5 所示为 ADC0809 的通道选择表。

表 3.5　ADC0809 的通道选择表

地址输入			选中通道
ADDC	ADDB	ADDA	
0	0	0	IN_0
0	0	1	IN_1
0	1	0	IN_2
0	1	1	IN_3
1	0	0	IN_4
1	0	1	IN_5
1	1	0	IN_6
1	1	1	IN_7

图 3.19（b）为 ADC0809 的引脚图。各引脚功能如下：

$IN_0 \sim IN_7$——8 路模拟输入信号。

ADDA、ADDB、ADDC——地址选择端。

$2^{-1} \sim 2^{-8}$——变换后的数据输出端。

START（6 脚）——启动输入端。输入启动脉冲的下降沿使 ADC 开始转换，要求它的脉冲宽度大于 100 ns。

ALE（22 脚）——通道地址锁存输入端。当 ALE 上升沿到来时，地址锁存器可对 ADDA、ADDB、ADDC 锁定。为了稳定锁存地址，即在 ADC 转换周期内模拟多路器稳定地接通在某一通道，ALE 脉冲宽度应大于 100 ns；下一个 ALE 上升沿允许通道地址更新。实际使用中，要求在 ADC 开始转换之前地址就应锁存，所以通常将 ALE 和 TART 连在一起，使用同一个脉冲信号，上升沿锁存地址，下降沿启动转换。

OE（9 脚）——输出允许端，它控制 ADC 内部三态输出缓冲器。当 OE = 0 时，输出端为高阻态；当 OE = 1 时,允许缓冲器中的数据输出。

EOC（7 脚）——转换结束信号，由 ADC 内部控制逻辑电路产生。EOC = 0 表示转换正在进行，EOC = 1 表示转换已经结束。因此，EOC 可作为微机的中断请求信号或查询信号。显然，只有当 EOC = 1 以后，才可以让 OE 为高电平，这时读出的数据才是正确的转换结果。

2. MC14433

MC14433 是 CMOS 双积分型 A/D 转换器，它把线性放大器和数字逻辑电路同时集成在一个芯片上，采用动态扫描输出方式，其输出是按位扫描的 BCD 码。使用时，MC14433 只需外接两个电阻和两个电容，即可组成具有自动调零和自动极性转换功能的 A/D 转换系统。MC14433 是数字面板表的通用器件，也可用在数字温度计、数字量具和遥测/遥控系统中。

（1）电路框图及引脚说明

MC14433 的原理电路和管脚排列如图 3.20 所示。该电路包括多路选择开关、CMOS 模拟电路、逻辑控制电路、时钟和锁存器等。MC14433 采用 24 只引脚的双列直插封装，它与国产同类产品 5G14433 的功能、外形封装、引线排列以及参数性能均相同，可以替换使用。

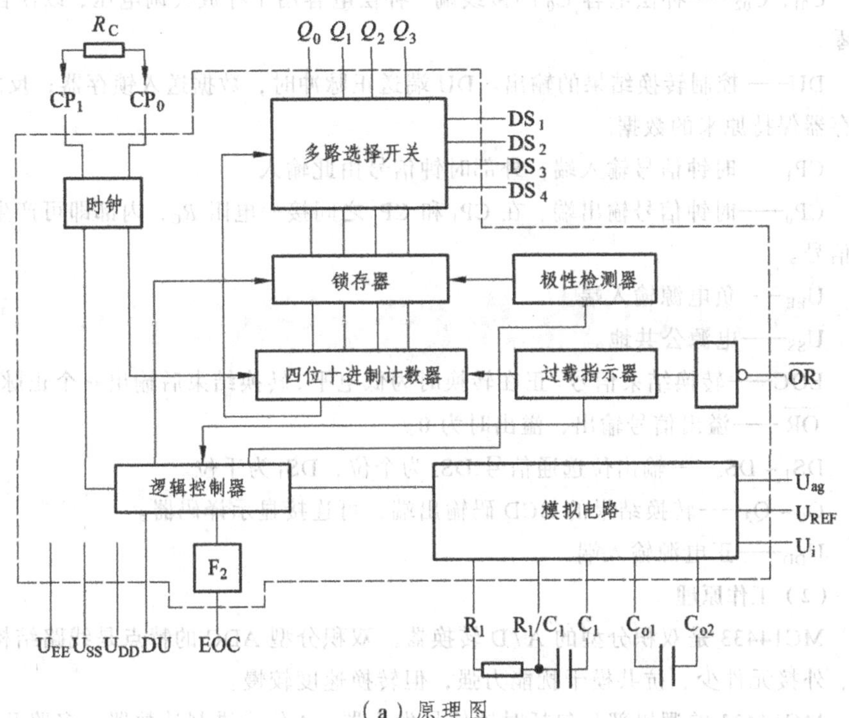

（a）原理图

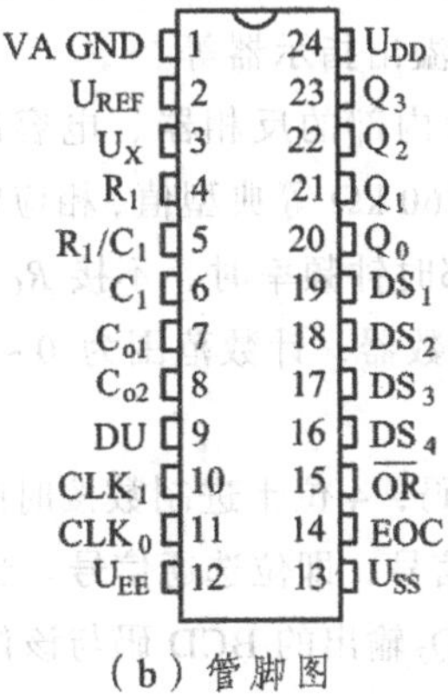

（b）管脚图

图 3.20　MC14433 的原理图及管脚图

MC14433 的各引脚功能说明如下：

U_{ag}——模拟地，作为输入模拟电压和参考电压的参考点。

U_{REF}——参考电压输入端。当参考电压分别为 200 mV 和 2 V 时，电压量程分为 199.9 mV 和 1.999 V。

R_1、R_1/C_1、C_1——外接电阻、电容的接线端。

C_{01}，C_{02}——补偿电容 C_0 的接线端。补偿电容用于存放失调电压，以便自动调零。

DU——控制转换结果的输出。DU 端送正脉冲时，数据送入锁存器；反之，锁存器保持原来的数据。

CP_1——时钟信号输入端，外部时钟信号由此输入。

CP_0——时钟信号输出端。在 CP_1 和 CP_0 之间接一电阻 R_C，内部即可产生时钟信号。

U_{EE}——负电源输入端。

U_{SS}——电源公共地。

EOC——转换结束信号。正在转换时为低电平，转换结束后输出一个正脉冲。

$\overline{OR}$——溢出信号输出，溢出时为 0。

$DS_1 \sim DS_4$——输出位选通信号,DS_4 为个位，DS_1 为千位。

$Q_0 \sim Q_3$——转换结果的 BCD 码输出端，可连接显示译码器。

U_{DD}——正电源输入端。

（2）工作原理

MC14433 是双积分型的 A/D 转换器。双积分型 ADC 的特点是线路结构简单、外接元件少、抗共模干扰能力强，但转换速度较慢。

MC14433 的逻辑部分包括时钟信号发生器、4 位十进制计数器、多路开关、逻辑控制器、极性检测器和溢出指示器等。

时钟信号发生器由芯片内部的反相器、电容以及外接电阻 R_C 所构成。R_C 通常可取 750 kΩ、470 kΩ、360 kΩ 等典型值，相应的时钟频率 f_0 依次为 50 kHz、66 kHz、100 kHz。采用外部时钟频率时，不接 R_C。

计数器是 4 位十进制计数器，计数范围为 0 ~ 1999。锁存器用来存放 A/D 转换的结果。

MC14433 输出为 BCD 码，4 位十进制数按时间顺序从 $Q_0 \sim Q_3$ 输出，$DS_1 \sim DS_4$ 是多路选择开关的选通信号，即位选通信号。当某一个 DS 信号为高电平时，相应的位被选通，此刻 $Q_0 \sim Q_3$ 输出的 BCD 码与该位数据相对应，如图 3.21 所示。

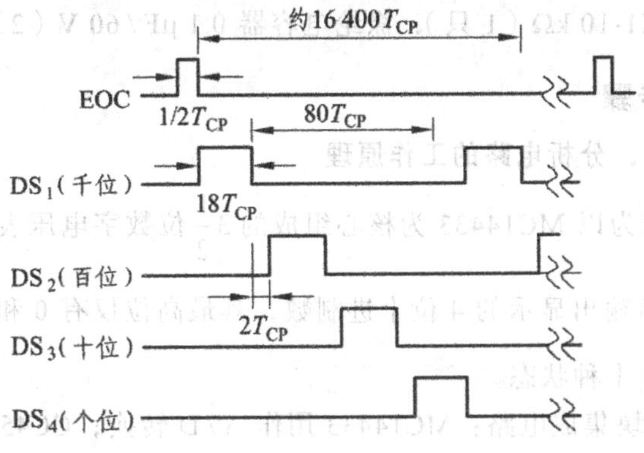

图 3.21　EOC 和 $DS_1 \sim DS_4$ 信号的时序图

由图 3.21 可见，当 EOC 为正脉冲后，就按照 DS_1（最高位，千位）→DS_2（百位）→DS_3（十位）→DS_4（最低位，个位）的顺序选通。选通信号的脉冲宽度为 18 个时钟周期（$18T_{CP}$）。相邻的两个选通信号之间有 $2T_{CP}$ 的位间消隐时间。这样在动态扫描时，每一位的显示频率为 $f_1 = f_0 / 80$。若时钟频率为 66 kHz，则 $f_1 = 800$ Hz。

实际使用 MC14433 时，一般只需外接 R_C、R_1、C_1 和 C_0 即可。若采用外部时钟，就不接 R_C，外部时钟由 CP_1 输入。使用内部时钟时，R_C 的选择前面已经叙述。积分电阻 R_1 和积分电容 C_1 的取值和时钟频率的电压量程有关。若时钟频率为 66 kHz，$C_1 = 0.1$ μF，量程为 2 V 时，R_1 取 470 Ω；量程为 200 mV 时，R_1 取 27 kΩ。失调补偿电容 C_0 的推荐值为 0.1 μF。DU 端一般和 EOC 短接，以保证每次转换的结果都被输出。

实践操作　$3\frac{1}{2}$ 数字电压表电路的组装与调试

一、目的

① 掌握 D/A 转换器的基本原理和工作过程。

② 熟悉 MC14433、MC1413、CD4511、MC1403 的功能和使用方法。

③ 掌握数字电压表的组装与调试方法。

二、器材

① 万用表、示波器、直流电源、实验箱各 1 台。

② 集成块 MC14433、MC1413、CD4511、MC1403（各 1 块），七段显示器 BC201（4 块），电阻器 RTX/1/8 W/100 kΩ（7 只），电阻器 RTX/1/8 W/470 kΩ（1 只），电阻器 RTX/1/8 W/300 kΩ（1 只），电阻器 RTX/1/8 W/200 Ω（2

只），电位器 WX1-10 kΩ（1 只），涤纶电容器 0.1 μF / 60 V（2 只）。

三、操作步骤

1. 读识电路，分析电路的工作原理

图 3.22 所示为以 MC14433 为核心组成的 $3\frac{1}{2}$ 位数字电压表的电路原理图。所谓 $3\frac{1}{2}$ 位，是指输出显示的 4 位十进制数，其最高位仅有 0 和 1 两种状态，而低 3 位都有 0～9 十种状态。

图中用了 4 块集成电路：MC14433 用作 A / D 转换；CC4511 为译码驱动电路（LED 数码管为共阴极）；MC1403 为基准电压源电路；MC1413 为七组达林顿管反相驱动电路。DS_1～DS_4 信号经 MC1413 缓冲后驱动各位数码管的阴极。由此可见，MC14433 是将输入的模拟电压转换为数字电压的核心芯片，其余都是它的外围辅助芯片。

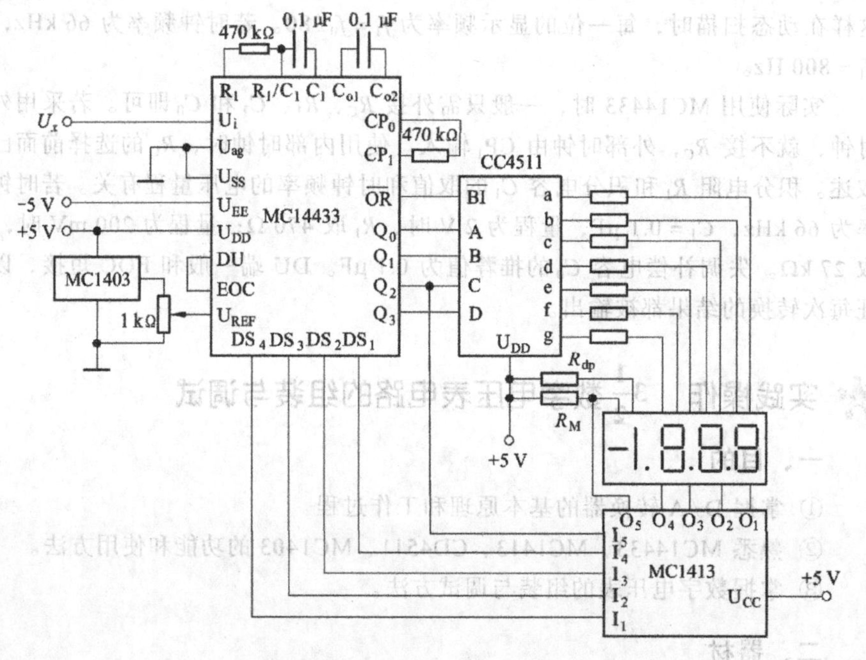

图 3.22 $3\frac{1}{2}$ 位数字电压表的电路原理图

MC1403 的输出接至 MC14433 的 U_{REF} 输入端，为后者提供高精度、高稳定度的参考电源。CC4511 接收 MC14433 输出的 BCD 码，经译码后送给 4 个 LED

七段数码管。4 个数码管 a ~ g 分别并联在一起。

MC1413 的 4 个输出端 O_1 ~ O_4 分别接至 4 个数码管的阴极，为数码管提供导电电路。它接收 MC14433 的选通脉冲 DS_1 ~ DS_4，使 O_4 ~ O_1 轮流为低电平，从而控制 4 个数码管轮流工作，实现动态扫描显示。

MC1403 集成精密稳压源为电路提供参考电压。MC1403 的输出电压为 2.5 V，当其输入电压在 4.5 ~ 15 V 范围内变化时，其输出电压的变化不超过 3 mV，一般只有 0.6 mV 左右。MC1403 输出的最大电流为 10 mA。MC1403 的引脚排列如图 3.23 所示。

MC1413 采用 NPN 达林顿复合晶体管的结构，因此有很高的电流增益和很高的输入阻抗，可直接接收 MOS 或 CMOS 集成电路的输出信号，并把电压信号转换成足够大的电流信号驱动各种负载。MC1413 电路内含有 7 个集电极开路反相器（也称“OC”门）。MC1413 的电路结构和引脚排列如图 3.24 所示，它采用 16 引脚的双列直插式封装，每一驱动器输出端均接有一个释放电感负载能量的抑制二极管。

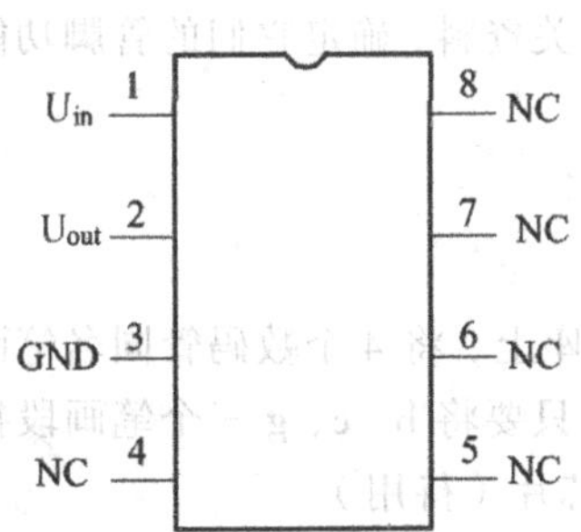

图 3.23　MC1403 的引脚排列

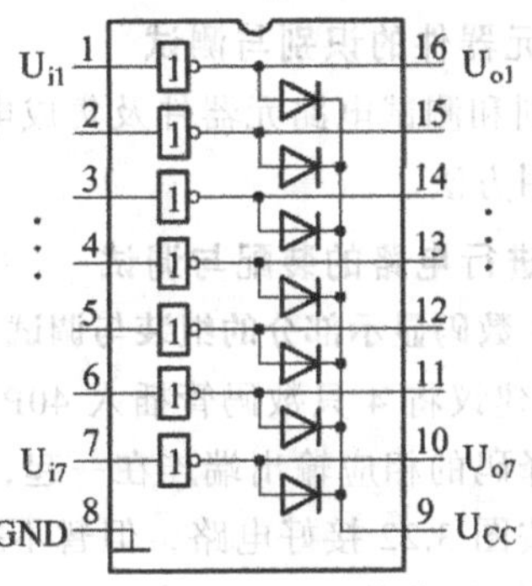

图 3.24　MC1413 的引脚排列和电路结构

图 3.22 所示电路的工作过程为：被测直流电压 U_x 经 A/D 转换后以动态扫描形式输出，数字量输出端 Q_0、Q_1、Q_2、Q_3 上的数字信号（8421BCD 码）按照时间先后顺序输出。位选信号 DS_1、DS_2、DS_3、DS_4 通过位选开关 MC1413 分别控制着千位、百位、十位和个位上的 4 只 LED 数码管的共阴极。数字信号经七段译码器 CC4511 译码后，驱动 4 只 LED 数码管的各段阳极。这样就把 A/D 转换器按时间顺序输出的数据以扫描形式在 4 只数码管上依次显示出来，由于选通重复频率较高，工作时从高位到低位以每位每次约 300 μs 的速率循环显示，即一个 4 位数的显示周期为 1.2 ms，所以人的肉眼就能清晰地看到 4 位数码管同时显示 $3\frac{1}{2}$ 十进制数字量。

Q_3表示最高位，最高位（千位）显示时只有 b、c 二根线与 LED 数码管的 b、c 脚相接，所以千位只显示 1 或不显示。

电压极性符号“－”由 MC14433 的 Q_2端控制。当输入负电压时，$Q_2=0$，“－”通过 R_M点亮；当输入正电压时，$Q_2=1$，“－”熄灭，小数点由电阻 R_{dp}供电点亮；当电源电压为 5 V 时，R_M、R_{dp}的阻值约为 270～390 Ω。

输出过量程是指当前输入电压 U_x超过量程范围时，输出过量程标志信号 $\overline{OR}$。

当 Q_3="0"、Q_0="1"时，表示 U_x处于过量程状态。

当 Q_3="1"、Q_0="1"时，表示 U_x处于欠量程状态。

当 $\overline{OR}=0$ 时，表示 $|U_x|>1999$，溢出。$|U_x|>U_{REF}$ 则 $\overline{OR}$ 输出低电平。

当 $\overline{OR}=1$ 时，$|U_x|<U_{REF}$。平时 $\overline{OR}$ 为高电平，表示被测量在量程内。

MC14433 的 $\overline{OR}$ 与 CD4511 的消隐端 $\overline{BI}$ 直接相连，当 U_x 超过量程范围时，则 $\overline{OR}$ 输出低电平，即 $\overline{OR}=0\rightarrow\overline{BI}=0$，CD4511 译码器输出全为 0，使数码管显示数字熄灭，而负号和小数点依然点亮。

2. 元器件的识别与测试

识别和测试电路元器件及集成电路，查阅相关资料，确定它们的管脚功能及正确使用方法。

3. 进行电路的装配与调试

（1）数码显示部分的组装与调试

① 建议将 4 只数码管插入 40P 集成电路插座上，将 4 个数码管同名笔画段与显示译码的相应输出端连在一起，其中最高位只要将 b、c、g 三个笔画段接入电路，按图 3.22 接好电路，但暂不插入所有的芯片（待用）。

② 插好芯片 CC4511 与 MC1413，并将 CC4511 的输入端 A、B、C、D 接至拨码开关对应的 A、B、C、D 四个插口处；将 MC1413 的 1、2、3、4 脚接至逻辑开关输出插口上。

③ 将 MC1413 的 2 脚置“1”，1、3、4 脚置“0”，接通电源，拨动码盘（按“+”或“－”键）自 0～9 变化，检查数码管是否按码盘的指示值变化。

④ 分别将 MC1413 的 3、4、1 脚单独置“1”，重复③的内容。如果所有 4 位数码管显示正常，则去掉数字译码显示部分的电源，备用。

（2）标准电压源的连接和调整

插上 MC1403 基准电源，用标准数字电压表检查输出是否为 2.5 V，然后调整 10 kΩ 电位器，使其输出电压为 2.00 V，调整结束后去掉电源线，供总装时备用。

（3）总装总调

① 插好芯片 MC14433，按图 3.22 接好全部线路。

② 将输入端接地，接通 +5 V、 -5 V 电源（先接好地线），此时显示器将显示“000”值，如果不是，应检测电源正、负电压。用示波器测量、观察 D_{S1} ~ D_{S4}、Q_0 ~ Q_3 波形，判别故障所在。

③ 用电阻、电位器构成一个简单的输入电压 U_x 调节电路，调节电位器，4 位数码将相应变化，然后进入下一步精调。

④ 用标准数字电压表（或用数字万用表代替）测量输入电压，调节电位器，使 $U_x = 1.000$ V，这时被调电路的电压指示值不一定显示“1.000”，应调整基准电压源，使指示值与标准电压表误差个位数在 5 之内。

⑤ 改变输入电压 U_x 的极性，使 $U_i = -1.000$ V，检查“-”是否显示，并按④的方法校准显示值。

⑥ 在 +1.999 V ~ 0 ~ -1.999 V 量程内再一次仔细调整（调基准电源电压），使全部量程内的误差均不超过个位数在 5 之内。

至此，一个测量范围在 ±1.999 的 $3\frac{1}{2}$ 数字直流电压表调试成功。

4. 对装配的数字电压表进行测试

记录输入电压为 ±1.999、±1.500、±1.000、±0.500、0.000 时（标准数字电压表的读数）被调数字电压表的显示值，列表记录之，并分析误差原因。

5. 写出实践操作总结报告

① 绘出 $3\frac{1}{2}$ 数字电压表的电路原理图及接线图，并说明电路中各器件的作用、功能和正确使用的方法。

② 阐明组装、调试步骤。

③ 说明调试过程中遇到的问题和解决的方法。

④ 总结组装、调试数字电压表的心得体会。

课外练习

一、单选题

1. *n* 位二进制的 A/D 转换器可分辨出满量程值______的输入变化量。

（a）$1/(2^n+1)$ （b）$1/2^n$ （c）$1/(2^n-1)$ （d）无法确定

2. 逐次逼近型 A/D 转换器的转换时间大约在______的范围内。

（a）几十纳秒 （b）几十微秒 （c）几十毫秒 （d）几百毫秒

3. 双积分 A/D 转换器的转换时间大约在______的范围内。

（a）几十纳秒 （b）几十微秒 （c）几百微秒 （d）几十毫秒

4. 取样—保持器按一定取样周期把时域上连续变化的信号变为时域上______信号。

(a) 连续变化的 (b) 模拟 (c) 离散的 (d) 数字

5. 不属于 A/D 转换器电路组成部分的电路是______。

(a) 取样—保持电路 (b) 量化电路

(c) 编码电路 (d) 译码电路

6. 在 A/D 转换器电路中，若输入信号的最大频率为 10 kHz，则取样脉冲的频率至少应大于______kHz。

(a) 5 (b) 10 (c) 20 (d) 30

7. 10 位二进制 A/D 转换器的分辨率是______。

(a) 1/10 (b) 1/100 (c) 1/1023 (d) 1/1024

8. 常用的 A/D 转换电路是______A/D 转换器。

(a) 逐次渐近型 (b) 双积分型 (c) 并联型 (d) V-F 型

9. 若一个 10 位二进制 A/D 转换器的基准电压 $U_{REF} = 10.24$ V，则当输入为 2.56 V 时，结果（二进码）为______。

(a) 0100000000 (b) 1100000000 (c) 1000000000 (d) 0100000010

10. 已知 T_{CP} 是 8 位逐次渐近型 A/D 转换器的输入时钟周期，则完成一次转换需要的时间是______T_{CP}。

(a) 8 (b) 9 (c) 10 (d) 11

11. 在 A/D 转换器中，已知 δ 是量化单位，若采用"有舍有取"方法划分量化电平，则量化误差为______δ。

(a) 1/4 (b) 1/2 (c) 1 (d) 2

12. 用二进制码表示指定离散电平的过程称为______。

(a) 采样 (b) 量化 (c) 保持 (d) 编码

13. 将幅值上、时间上离散的阶梯电平统一归并到最邻近的指定电平的过程称为______。

(a) 采样 (b) 量化 (c) 保持 (d) 编码

14. 以下四种转换器，______是 A/D 转换器且转换速度最高。

(a) 并联比较型 (b) 逐次逼近型

(c) 双积分型 (d) 施密特触发器

二、多选题

1. A/D 转换器一般由（ ）部分组成。

(a) 取样—保持 (b) 量化—编码

(c) 求和电路 (d) 数码锁存器

2. A/D 转换器按工作原理主要分为（ ）等类型。

(a) 并联比较型 (b) 直接比较型

（c）逐次逼近型　　（d）双积分型

3. A/D转换器中用采用（　　）来描述转换精度。

（a）转换时间　（b）分辨率　（c）转换幅值　（d）转换误差

4. 逐次逼近型A/D转换器由（　　）和时钟信号等几部分组成。

（a）电压比较器　　（b）D/A转换器

（c）控制逻辑电路　　（d）逐次逼近寄存器

5. 在逐次逼近型A/D转换器的组成部分中（　　）。

（a）包含D/A转换器　　（b）包含电压比较器

（c）不包含D/A转换器　　（d）不包含参考电源

6. 能实现模拟量到数字量转换的器件有（　　）。

（a）DAC0832　（b）ADC0832　（c）DAC1210　（d）ICL7107

7. 模/数转换器的基本原理是通过比较来实现，根据比较的不同方法可分为（　　）两种类型。

（a）逐次逼近型　　（b）双积分型

（c）直接比较型　　（d）间接比较型

8. 直接比较型ADC是将输入的模拟信号直接与参考电压比较，进而转换为输出的数字量，属于直接比较型的有（　　）。

（a）并行比较型　（b）反馈比较型　（c）V/T型　（d）V/F型

9. 间接比较型ADC是将输入信号与参考电压比较，转换为某个中间物理量，再进行比较转换为输出的数字量，其中间变量有时间、频率，属于这种类型的有（　　）。

（a）V/T型　（b）反馈比较型　（c）并行比较型　（d）V/F型

10. 三位并行比较型ADC是一种快速ADC，它由（　　）三部分组成。

（a）电子开关　（b）电压比较器　（c）缓冲寄存器　（d）编码器

11. 下列对双积分型ADC特点的描述，正确的是（　　）。

（a）抗交流干扰能力强　　（b）工作性能稳定

（c）工作速度高　　（d）工作速度低

12. 下列常用的集成ADC属于双积分型的有（　　）。

（a）ICL7107　（b）AD574A　（c）ICL7106　（d）ADC0809

13. 把模拟量转换成相应数字量的转换器件称为（　　）。

（a）A/D转换器　（b）D/A转换器　（c）ADC　（d）DAC

14. A/D转换器的转换误差包括（　　）。

（a）线性误差　（b）增益误差　（c）偏移误差　（d）非线性误差

15. 一个 8 位逐次逼近型模数转换器，若最大输入电压为 +10V，则下列分析正确的是（　　）。

（a）该 A/D 转换器的最小分辨电压为 19.5 mV

（b）该 A/D 转换器的最小分辨电压为 39 mV

（c）当输入模拟电压为 6.5 V 时，输出结果为 10100111

（d）当输入模拟电压为 6.5 V 时，输出结果为 10110111

16. 下列集成 ADC，属于逐次比较型的有（　）。

（a）ADC0809　（b）AD574　（c）ICL7106　（d）ICL7107

17. 一个 8 位的模数转换器，满量程时的输入电压为 +5 V，则下列分析正确的是（　　）。

（a）该 A/D 转换器的分辨率是 $1/2^8$

（b）该 A/D 转换器的最小分辨电压为 19.5 mV

（c）该 A/D 转换器的分辨率是 2^8

（d）该 A/D 转换器的最小分辨电压为 100 mV

三、判断题（用√表示正确，用×表示错误）

1. A/D 转换器的二进制数的位数越多，量化单位 δ 越小。（　　）

2. A/D 转换过程中，必然会出现量化误差。（　　）

3. A/D 转换器的二进制数的位数越多，量化级分得越多，量化误差就可以减小到 0。（　　）

4. 一个 N 位逐次逼近型 A/D 转换器完成一次转换要进行 N 次比较，需要 $N+2$ 个时钟脉冲。（　　）

5. 双积分型 A/D 转换器的转换精度高、抗干扰能力强，因此常用于数字式仪表中。（　　）

6. 采样定理的规定，是为了能不失真地恢复原模拟信号，而又不使电路过于复杂。（　　）

7. 将模拟信号转换为数字信号，需要经过采样、保持、量化、编码四个过程。（　　）

8. 并联比较型 A/D 转换器属于间接比较型。（　　）

9. 逐次比较型 A/D 转换器的转换速度比并联比较型快。（　　）

10. 不论是 D/A 转换还是 A/D 转换，都需要基准电压 U_{REF}。（　　）

11. 双积分型 A/D 转换器速度快、精度高。（　　）

12. 双积分 A/D 转换器的优点是具有极强的抗 50 Hz 工频干扰的能力。（　　）

基础训练3 EPROM的固化与擦除

相关知识

在计算机及各种数字系统中，有大量的运算数据、程序、资料需要存储，具有存储功能的存储器理所当然成为数字系统中不可缺少的关键部件。存储器种类很多，但其基本的存储单元由触发器或其他记忆元件构成。存储器的结构如图3.25所示。我们称由半导体器件构成基本存储单元的存储器为半导体存储器。半导体存储器具有集成度高、价格低、体积小、耗电省、可靠性高和外围接口电路简单等优点。它具有下述功能：

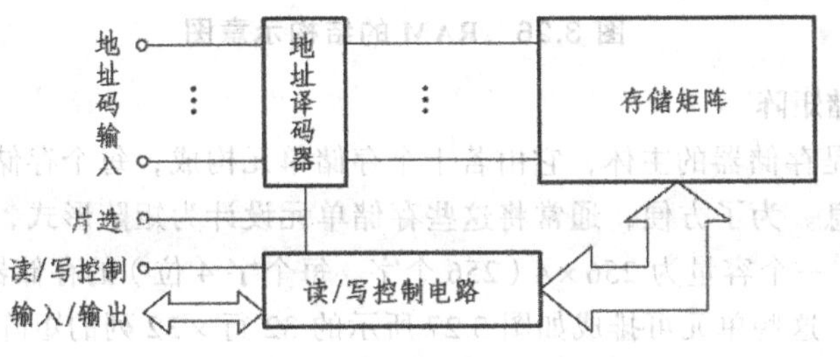

图3.25 存储器的结构示意图

① 输入信息存储到由地址信号和控制信号指定的存储单元中。

② 根据控制信号的读出要求，把存储在指定存储单元中的数据读出来。

存储器系统的三项主要性能指标是容量、速度和成本。

存储容量是存储器系统的首要性能指标，因为存储容量越大，则系统能够保存的信息量就越多，相应计算机系统的功能就越强。

存取速度直接决定了整个微机系统的运行速度，因此，存取速度也是存储器系统的重要性能指标。

存储器成本也是存储器系统的重要性能指标。

为了在存储器系统中兼顾以上三个方面的指标，目前在计算机系统中通常采用三级存储器结构，即使用高速缓冲存储器、主存储器和辅助存储器，由这三者构成一个统一的存储系统。

按照内部信息的存取方式，存储器通常可以分为随机存取存储器RAM和只读存储器ROM。

一、随机存取存储器RAM

1. RAM的结构

随机存取存储器RAM用于存放二进制信息（数据、程序指令和运算的中间结果等）。它可以在任意时刻，对任意选中的存储单元进行信息的存入（写）或取出（读）操作，因此称为随机存取存储器。其结构如图 3.26 所示。

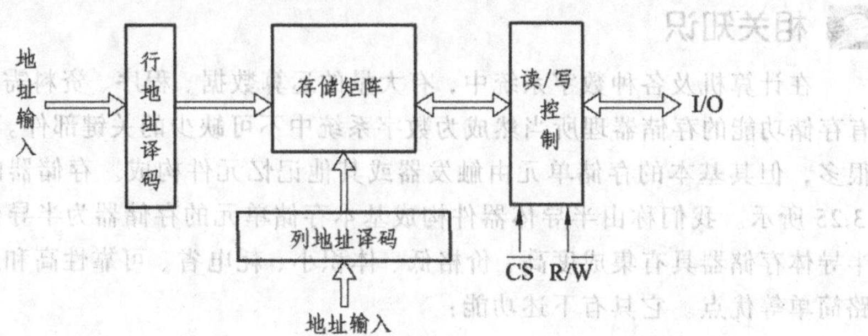

图 3.26 RAM 的结构示意图

（1）存储矩阵

该部分是存储器的主体，它由若干个存储单元构成，每个存储单元可存放一位二进制信息。为了方便，通常将这些存储单元设计为矩阵形式，即若干行和若干列。例如，一个容量为 256×4（256 个字，每个字 4 位）的存储器，共有 1 024 个存储单元，这些单元可排成如图 3.27 所示的 32 行×32 列的矩阵。

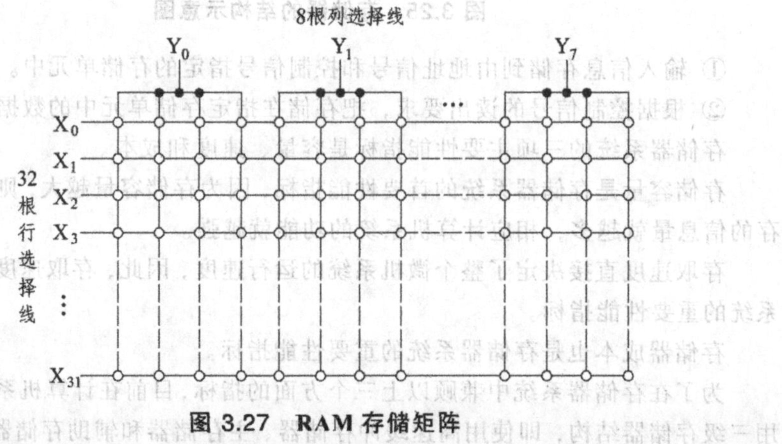

图 3.27 RAM 存储矩阵

图 3.27 中，每行有 32 个存储单元（圆圈代表存储单元），每 4 个存储单元为一个字，因此每行可存储 8 个字，称为 8 个字列。每根行选择线选中一行，每根列选择线选中一个字列，因此，该 RAM 存储矩阵共需要 32 根行选择线和 8 根列选择线。

RAM 存储单元按工作原理分为静态存储单元和动态存储单元。静态存储单元是在静态触发器的基础上附加门控管构成的，因此，静态存储单元是靠触发器的自保功能存储数据的。动态存储单元是利用 MOS 管栅极电容的暂存作用来存储信息的，考虑到电容器上的电荷不可避免地因漏电等因素而损失，因此，为保持原来存储信息不变，需要不间断地对存储信息的电容定时地充电（也叫刷新）。

动态存储单元比静态存储单元所用的元件少，集成度高，适用于大容量存储器。静态存储单元虽然使用元件多，集成度低，但不需要刷新电路，使用方便，适用于小容量存储器。

（2）地址译码器

一片 RAM 由若干个字组成（每个字由若干位组成，例如4位、8位、16位等）。通常信息的读/写是以字为单位进行的。

为了区别不同的字，将存放同一个字的存储单元编为一组，并赋予一个号码，称为地址。不同的字具有不同的地址，从而在进行读/写操作时，便可以按照地址选择欲访问的单元。

地址的选择是通过地址译码器来实现的。在存储器中，通常将输入地址分为两部分，分别由行译码器和列译码器译码。例如，上述的 256×4 RAM 的存储矩阵，256 个字需要 8 根地址线（$A_7 \sim A_0$）区分（$2^8 = 256$）。其中，地址码的低 5 位 $A_4 \sim A_0$ 作为行译码输入，产生 $2^5 = 32$ 根行选择线，地址码的高 3 位 $A_7 \sim A_5$ 用于列译码，产生 $2^3 = 8$ 根列选择线。只有当行选择线和列选择线都被选中的单元，才能被访问。例如，若输入地址 $A_7 \sim A_0$ 为 00101111 时，位于 X_{15} 和 Y_1 交叉处的单元被选中，可以对该单元进行读/写操作。

（3）读/写与片选控制

数字系统中的 RAM 一般由多片组成，而系统每次读/写时，只选中其中的一片（或几片）进行读/写，因此在每片 RAM 上均加有片选信号线 $\overline{CS}$。只有该信号有效（$\overline{CS} = 0$）时，RAM 才被选中，可以对其进行读/写操作，否则该芯片不工作。

某芯片被选中后，该芯片执行读还是写操作由读/写信号 $R/\overline{W}$ 控制。图 3.28 所示为片选与读/写控制电路。当片选信号 $\overline{CS} = 1$ 时，三态门 G_1、G_2、

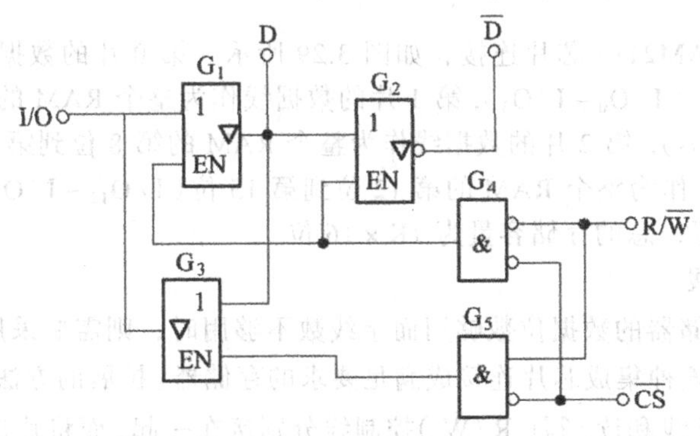

图 3.28　RAM 片选与读/写控制电路

G_3均为高阻态，此片未选中不能进行读或写操作。当片选信号$\overline{CS}=0$时，该芯片被选中。若$R/\overline{W}=1$，则G_3导通，G_1、G_2高阻态截止，此时若输入地址A_7~A_0为00101111，于是位于［15，1］的存储单元所存储的信息送到I/O端，存储器执行的是读操作；若$R/\overline{W}=0$，则G_1、G_2导通，G_3高阻态截止，I/O端的数据以互补的形式出现在数据线D、$\overline{D}$上，并被存入［15，1］存储单元，存储器执行的是写操作。

与只读存储器ROM比较起来，RAM的最大优点是读/写方便，使用灵活，既能不破坏地读出所存数码，又能随时写入新的数码；其缺点是易失性，即一旦掉电，所存储的内容便会全部丢失。

2. RAM容量的扩展

存储器芯片种类繁多，容量不一样。当一片RAM不能满足存储容量位数（或字数）的要求时，需要多片存储芯片进行扩展，形成一个容量更大、字数位数更多的存储器。扩展方法根据需要有位扩展、字扩展和字位同时扩展三种。

（1）位扩展

若一个存储器的字数用一片集成芯片已经够用，而位数不够用，则可用“位扩展”的方式将多片该型号集成芯片连接成满足要求的存储器。扩展的方法是将多片同型号的存储器芯片的地址线、读/写控制线（$R/\overline{W}$）和片选信号线$\overline{CS}$相应连在一起，而将其数据线分别引出接到存储器的数据总线上。

例3.2 现有RAM2114（1K×4）芯片若干片，需要构成1K×16位的存储器，需用多少片？画出接线图。

解 因RAM2114的容量为1K×4位，现在需要构成1K×16位的存储器，字线数正好够用，而位线数不够，所以需要进行位线扩展连接。需要RAM2114的片数为

$$n=\frac{\text{总存储容量}}{\text{每片存储容量}}=\frac{1\text{K}\times 16\text{位}}{1\text{K}\times 4\text{位}}=4\ (\text{片})$$

将4片RAM2114芯片连接，如图3.29所示。第0片的数据线将作为整个RAM的低4位（I/O_0~I/O_3），第1片的数据线作为整个RAM的第4位到第7位（I/O_4~I/O_7），第2片的数据线作为整个RAM的第8位到第11位（I/O_8~I/O_{11}），第3片作为整个RAM的第12位到第15位（I/O_{12}~I/O_{15}）。4片RAM同时进行读/写，总的存储容量为1K×16位。

（2）字扩展

若每片存储器的数据位数够用而字线数不够用时，则需要采用“字线扩展”的方式将多片该种集成芯片连接成满足要求的存储器。扩展的方法是将各个芯片的数据线、地址线和读/写（$R/\overline{W}$）控制线分别接在一起，而将片选信号线（$\overline{CS}$）单独连接。

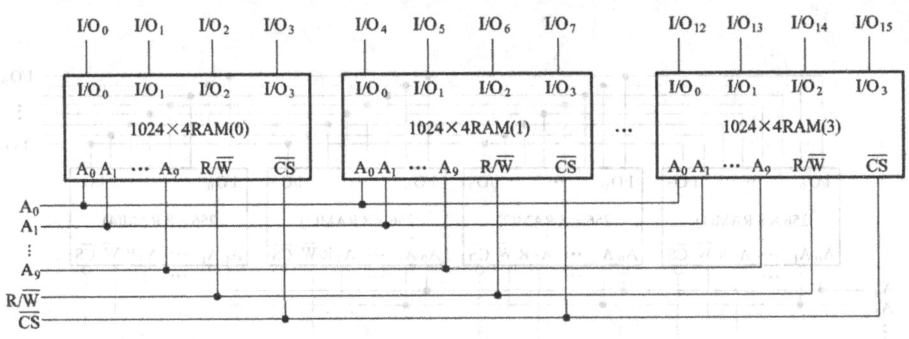

图 3.29 位扩展连接图

例 3.3 试用 256×8 位的 RAM 若干片构成一个 1024×8 位的 RAM，求需要多少片 256×8 的 RAM？画出连接图。

解 需要的 256×8 位 RAM 芯片数为

$$n=\frac{\text{总存储容量}}{\text{每片存储容量}}=\frac{1024\times8\text{位}}{256\times8\text{位}}=4\ (\text{片})$$

因为 4 片 256×8 位的 RAM 中共有 1024 个字，所以必须给它们编成 1024 个不同的地址。但是每片 256×8 位芯片上的地址输入端只有 $A_0\sim A_7$ 共 8 位（$2^8=256$），给出的地址范围都是 0～255，无法区分 4 片中同样的地址单元。因此，必须增加两位地址代码 A_8、A_9，使地址代码增加到 10 位，才能得到 $2^{10}=1024$ 个地址。若取第 1 片的 $A_9A_8=00$，第 2 片的 $A_9A_8=01$，第 3 片的 $A_9A_8=10$，第 4 片的 $A_9A_8=11$。那么 4 片的地址分配如表 3.6 所示。按照表 3.6 的地址分配，可得到如图 3.30 所示的 RAM 字扩展连接法。

表 3.6 RAM 字扩展的地址分配表

器件编号	A_9 A_8	$\overline{Y}_0$ $\overline{Y}_1$ $\overline{Y}_2$ $\overline{Y}_3$	地址范围 A_9 A_8 A_7 A_6 A_5 A_4 A_3 A_2 A_1 A_0（等效十进制数）
RAM（1）	0 0	0 1 1 1	00 00000000～00 11111111 （0） （255）
RAM（2）	0 1	1 0 1 1	01 00000000～01 11111111 （256） （511）
RAM（3）	1 0	1 1 0 1	10 00000000～10 11111111 （512） （767）
RAM（4）	1 1	1 1 1 0	11 00000000～11 11111111 （768） （1023）

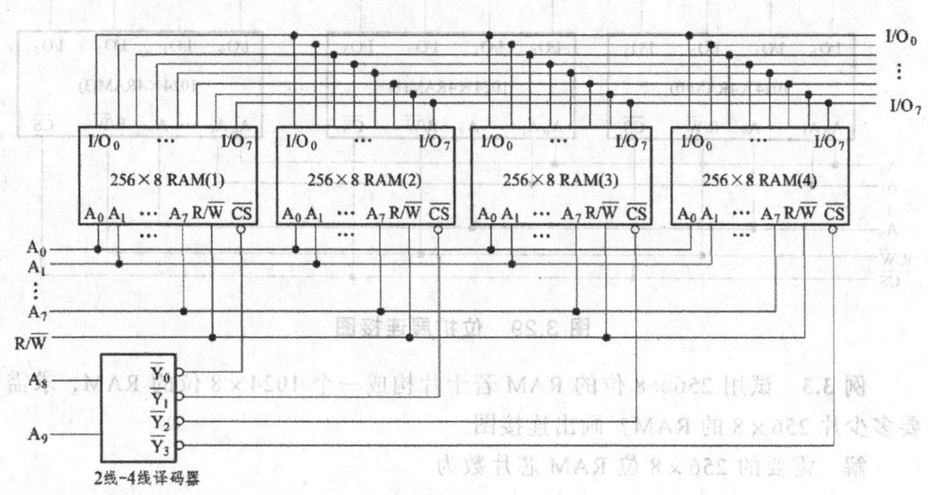

图 3.30　用 256×4 RAM 组成 1024×8 字扩展连接图

从表 3.6 中可以看出，4 片 RAM 的低 8 位地址是相同的，所以接线时，把它们分别并联连接即可。因为每片 RAM 上只有 8 个地址输入端，所以 A_8、A_9 的输入端只好借用 $\overline{CS}$ 端。

图 3.30 中，利用 2 线-4 线译码器将 A_9、A_8 的 4 种编码 00、01、10、11，分别译成 $\overline{Y}_0$、$\overline{Y}_1$、$\overline{Y}_2$、$\overline{Y}_3$ 4 个低电平输出信号，然后用它们分别去控制 4 片 RAM 的 $\overline{CS}$ 端。另外，因每片 RAM 的数据端 $I/O_1 \sim I/O_8$ 都设置了由 $\overline{CS}$ 控制的三态输出缓冲器，在任一时刻 $\overline{CS}$ 只有一个处于低电平，故可以将它们的数据并联起来，作为整个 RAM 的数据输入/输出端。

（3）字位同时扩展

对于字位同时扩展的 RAM，一般先进行位扩展后再进行字扩展。例如，把 64×2RAM 扩展为 256×4RAM 存储器，先将 64×2 RAM 扩展为 64×4 RAM，此位数增加了 1 倍，需两片 64×2 RAM 组成 64×4 RAM；字数由 64 扩展为 256，即字数扩展了 4 倍，故应增加两位地址线。通过译码器产生 4 个相应的低电平分别去连接 4 组 64×4 RAM 的片选端，这样 256×4 RAM 的地址线由原来的 6 条 $A_5 \sim A_0$ 扩展为 8 条 $A_7 \sim A_0$。其连接图如图 3.31 所示。

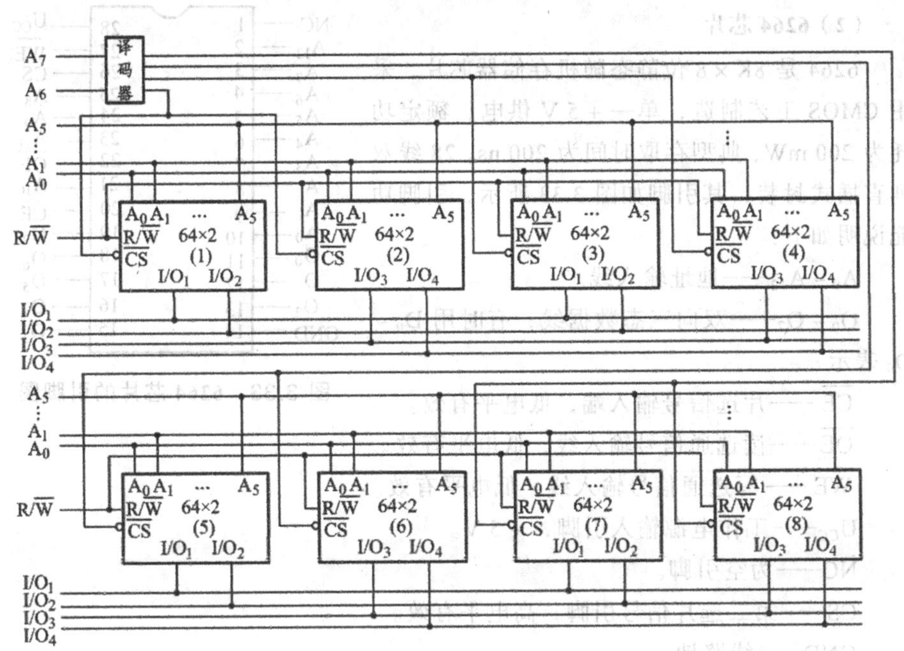

图 3.31　用 64×2 RAM 组成 256×4 存储器的连接图

3. 常用 RAM 芯片介绍

（1）**6116** 芯片

6116 是 2K×8 位静态随机存储器芯片，采用 CMOS 工艺制造，单一 +5 V 供电，额定功耗为 160 mW，典型存取时间为 200 ns，24 线双列直插式封装，其引脚如图 3.32 所示，引脚功能说明如下：

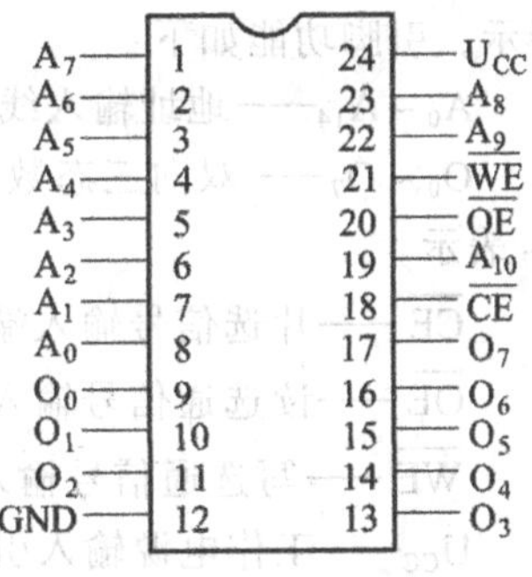

图 3.32　**6116** 芯片的引脚图

$A_0 \sim A_{10}$——地址输入线。

$O_0 \sim O_7$——双向三态数据线，有时用 $D_0 \sim D_7$ 表示。

$\overline{CE}$——片选信号输入端，低电平有效。

$\overline{OE}$——读选通信号输入线，低电平有效。

$\overline{WE}$——写选通信号输入线，低电平有效。

U_{CC}——工作电源输入引脚，+5 V。

GND——线路地。

（2）6264 芯片

6264 是 8K×8 位静态随机存储器芯片，采用 CMOS 工艺制造，单一 +5 V 供电，额定功耗为 200 mW，典型存取时间为 200 ns，28 线双列直插式封装，其引脚如图 3.33 所示，引脚功能说明如下：

引脚名	引脚号	引脚号	引脚名
NC	1	28	U_{CC}
A_{12}	2	27	$\overline{WE}$
A_7	3	26	CS
A_6	4	25	A_8
A_5	5	24	A_9
A_4	6	23	A_{11}
A_3	7	22	$\overline{OE}$
A_2	8	21	A_{10}
A_1	9	20	$\overline{CE}$
A_0	10	19	O_7
O_0	11	18	O_6
O_1	12	17	O_5
O_2	13	16	O_4
GND	14	15	O_3

图 3.33　6264 芯片的引脚图

$A_0 \sim A_{12}$——地址输入线。

$O_0 \sim O_7$——双向三态数据线，有时用 $D_0 \sim D_7$ 表示。

$\overline{CE}$——片选信号输入端，低电平有效。

$\overline{OE}$——读选通信号输入线，低电平有效。

$\overline{WE}$——写选通信号输入线，低电平有效。

U_{CC}——工作电源输入引脚，+5 V。

NC——为空引脚。

CS——第二选片信号引脚，高电平有效。

GND——线路地。

（3）62256 芯片

62256 是 32K×8 位静态随机存储器芯片，采用 CMOS 工艺制造，单一 +5 V 供电，额定功耗为 300 mW，典型存取时间为 200 ns，28 线双列直插式封装，其引脚如图 3.34 所示，引脚功能如下：

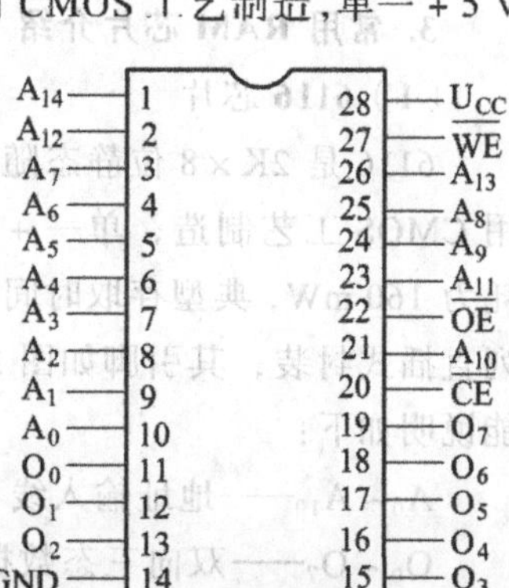

图 3.34　62256 芯片的引脚图

$A_0 \sim A_{14}$——地址输入线。

$O_0 \sim O_7$——双向三态数据线，有时用 $D_0 \sim D_7$ 表示。

$\overline{CE}$——片选信号输入端，低电平有效。

$\overline{OE}$——读选通信号输入线，低电平有效。

$\overline{WE}$——写选通信号输入线。

U_{CC}——工作电源输入引脚，+5 V。

GND——线路地。

二、只读存储器 ROM

只读存储器（ROM）是存储器中结构较简单的一种，它存储的信息是固定不变的。工作时，只能读出信息，不能随时写入信息，故有此名。根据存储内容写入方式的不同和能否改写，只读存储器可分为固定 ROM（掩模 ROM）、可编程 ROM（PROM）、可擦除可编程 ROM（EPROM）、电可擦除可编程 ROM（E^2PROM 或 EEPROM）和快闪存储器（flash memory）等几种类型。

1. 固定 ROM（掩模只读存储器）

固定只读存储器在制造时由生产厂家利用掩模技术直接把数据写入存储器中，ROM 制成后，其中的数据也就固定，即存储器中的内容用户不能改变只能读出。这类存储器结构简单、集成度高、价格便宜，一般大批量生产。ROM 的电路结构包括地址译码器、存储单元矩阵和输出缓冲器三部分，如图 3.35 所示。地址译码器的作用是将输入地址代码译成相应的控制信号。

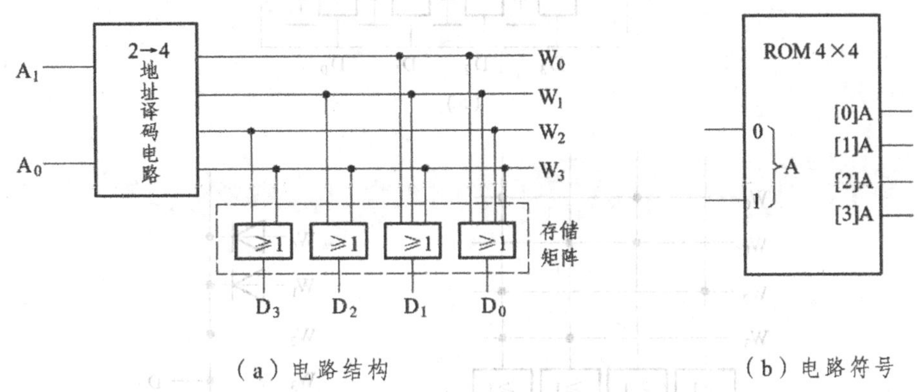

（a）电路结构　　（b）电路符号

图 3.35　4×4 ROM 的电路结构和符号

图 3.35 中，地址代码 A_0、A_1 经过地址译码器后输出 $W_0 \sim W_3$ 高电平有效的“字线”，可选择存储矩阵中的 2^2 个字。存储单元矩阵实际上是一个编码器，编码器中与字线相交的线称为位线，字线与位线构成矩阵。当地址译码器的输出线中有一条为高电平时，编码器的“或阵列”中与该输出为高电平字线相交的每条位线上将输出一个二值代码。通常，把每条位线上输出的二值代码称为一个“位”，把与高电平字线相交的所有数据线（位线）输出的二值代码称为一个“字”。“位”线上的输出将进入输出缓冲器。输出缓冲器的作用是：① 提高存储器的带负载能力，使输出电平与 CMOS 电路的逻辑电平匹配；② 利用缓冲器的三态控制功能便于将存储器的输出端与系统的数据总线直接相连。

如图 3.36 所示，存储矩阵中的每个存储单元可以利用二极管、晶体管、熔丝或其他存储元件构成，该图为二极管构成的具有两位地址输入码和四位数据输出的 ROM 电路。

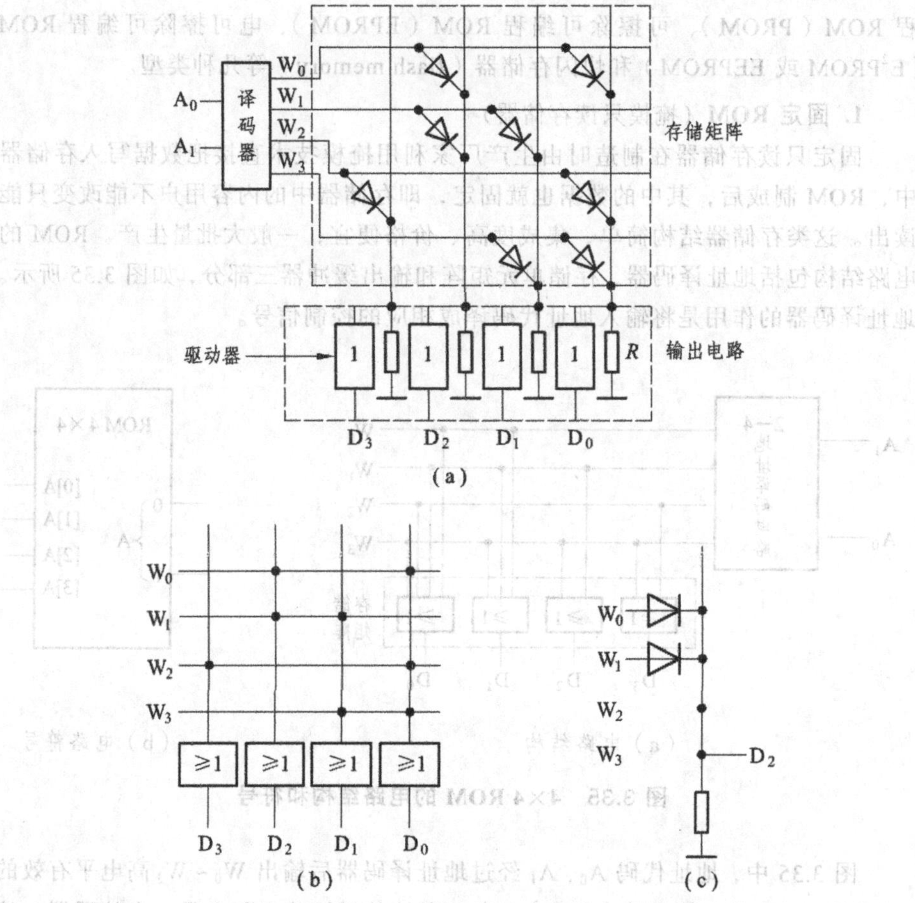

图 3.36 4×4 二极管掩膜 ROM 的结构图

地址译码器是一个“与阵列”逻辑结构，二输入信号 A_1A_0 可以构成（00、01、10、11）4 个不同的地址，将这 4 个地址代码分别译成 $W_0 \sim W_3$ 高电平有效“字线”。存储单元阵列是一个由二极管组成的“或阵列”编码器，字线和位线的每个交叉点是一个存储单元，交叉点处接在二极管时相当于存数据“1”，否则，相当于存数据“0”，输出电路由 4 个驱动器组成，四条位线经驱动器由 $D_3 \sim D_0$ 输出。

例如，当输入地址码 $A_1A_0 = 10$ 时，字线 $W_2 = 1$，其余字选择线为 0，W_2 字线上的高电平通过接有二极管的位线使 D_0、D_3 为 1，其他位线与 W_2 字线相交处没有二极管，所以输出 $D_3D_2D_1D_0 = 1001$，根据图 3.36 所示的二极管存储矩阵，可列出对应的真值表如表 3.7 所示。

表 3.7　二极管存储器矩阵的真值表

A_1	A_0	D_3	D_2	D_1	D_0
0	0	0	1	0	1
0	1	0	1	1	0
1	0	1	0	0	1
1	1	0	0	1	1

显然，ROM 并不能记忆前一时刻的输入信息，因此只是用门电路来实现组合逻辑关系。实际上，图 3.36（a）的存储矩阵和电阻 R 组成了 4 个二极管“或”门，以 D_2 为例，二极管“或”门电路如图 3.36（c）所示，$D_2 = W_0 + W_1$，因此属于组合逻辑电路。

2. PROM（只能写入一次的只读存储器）

PROM 即可编程 ROM，其电路结构与固定只读存储器一样，也是由地址译码器、存储矩阵和输出部分组成。但是其存储矩阵的所有交叉点上全部制作了存储器件，相当于所有的存储单元内都存入数据“1”。PROM 的原理图和符号如图 3.37 所示。图中，存储器由一只三极管（或二极管）和串接在发射极（或负极）的快速熔断丝组成。写入数据时，只要设法将存入“0”数据的那些存储单元的熔丝烧断就行了，一经编程写入后，存储单元的数据就是永久性的，无法再更改。在实际应用中，写入 PROM 中的数据是通过专用编程器自动完成的，每个 PROM 只能写入一次。一个三态输出的 1024×4 位 PROM 的电路符号如图 3.37（c）所示，每个外引线上侧的数字是引脚号。

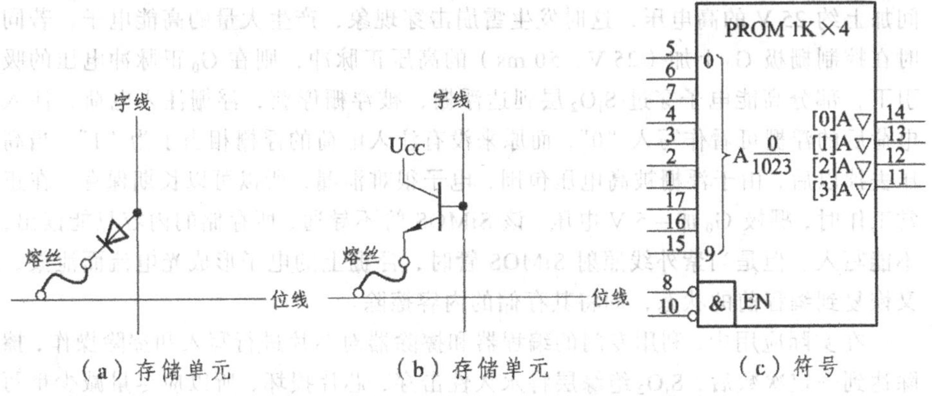

（a）存储单元　　（b）存储单元　　（c）符号

图 3.37　熔丝型 PROM 的存储单元和符号

3. EPROM（可擦除可编程只读存储器）

可擦除可编程 ROM 可以多次擦除、多次编程，适合于需要经常修改存储内容的场合。根据擦除方式的不同，可分为紫外线可擦除可编程 ROM 和电信号可擦除可编程 ROM。一般提到 EPROM，是指在紫外线照射下能擦除其存储内容的 ROM。20 世纪 80 年代问世的快闪存储器（flash memory，称为“闪存”）是一种电信号可擦除可编程 ROM。

EPROM 存储单元采用“叠栅注入 MOS 管”，其存储一位信息的结构逻辑符号和构成的存储单元如图 3.38 所示。从图 3.38（a）可知，SiMOS 管有两个重叠的栅极，上面的栅极 G_0 称为控制栅极，与字线相连，控制数据读出和写入；下面的栅极 G_f 称为浮栅，埋在 S_iO_2 绝缘层内，处于电悬浮状态，不与外部导通，注入电荷后可长期保存。

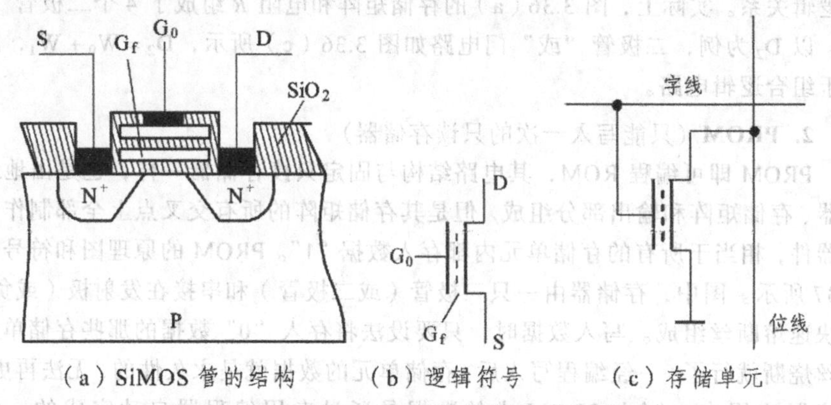

（a）SiMOS 管的结构　（b）逻辑符号　（c）存储单元

图 3.38 EPROM 的结构、符号和存储单元

EPROM 芯片封装出厂时，所有存储单元的浮栅均无电荷，可认为全部存储了“1”数据。要写入“0”数据，即用户编程时，必须在 SiMOS 管的漏、栅之间加上约 25 V 的高电压，这时发生雪崩击穿现象，产生大量的高能电子。若同时在控制栅极 G_0 上加（25 V、50 ms）的高压正脉冲，则在 G_0 正脉冲电压的吸引下，部分高能电子穿过 S_iO_2 层到达浮栅，被浮栅俘获，浮栅注入电荷，注入电荷后的浮栅可看作写入“0”，而原来没有注入电荷的浮栅相当于为“1”。当高压去掉以后，由于浮栅被高电压包围，电子很难泄漏，所以可以长期保存。在正常工作时，栅极 G_0 加 +5 V 电压，该 SiMOS 管不导通，所存储的内容只能读出，不能写入。但是当紫外线照射 SiMOS 管时，浮栅上的电子形成光电流而泄放，又恢复到编程前的状态，即将其存储的内容擦除。

在实际应用中，利用专门的编程器和擦除器对芯片进行写入和擦除操作，擦除达到一定次数后，S_iO_2 绝缘层将永久性击穿，芯片损坏，所以应尽量减少重写次数；同时应注意用保护膜遮盖窗口，防止受到阳光或日光灯照射，引起芯片内的内容丢失。

常用的 EPROM 有：2716（2K×8）、2732（4K×8）、2764（8K×8）、27128（16K×8）、27256（32K×8）、27512（64K×8）等。

4. E^2PROM（电擦除可编程存储器）

为了克服 EPROM 擦除操作复杂、速度慢、不能按“位”擦除，只能进行整体擦除的缺点，一种用低压电信号便可擦除的 E^2PROM 问世，它有 28-系列，28C-系列，如 28C256 等。

E^2PROM 存储单元采用浮栅隧道氧化层 MOS 管（即 Flotox 管），结构和存储单元如图 3.39 所示。

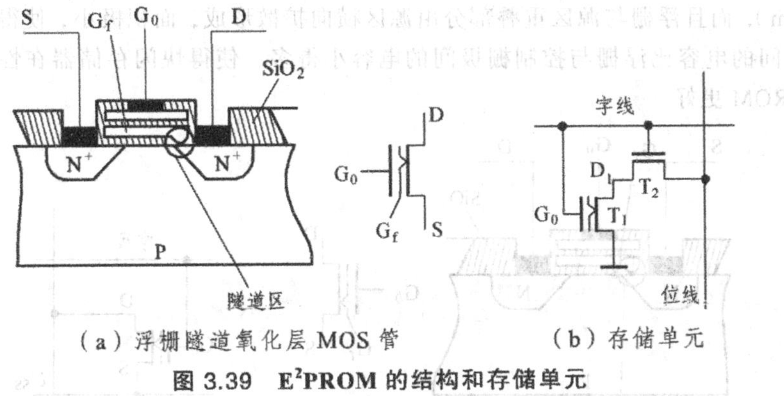

（a）浮栅隧道氧化层 MOS 管　　（b）存储单元

图 3.39　E^2PROM 的结构和存储单元

Flotox 管与前述 SiMOS 管的区别是：Flotox 管的浮栅与漏极之间有一个极薄（厚度在 20 nm 以下）的氧化层区域（称为隧道区）。当漏极接地、控制栅加上足够高的电压、隧道区的电场强度足够大时（大于 10 MV/cm），漏极和浮栅间将出现导电隧道，电子可穿过绝缘层到达浮栅，向浮栅注入电流，使浮栅带上负电荷，这种现象称为“隧道效应”；反之，控制栅接地，漏极接上正的高电压，与上述过程相反，浮栅放电，电荷将泄漏掉。因此，利用浮栅是否存有负电荷能区分浮栅存储“1”或“0”的数据。

根据存储单元 Flotox 管的各电极所加的电压不同，有读出、写入和擦除三种不同的工作状态。如图 3.39（b）所示，读出时，控制栅极加 +3 V 以上的电压，字线供给 +5 V 电压，这时 T_2 管导通，若浮栅上存有负电荷（Flotox 管的浮栅上充有负电荷代表存储单元存储的数据为“1”），则在“位线”上可读出“1”，否则读出“0”。写入时，在要写入“0”的存储单元的控制栅加低电平，同时相应的字线和位线上加 20 V 左右、10 ms 宽的正脉冲，使浮栅上存储的电荷通过隧道泄漏掉，即完成了写入“0”的操作。擦除时，漏极接低电平，控制栅和要擦除单元的字线上加 20 V、10 ms 宽的正脉冲，即可使存储单元恢复到写入“0”以前的状态，完成擦除操作。

E^2PROM 的优点是：编程和擦除都是利用电信号完成的，所需电流小，可以不需要专门的编程器和擦写器，可一次全部擦除，也可按位擦除，适用于科研或试验等场合。一般的 E^2PROM 芯片可擦写 $1\times10^2\sim1\times10^4$ 次，数据可保存 5～10 年。

常用的 E^2PROM 有：2816（2K×8）、2817（2K×8）、2864（8K×8）、28256（32K×8）、28010（128K×8）、28040（512K×8）等。

5. Flash（快闪存储器）

快闪存储器（Flash）实质上是一种快速擦除的 E^2PROM，俗称“U 盘”。其电路结构和存储单元如图 3.40 所示。与图 3.39（a）的不同点是：Flash 的浮栅与衬底间氧化层厚度更薄（E^2PROM 的厚度为 30～40 nm，Flash 的厚度为 10～15 nm），而且浮栅与源区重叠部分由源区横向扩散形成，面积极小，使得浮栅与源区间的电容比浮栅与控制栅极间的电容小得多，使得快闪存储器在性能上比 E^2PROM 更好。

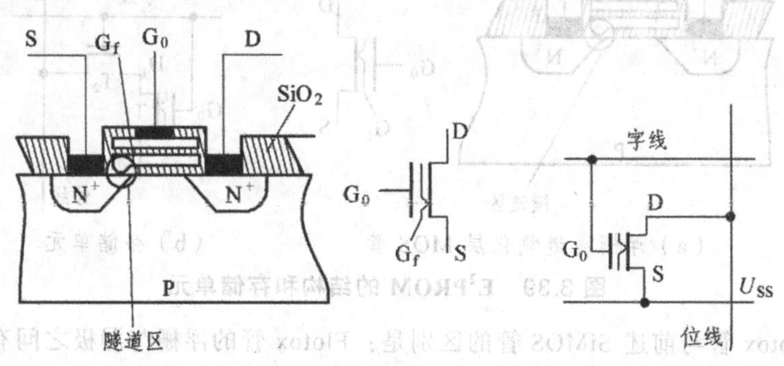

（a）快闪存储器的叠栅图　　（b）存储单元

图 3.40　快闪存储器的结构和存储单元

存储单元叠栅 MOS 管根据各极所加的电压不同，快闪存储器也有读出、写入和擦除三种不同的工作状态。读出时，字线接 +5 V 高电平，若浮栅上有负电荷，则读出“1”，否则读出“0”。写入时，位线接 +5 V 左右的高电平，源极接地，在要写入的存储单元的控制栅加 12 V 左右、10 ms 宽的正脉冲，给浮栅充电即可完成“写”操作。擦除时，控制栅接地，源极 U_{SS} 加 12 V 左右、100 ms 宽的正脉冲，浮栅电荷经隧道区释放，即可擦除存储单元的内容。由于片内所有叠栅 MOS 管的源极连在一起，擦除时将擦除芯片中各存储单元的内容。

快闪存储器的优点是：具有非易失性，断电后仍能长久保存信息，不需要后备电源，而且集成度高、成本低，写入或擦除速度快。

6. 串行 E^2PROM

上述介绍的存储器都是并行的，每块芯片都需要若干根地址总线和 8 位数据总线。为了节省总线的引线数目，可以采用串行总线的 E^2PROM，即不同于传统存储器的串行 E^2PROM 芯片。

对于二线制总线 E^2PROM，它用于需要 I^2C 总线的场合中，目前较多的应用在单片机的设计中。器件型号以 24 或 85 打头的芯片都是二线制 I^2C 串行 E^2PROM。其基本的总线操作端只有两根：串行时钟端 SCL 和串行数据/地址端 SDA。在 SDA 端根据 I^2C 总线协议串行传输地址信号和数据信号。串行 E^2PROM 的优点是引线数目大大减少，目前已被广泛使用。

7. ROM 芯片应用举例

（1）存储数据、程序

在所有的单片机系统中，都含有一定单元的程序存储器 ROM（用于存放编好的程序和表格、常数）和数据存储器 RAM，图 3.41 所示为以 EPROM 2716 作为外部程序存储器的单片机系统。

图 3.42 所示为用 6116 组成的单片机外部数据存储器。

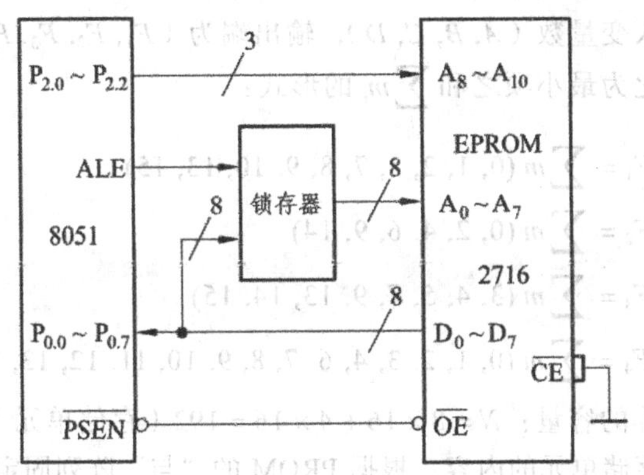

图 3.41　单片机系统的外部程序存储器（用 2716）

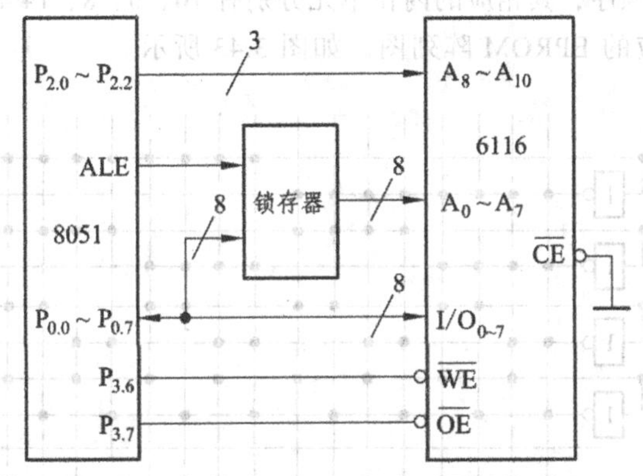

图 3.42　单片机系统的外部数据存储器（用 6116）

（2）ROM 实现逻辑函数

ROM 除用作存储器外，还可以用来实现各种组合逻辑函数。若把 ROM 的 n 位地址端作为逻辑函数的输入变量，则 ROM 的 n 位地址译码器的输出是由输入变量组

成的 2^n 个最小项，而存储矩阵是把有关的最小项相“或”后输出，即获得输出函数。

例 3.4 试用 ROM 实现以下组合逻辑电路，已知函数 $F_1 \sim F_4$：

$$F_1(A, B, C, D) = \overline{A}\,\overline{B} + \overline{B}\,\overline{D} + A\overline{C}D + BCD$$

$$F_2(A, B, C, D) = \overline{A}\,\overline{D} + BC\overline{D} + A\overline{B}\,\overline{C}D$$

$$F_3(A, B, C, D) = \overline{A}B\overline{C} + \overline{A}CD + A\overline{C}D + ABC$$

$$F_4(A, B, C, D) = A\overline{C} + \overline{A}C + \overline{B} + \overline{D}$$

画出相应的 PROM 阵列结构图。

解

① 确定输入变量数（A, B, C, D），输出端为（F_1, F_2, F_3, F_4）。

② 将函数化为最小项之和 $\sum\limits_i m_i$ 的形式：

$$F_1 = \sum m\,(0, 1, 2, 3, 7, 8, 9, 10, 13, 15)$$

$$F_2 = \sum m\,(0, 2, 4, 6, 9, 14)$$

$$F_3 = \sum m\,(3, 4, 5, 7, 9, 13, 14, 15)$$

$$F_4 = \sum m\,(0, 1, 2, 3, 4, 6, 7, 8, 9, 10, 11, 12, 13, 14)$$

③ 确定矩阵的容量：$N = 8 \times 16 + 4 \times 16 = 192$（存储单元）。

④ 确定各存储单元的内容：根据 PROM 的“与”阵列固定、“或”阵列可以编程的特点，可知“与”阵列为全译码阵列，而“或”阵列和函数 $F_1 \sim F_4$ 有关，按照函数 $F_1 \sim F_4$ 的顺序，其相应的内在单元分别有 10、6、8、14 等单元的内容为 1。

⑤ 画出相应的 EPROM 阵列图，如图 3.43 所示。

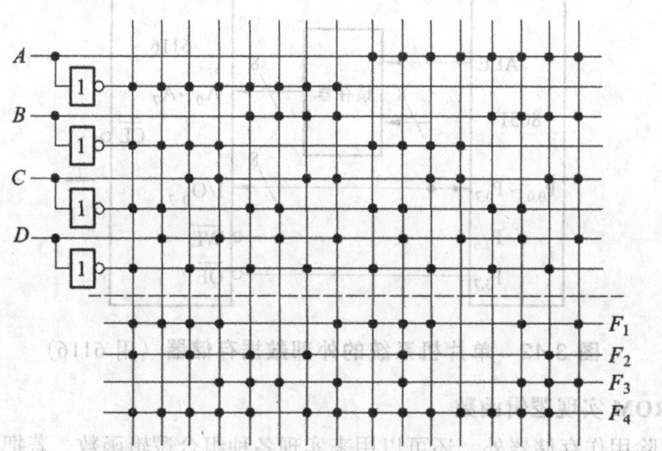

图 3.43 例 3.4 图

8. EPROM 2764 芯片简介

2764 是一个 8 K×8 位的紫外线可擦除可编程 ROM 集成电路。其引脚图如图 3.44 所示。2764 共有 2^{13} 个存储单元，存储容量为 8 K×8 位。2764 有 13 根地址线 $A_0 \sim A_{12}$，8 根数据线 $D_0 \sim D_7$，3 条控制线 $\overline{CE}$、$\overline{OE}$ 和 PGM，以及编程电压 U_{PP}、电源 U_{CC} 和地 GND 等。

引脚	编号	编号	引脚
U_{PP}	1	28	U_{CC}
A_{12}	2	27	PGM
A_7	3	26	NC
A_6	4	25	A_8
A_5	5	24	A_9
A_4	6	23	A_{11}
A_3	7	22	$\overline{OE}$
A_2	8	21	A_{10}
A_1	9	20	$\overline{CE}$
A_0	10	19	D_7
D_0	11	18	D_6
D_1	12	17	D_5
D_2	13	16	D_4
GND	14	15	D_3

图 3.44　2764 的引脚图

引脚功能说明如下：

$A_0 \sim A_{12}$——13 根地址线，可寻址 8K 字节。

$O_0 \sim O_7$——数据输出线。

$\overline{CE}$——片选线。

$\overline{OE}$——数据输出选通线。

PGM——编程脉冲输入端。

U_{PP}——编程电源。

U_{CC}——主电源，一般为 +5 V。

GND——接地引脚。

2764 有 5 种工作方式，如表 3.8 所示。

表 3.8　EPROM 2764 的工作方式

操作方式	控制输入			电源电压		功　能
	$\overline{CE}$	$\overline{OE}$	PGM	U_{PP}	U_{CC}	
编程写入	0	1	0	25 V	5 V	$D_0 \sim D_7$ 上的内容存入对应单元
读出数据	0	0	1	5 V	5 V	$A_0 \sim A_{12}$ 对应单元的内容输出
低功耗维持	1	×	×	5 V	5 V	$D_0 \sim D_7$ 呈高阻态
编程校验	0	0	1	25 V	5 V	数据读出
编程禁止	1	×	×	25 V	5 V	$D_0 \sim D_7$ 呈高阻态

实践操作　EPROM（2764）的固化与擦除

一、目的

① 熟悉 EPROM 2764 的基本工作原理和使用方法。

② 学会使用 ALL07 编程器对 EPROM 进行数据的存入。

③ 了解 EPROM 擦除的工作过程。

二、器材

① 80386 以上配置电脑、ALL07 编程器、紫外线擦除器、直流电源、示波器、单脉冲发生器各一台。

② EPROM 2764（1 片）、74HC161（1 块）、发光二极管 8 个、510 Ω 电阻 8 个、导线若干、面包板 1 块。

③ 实训电路，如图 3.45 所示。

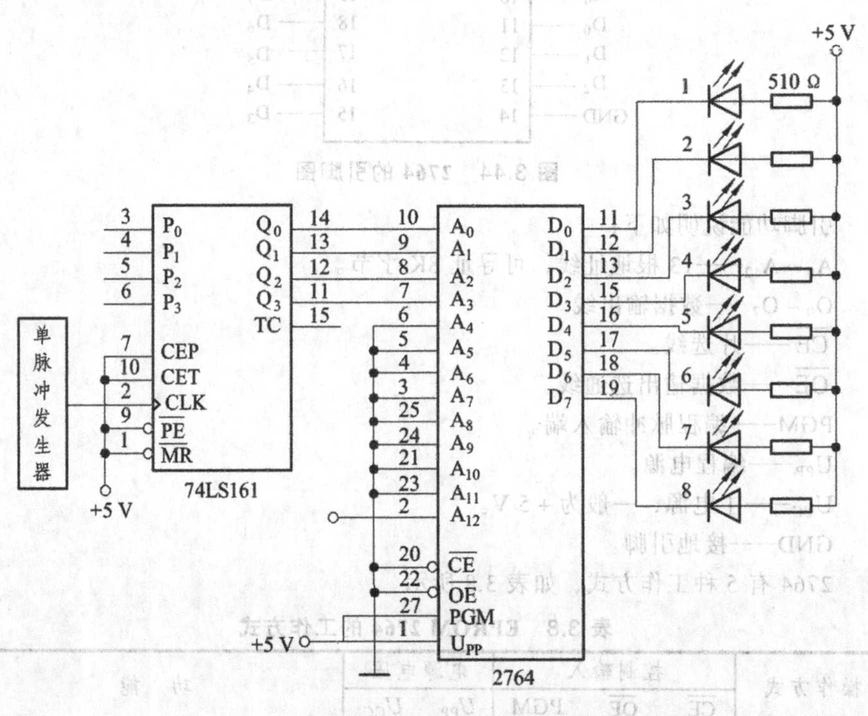

图 3.45　2764 存储器的固化与擦除实训电路图

三、操作步骤

1. 插入芯片

在编程器中插入 2764 并固定，芯片一定按照编程器上的标识插在正确的位置上，然后打开编程器的电源开关。

2. 进入 EPROM 编程软件

打开计算机，执行 ACCESS 命令，即进入编程软件，选择“EOROM”，执行 EPROM 的操作程序，进入到下一个界面，选择生产厂家和芯片型号。其中芯片的编程电压是一个重要的参数，所选择芯片的编程电压必须和所使用的 2764 的编程电压相同，一般有 21 V、12.5 V 和 25 V 几种。

3. 检查 2764 的内容

选好合适的芯片类型并回车后，就进入到编程界面。在此选择“M”和“T”可以修改芯片的生产厂家和类型。键入“B”，可以检查 2764 的内容是否为空（BLANK CHECK）。检查后若显示“OK”，则说明 2764 的存储内容为空，可以进行下一步骤；否则说明 2764 中有信息，需要擦除后再进行写入操作（擦除操作见步骤 6）。

4. 向 2764 写入内容

键入“4”，执行编辑缓冲器操作（EDIT BUFFER），回车后出现编辑界面。在该界面下可以显示 2764 的所有存储单元 0000～1FFFF 的内容，未写入时全为 1，可以根据自己的需要在相应的单元写入内容。为了测试方便，可写入以下内容：

0000～000F 单元：FE FF FC FF F8 FF F0 FF E0 FF C0 FF 80 FF 00 FF

1000～100F 单元：FE FF FD FF FB FF F7 FF EF FF DF FF BF FF 7F FF

其他单元的内容不变，全为 FF。这里 0～F 代表十六进制数。

5. 2764 内容的测试

按照图 3.45 连接电路，接好电源（不要接错），然后按照以下步骤进行测试：

① 2764 的 2 脚接地。根据单脉冲发生器产生的脉冲可以看到，电路中的发光二极管的点亮规律为：1#亮；全灭；2#亮；全灭；3#亮；全灭；…；全亮；全灭。16 个脉冲后又重新按照上述规律循环。

② 2764 的 2 脚接 +5 V。根据单脉冲发生器产生的脉冲可以看到，电路中发光二极管的点亮规律为（8 个发光二极管依次点亮）：1#亮；全灭；1#、2#亮；全灭；1#、2#、3#亮；全灭；…；全亮；全灭。16 个脉冲后又重新按照上述规律循环。

6. 擦除 2764 中的内容并测试

取下电路中的 2764，放进紫外线擦除器中，设定 10 min 左右的定时时间，插上电源，开始对 2764 中的内容进行擦除。擦出结束后，重复步骤 1、2、3，可以看到 2764 中的内容为空。再插入实训电路中，发光二极管均不会点亮。

7. 写出实践操作总结报告

写出实践操作的目的、器材，分析实训电路的基本工作过程，整理测试结果，说明集成计数器 74HC161 和 2764 芯片的功能和正确使用，并说明 2764 是一种什么类型的存储器。

课外练习

1. RAM 2114（1 024 × 4 位）的存储矩阵为 64 × 64，它的地址线、行选择线、列选择线、输入/输出数据线各是多少？

2. 现有 1 片容量为 256 × 8 RAM 的芯片，试回答：

① 该片 RAM 共有多少个存储单元？

② RAM 共有多少个字？ 字长多少位？

③ 该片 RAM 共有多少条地址线？

④ 访问该片 RAM 时，每次会选中多少个存储单元？

3. 试用 2114（1 024 × 4）扩展成 1 024 × 8 的 RAM，画出连接图。

4. 把 256 × 4 RAM 扩展成 1 024 × 4 的 RAM，说明各片的地址范围。

5. 把 256 × 2 RAM 扩展成 512 × 4 的 RAM，说明各片的地址范围。

6. ROM 和 PROM、EPROM 及 E2PROM 有什么相同和不同之处？

任务实施　数字显示温度控制器的分析与制作

一、信息搜集

① 搜集能实现数字显示温度控制的电路组成。

② 在完成实现数字显示温度控制开关电路的基础上，查阅集成电路手册和器件手册，搜集能满足电路要求的集成电路、器件的技术参数、使用说明等相关资料。

③ 搜集布局、装配电路的工艺流程和工艺规范资料。

④ 搜集电路调试的工艺规范资料。

二、实施方案

1. 设计电路

（1）实现一个小型电烤箱的温控开关电路

设计确定能进行数字显示其控制温度的数显温控器电路原理图，参考电路如图 3.46 所示。

小型电烤箱的数字显示温度控制器的技术要求如下：

① 能进行 0 °C ~ 150 °C 内温度的检测。

③ 能进行温度控制，控制的温度可根据需要人为设定，而控制的温度通过数字电压表显示出来。

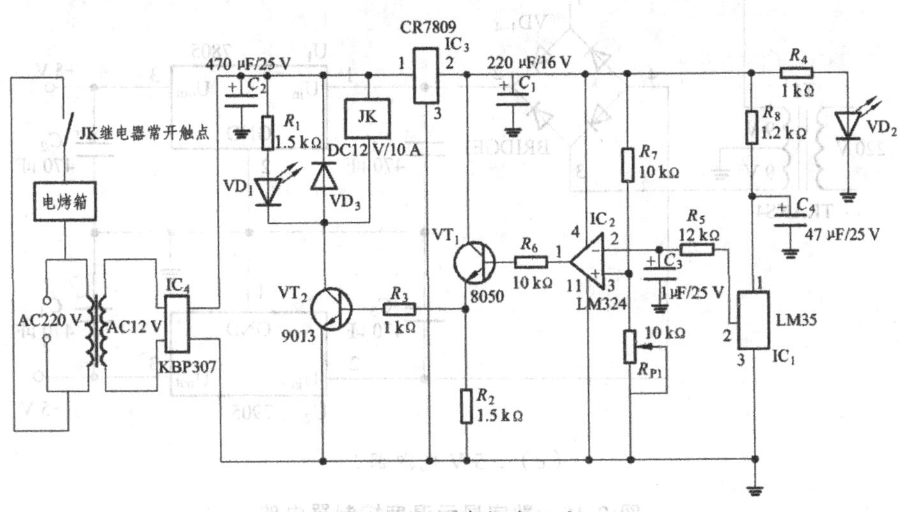

（a）温控开关电路部分

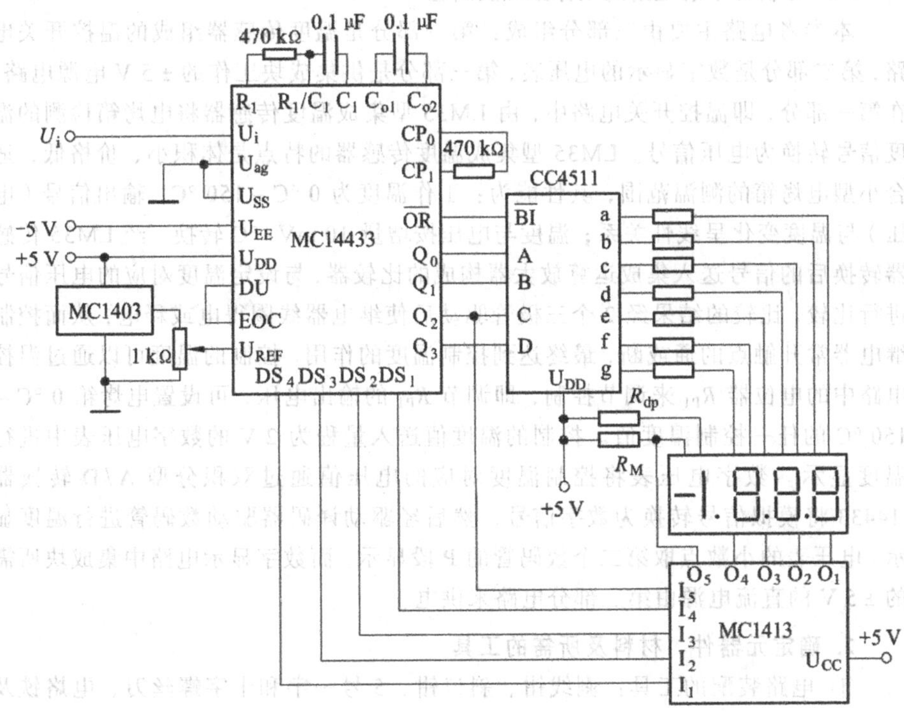

（b）数字显示电路部分

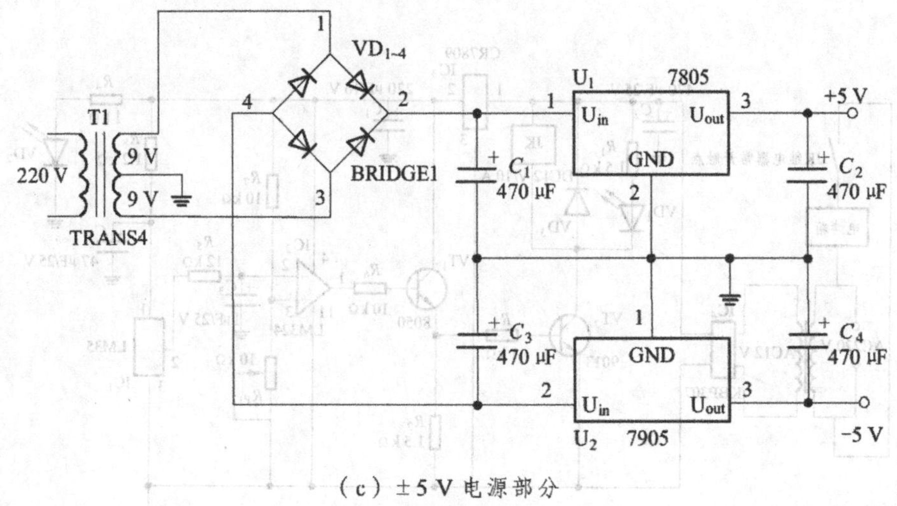

（c）±5 V 电源部分

图 3.46 数字显示温度控制器电路

（2）分析并了解电路的工作原理及过程

本参考电路主要由三部分组成：第一部分是温度传感器组成的温控开关电路，第二部分是数字显示的电压表，第三部分是供集成块工作的 ±5 V 电源电路。在第一部分，即温控开关电路中，由 LM35 型集成温度传感器将电烤箱检测的温度信号转换为电压信号。LM35 型集成温度传感器的特点是体积小、价格低，适合小型电烤箱的测温范围，其性能为：工作温度为 0 °C ~ 150 °C；输出信号（电压）与温度变化呈线性关系；温度与电压按增量 10 mV / °C 转换。经 LM35 传感器转换后的信号送入集成运算放大器构成的比较器，与设定温度对应的电压信号进行比较，比较的结果经 2 个三极管驱动后使继电器线圈得电或释电，从而控制继电器常开触点的通或断，最终达到控制温度的作用。控制的温度可以通过温控电路中的电位器 R_{P1} 来调节控制，即调节 R_{P1} 的输出电压，可设置电烤箱 0 °C ~ 150 °C 的任一控制温度值。控制的温度值送入量程为 2 V 的数字电压表中进行温度显示。数字电压表将控制温度对应的电压值通过双积分型 A / D 转换器 14433 将模拟信号转换为数字信号，然后经驱动译码器驱动数码管进行温度显示。电压表的小数点取第二个数码管的 P 段显示。而数字显示电路中集成块所需的 ±5 V 的直流电源由第三部分电路来供电。

2. 确定元器件、材料及所需的工具

① 电路装配的工具：剥线钳、斜口钳、5 号一字和十字螺丝刀、电烙铁及烙铁架、镊子、剪刀、焊锡丝、松香。

② 测试仪器仪表：万用表、直流稳压电源、示波器、低频信号发生器、标

准数字电压表各1台。

③ 元器件的清点、识别、测试：查阅电子元件手册和集成电路手册，确定相应元件、集成电路的技术参数、管脚、使用说明等相关资料，并通过万用表、实验箱测试器件的质量和集成电路的逻辑功能。

3. 电路装配

在电路装配时，将整个电路分为三个模块，第1模块为温控开关电路，第2模块为数字电压表电路，第3模块为±5 V的直流电源电路。装配时，可分模块组装，每个模块调试正常后，再进行连接总装。因此，电路的布局与布线亦可分模块进行。

（1）电路装配的布局与布线

每个模块按设计的装配布局图进行装配，装配时应注意：

① 温控开关电路中的温度传感器LM35不安装在电路板上，单独处理，将它固定在尺寸为15 cm×15 cm的薄铝片上。电路中可不接电烤箱，电路接通电源后，可用吹风机对铝片加热，调节R_{P1}时，观察继电器的工作状态，该工作状态由发光二极管VD_1显示，VD_1亮，继电器通；VD_1灭，继电器断。一旦VD_1亮时，停止加热，待一定时间后VD_1灭。

② 电阻器采用水平安装方式，电阻体贴紧电路板，色环电阻的色环标志顺序一致。

③ 发光二极管、电容器采用垂直安装方式，底部离电路板5 mm。

④ 共阴数码管垂直安装，贴紧电路板安装，不能歪斜。

⑤ 集成电路采用插座安装，集成块座贴紧电路板安装，不能歪斜。

（2）电路板的自检

检查电路的布线是否正确，焊接是否可靠，元器件有无装错，有无漏焊、虚焊、短路等现象。

4. 电路的调试与测试

（1）温控电路的调试与测试

反复检查组装电路，在电路组装无误的情况下，接上电源，观察发光二极管VD_2是否亮，若为点亮，说明电源部分电路正常。用吹风机对着铝片加热，调节R_{P1}，观察继电器的工作状态，该工作状态由发光管VD_1显示：VD_1亮，继电器通；VD_1不亮，继电器断。一旦VD_1亮时，停止对其加热，此时用万用表测量IC_2的同相端和反相端的电位，并进行比较，根据测试值初步判断温控开关电路的控制温度。调节R_{P1}动臂到最下、中、上位置，分别进行测试，将测试结果填入表3.9中。

表 3.9 电路测试记录

R_{P1} 位置	下		中		上	
测试值	U_- / mV	U_+ / mV	U_- / mV	U_- / mV	U_- / mV	U_+ / mV
VD_1 刚亮时						
控制温度						

（2）±5 V 的直流电源电路的调试与测试

在电路组装完毕后，反复检查无误的情况下接通交流电源（注意安全），测试输出是否为 ±5 V，如果不正常，需从变压器→整流电路→滤波电路→稳压电路一步步地进行检查，直到正常为止。

（3）数字电压表电路的调试与测试

数字电压表的调试和测试方法可参照本学习项目中基础训练 2 中的实践操作，电路中的 ±5 V 直流电源采用模块 3 的电源。为了和模块 1 的温度控制范围相对应，小数点取第二个数码管的 P 段显示，即要求被测电压为 0 时显示 000.0（对应 0 °C），被测试电压为 1 V 时，显示 100.0（对应 100 °C），测试电压为 2 V 时显示 199.9（对应 200 °C）。

（4）电路的总装与调试

在数字电压表的调试与测试中，模块 3 的 ±5 V 直流电源和模块 2 的数字电压表已组装完成，所以，电路的总装主要是温控电路与数字显示电路两部分的总装与调试。将温控开关电路中设定温度对应的电压值，即温控开关电路中 IC_2 集成运算放大器同相端的电压，送入数字电压表进行显示，按选用的集成温度传感器的性能，输出信号（电压）与温度变化呈线性关系，温度与电压按增量 10 mV / °C 转换。因此，当设定控制温度为 100 °C 时，显示器就应显示 100，控制温度为 80 °C 时，就应显示 80。调试时，先将集成运算放大器的同相输入端电压调到 0 V、0.2 V、0.4 V、0.6 V、0.8 V、1.0 V、1.2 V、1.4 V，看显示电压值是否为 000.0、020.0、040.0、060.0、080.0、100.0、120.0、140.0，否则电压表电路有问题，需排除。正常后将温度传感器置于温度为 0 °C 的环境中，测试集成运算放大器同相端的电压是否为 0，并且数字显示为 000.0，再将温度传感器置于 200 °C 的环境中，测试集成运算放大器同相输入端是否为 2，并且数字显示应为 199.9。只要把 0 和满标度调好,输出的读数与温度就成对应的关系。

（5）电路故障的排查

若在以上的调试、测试过程中，电路不正常，应仔细检查电路装配是否正确。检查时可分块检查，例如，先检查温控开关电路，再检查电源电路，再检查数字显示电路，最后检查总装电路，这样逐一检查，直到排除故障为止。

三、验收评估

任务实施完成后，按以下标准进行验收与评估。

1. 装配

① 布局合理、紧凑。

② 导线横平竖直，转角成直角，无交叉。

③ 元件间连接与电路原理图一致。

④ 电阻器水平安装，紧贴电路板，色环方向一致。

⑤ 按键开关采用垂直安装方式，紧贴电路板。

⑥ 集成电路采用集成电路插座，采用垂直安装方式，贴紧电路板，方向一致。

⑦ 电容器、发光二极管采用垂直安装，高度符合要求且平整、对称。

⑧ 布线平直，焊点光亮、清洁，焊料适量。

⑨ 无漏焊、虚焊、假焊、搭焊、溅焊等现象。

⑩ 焊接后元件引脚留头长度小于 1 mm。

⑪ 总装符合工艺要求。

⑫ 导线连接正确，绝缘恢复良好。

⑬ 线路若一次装配不成功，需检查电路、排除故障直至电路正常。

2. 调试与测试

① 温控开关电路按要求起控制作用。

② 直流电源输出正确。

③ 数字电压表测试正确。

④ 正确使用万用表、示波器等测试仪器。

3. 故障排除

① 能正确观察出故障现象。

② 能够正确分析故障原因，判断故障范围。

③ 检修故障思路清晰，方法应用得当。

④ 检修结果正确。

⑤ 正确使用测试仪器。

4. 安全、文明生产

① 安全用电，不人为损坏元器件、加工件和设备等。

② 保持实验环境整洁，操作习惯良好。

③ 认真、诚信地工作，能较好地和小组其他成员交流、协作完成工作。

四、资料归档

在任务完成后，需编写技术文档，技术文档中需包含：① 电路的功能说明；② 电路原理图及分析；③ 装配电路的工具、测试仪器仪表、元器件及材料清单；

④ 单元模块电路布局图及装配图；⑤ 电路制作的工艺流程说明；⑥ 测试结果分析；⑦ 总结。

技术文档必须按国家标准对其进行标准化，经相关人员审核后存入技术档案室进行统一管理。

思考与提高

1. 在温控开关电路中，2 个三极管 VT_1、VT_2 有何作用？为什么 VT_1 采用射极输出？

2. 在该数字显示温度控制电路中，若要提高温度控制的精度和测试温度的范围，电路需如何改进？画出改进后的电路，并说明其工作原理。

3. 在图 3.46（b）所示的数字电压表电路中，若要求根据实际测试值的大小，手动或自动改变小数点的位置，电路又如何改进？画出改进后的电路，并说明其工作原理。

附录　CMOS 74HC 系列数字集成电路检索表

序　号	型　号	品　种　名　称
1	74HC00	四 2 输入端“与非”门
2	74HC02	四 2 输入端“或非”门
3	74HC03	四 2 输入“与非”门（开路输出）
4	74HC04	六反相器
5	74HC05	六反相器（开路输出）
6	74HC08	四 2 输入“与”门
7	74HC10	三 3 输入“与非”门
8	74HC11	三 3 输入“与”门
9	74HC14	六反相器（有史密特触发器）
10	74HC20	双 4 输入“与非”门
11	74HC21	双 4 输入“与”门
12	74HC27	三 3 输入“或非”门
13	74HC30	8 输入“与非”门
14	74HC32	四 2 输入“或”门
15	74HC42	4 线-10 线译码器
16	74HC73	双 JK 触发器（下降沿触发）
17	74HC74	双 JK 触发器（有预置、清除端）
18	74HC75	双 2 位双稳态透明锁存器
19	74HC85	4 位数值比较器
20	74HC86	四 2 输入“异或”门
21	74HC93	4 位二进制计数器
22	74HC107	双 JK 触发器（下降沿触发）
23	74HC109	双正沿 JK 触发器（有预置、清除端）
24	74HC112	双负沿 JK 触发器（有预置、清除端）
25	74HC123	双单稳态多谐振荡器（可重触发）

续上表

序　号	型　号	品　种　名　称
26	74HC125	四总线缓冲门（三态输出）
27	74HC126	四总线缓冲门（三态输出）
28	74HC132	四 2 输入“与非”门
29	74HC137	3 线-8 线译码器（带锁定功能、反码输出）
30	74HC138	3 线-8 线译码器（反码输出）
31	74HC139	双 2 线-4 线译码器/多路分配器
32	74HC147	10 线-4 线优先编码器
33	74HC148	8 线-3 线优先编码器
34	74HC151	8 选 1 数据选择器/多路数据分配器
35	74HC153	4 选 1 数据选择器/多路数据分配器
36	74HC154	4 线-16 线译码器（反码输出）
37	74HC157	双 2 选 1 数据选择器/多路数据分配器
38	74HC158	四 2 选 1 数据选择器（反码输出）
39	74HC160	4 位十进制同步计数器
40	74HC161	4 位二进制同步计数器
41	74HC162	4 位十进制同步计数器
42	74HC163	4 位二进制同步计数器
43	74HC164	8 位移位寄存器（串行输入，并行输出）
44	74HC165	8 位移位寄存器（并行置数，互补输出）
45	74HC166	8 位并入串出移位寄存器
46	74HC173	4D 正沿触发器（三态输出）
47	74HC174	6D 触发器（有清除端）
48	74HC175	4D 触发器（有清除端）
49	74HC191	4 位二进制同步加减计数器
50	74HC192	4 位十进制同步加减计数器（双时钟）
51	74HC193	4 位二进制同步加减计数器（双时钟）
52	74HC194	4 位移位寄存器
53	74HC195	4 位并行存取移位寄存器
54	74HC221	双单稳态多谐振荡器

续上表

序　号	型　号	品　种　名　称
55	74HC237	3 线-8 线译码器（带锁定功能，原码输出）
56	74HC238	3 线-8 线译码器（原码输出）
57	74HC240	8 反相缓冲器/线驱动器（三态输出）
58	74HC241	8 同相缓冲器/线驱动器（三态输出）
59	74HC242	8 总线收发器（三态输出）
60	74HC243	8 总线收发器（三态输出）
61	74HC244	8 同相缓冲器/线驱动器（三态输出）
62	74HC245	8 总线收发器（三态输出）
63	74HC251	8 选 1 数据选择器/多路转换器（三态输出）
64	74HC253	双 4 选 1 数据选择器/多路转换器（三态输出）
65	74HC257	双 2 选 1 数据选择器/多路转换器（原码输出）
66	74HC258	四 2 选 1 数据选择器（反码输出，三态输出）
67	74HC259	8 位可寻址锁存器
68	74HC266	四 2 输入“异或非”门（开路输出）
69	74HC273	8D 触发器（有清除端）
70	74HC280	9 位奇偶产生器/校验器
71	74HC283	4 位二进制加法器（有快速进位）
72	74HC297	数字锁相环
73	74HC299	8 位移位寄存器
74	74HC354	8 选 1 数据选择器/多路数据分配器（透明寄存器，三态输出）
75	74HC365	6 缓冲器/线驱动器（三态输出）
76	74HC367	6 缓冲器/线驱动器（三态输出）
77	74HC368	6 缓冲器/线驱动器（三态输出）
78	74HC373	8D 锁存器（三态输出）
79	74HC374	8D 锁存器（三态输出，正沿触发）
80	74HC377	8D 触发器（有时钟使能控制）
81	74HC378	6D 触发器（有时钟使能控制）
82	74HC379	4D 触发器（有时钟使能控制）

续上表

序号	型号	品种名称
83	74HC390	双4位十进制计数器
84	74HC393	双4位二进制计数器
85	74HC423	双单稳态多谐振荡器（可重触发）
86	74HC533	8D型触发器（三态输出）
87	74HC534	8D型触发器（三态输出）
88	74HC540	8缓冲器/线驱动器（三态输出）
89	74HC541	8缓冲器/线驱动器（三态输出）
90	74HC563	8D型透明锁存器（三态输出）
91	74HC564	8D上升沿触发器（三态输出）
92	74HC573	8D型透明锁存器（三态输出）
93	74HC574	8D上升沿触发器（三态输出）
94	74HC590	8位二进制计数器（带输出寄存器，三态输出）
95	74HC594	8位移位寄存器（串行输入，串并行输出，三态输出）
96	74HC597	8位移位寄存器（带输入存储）
97	74HC623	8总线收发器（三态输出）
98	74HC640	8总线收发器（三态输出）
99	74HC643	8总线收发器（三态输出）
100	74HC645	8总线收发器（三态输出）
101	74HC646	8总线收发器和寄存器（三态输出）
102	74HC652	8总线收发器和寄存器（三态输出）
103	74HC664	8总线收发器（带奇偶校验）
104	74HC665	8总线收发器（带奇偶校验）
105	74HC670	4×4存储器（三态输出）
106	74HC682（684）	8位数值比较器
107	74HC688	8位数值比较器
108	74HC1284	并口打印接口收发器/缓冲器
109	74HC4002	双4输入“或非”门
110	74HC4015	双4级静态移位寄存器
111	74HC4016	四双向开关

续上表

序号	型　号	品　种　名　称
112	74HC4017	十进制计数器（带译码器输出）
113	74HC4020	14 级二进制计数器
114	74HC4024	7 级二进制计数器
115	74HC4049	12 级二进制计数器
116	74HC4046A	锁相环（带有压控振荡器）
117	74HC4049	六缓冲器（反相输出）
118	74HC4050	六缓冲器（同相输出）
119	74HC4059	可编程计数器（*N* 分频）
120	74HC4060	14 级二进制计数器（带振荡器）
121	74HC4061	14 级二进制计数器（带振荡器）
122	74HC4066	四双向开关
123	74HC4075	三 3 输入“或”门
124	74HC4078	8 输入“或”/“或非”门
125	74HC4094	8 级移位和存储总线寄存器
126	74HC4511	BCD 码七段译码器/驱动器（带锁存器）
127	74HC4514	4 线-16 线译码器/多路转换器（带地址锁存）
128	74HC4518	双 BCD 码同步计数器
129	74HC4520	双二进制同步计数器
130	74HC4538	单稳态多谐振荡器（可重触发）
131	74HC4724	8 位地址锁存器
132	74HC5555	程控定时器（带振荡器）
133	74HC7001	四 2 输入“与”门（输入有施密特触发器）
134	74HC7002	四 2 输入“或非”门（输入有施密特触发器）
135	74HC7014	6 施密特触发器
136	74HC7032	四 2 输入“或”门（输入有施密特触发器）
137	74HC7046	锁相环（带压控振荡器）
138	74HC7074	六种类型综合电路 （反相器 1、反相器、“与非”门、“或非”门、触发器 1、触发器 2）
139	74HC7266	四 2 输入“异或”门

续上表

序号	型号	品种名称
140	74HC7403	4位×64字先进先出寄存器（三态输出）
141	74HC7540	8反相缓冲器/线驱动器（输入有施密特触发器）
142	74HC7541	8缓冲器/线驱动器（输入有施密特触发器）
143	74HC9114	9反相缓冲器（输入有施密特触发器，开路输出）
144	74HC9115	9缓冲器（输入有施密特触发器，开路输出）
145	74HC16240	16位缓冲器/驱动器（三态输出）
146	74HC16244	16位缓冲器/驱动器（三态输出）
147	74HC16245	16位总线收发器（三态输出）
148	74HC16373	16位D型触发器（三态输出）
149	74HC16374	16位上升沿D型触发器（三态输出）
150	74HC16540	16位缓冲器/驱动器（三态输出）
151	74HC16541	16位缓冲器/驱动器（三态输出）
152	74HC40103	8级同步减计数器
153	74HC40105	4位×16字先进先出寄存器
154	74HC1G00	单2输入“与非”门
155	74HC1G02	单2输入“或非”门
156	74HC1G04	单反相器
157	74HC1G06	单反相器（开漏输出）
158	74HC1G08	单2输入“或”门
159	74HC1G14	单反相器（带施密特触发器）
160	74HC1G32	单2输入“或”门
161	74HC1G66	双向开关
162	74HC1G79	单D触发器
163	74HC1G86	单2输入“异或”门
164	74HC1G125	单总线缓冲门（三态输出）
165	74HC1G126	单总线缓冲门（三态输出）

参考文献

[1] 科林. TTL、高速 CMOS 手册. 北京：电子工业出版社，2004.

[2] 刘进峰. 电子制作实训. 北京：中国劳动社会保障出版社，2006.

[3] 刘守义. 数字电子技术. 2 版. 西安：西安电子科技大学出版社，2003.

[4] 余孟尝. 数字电子技术基础简明教程. 2 版. 北京：高等教育出版社，2000.

[5] 沈任元. 数字电子技术基础. 北京：机械工业出版社，2000.

[6] 张永瑞. 电子测量技术基础. 西安：西安电子科技大学出版社，2006.

[7] 沙占友. 新型数字电压表原理与应用. 北京：国防工业出版社，1995.

[8] 谢自美. 电子线路设计·实验·测试. 武汉：华中科技大学出版社，2006.

[9] 张永枫. 电子技术基本技能实训教程. 西安：西安电子科技大学出版社，2002.

[10] 柯节成. 简明电子元器件手册. 北京：高等教育出版社，1996.

[11] 黄定. 电子实验综合实训教程. 北京：机械工业出版社，2004.

[12] 高吉祥. 电子技术基础实验与课程设计. 北京：电子工业出版社，2005.

[13] 何希才. 新型集成电路及其应用实例. 北京：科学出版社，2002.

[14] 金国砥. 电子线路图识入门. 杭州：浙江科学技术出版社，2000.